校企合作装备制造类专业精品教材

机 械 制 图

主审 余益志

主编 张雪梅 魏 菪 刘 欢

教·学
资 源

航空工业出版社

北 京

内 容 提 要

本书以教育教学改革的要求为指导，结合近年来各院校的教学经验及教改实践编写而成。本书共有9部分，内容包括绪论、掌握机械制图的基本知识与技能、掌握正投影的基础知识、掌握基本体的投影、掌握组合体及轴测图的画法、掌握机械图样的画法、掌握标准件与常用件的规定画法、识读与绘制零件图、识读装配图等。

本书具有内容系统全面、结构脉络清晰等特点，可作为各类院校机械类及近机类专业的教学用书，也可供相关工程技术人员学习、参考。

图书在版编目（CIP）数据

机械制图 / 张雪梅，魏苦，刘欢主编． -- 北京：航空工业出版社，2024.8（2025.7重印）
ISBN 978-7-5165-3755-8

Ⅰ．①机… Ⅱ．①张… ②魏… ③刘… Ⅲ．①机械制图—教材 Ⅳ．①TH126

中国国家版本馆 CIP 数据核字(2024)第 108404 号

机械制图
Jixie Zhitu

航空工业出版社出版发行
（北京市朝阳区京顺路5号曙光大厦C座四层　100028）
发行部电话：010-85672666　010-85672683　　读者服务热线：010-85672635
北京谊兴印刷有限公司印刷　　　　　　　　　全国各地新华书店经销
2024年8月第1版　　　　　　　　　　　　　2025年7月第2次印刷
开本：787×1092　1/16　　　　　　　　　　　字数：375千字
印张：16.25　　　　　　　　　　　　　　　　定价：45.80元

本书编委会

主　审：余益志

主　编：张雪梅　魏　莙　刘　欢

副主编：曹博胜　张田力　阎　帅
　　　　左　逾　余益志　卢　威
　　　　邵金发　文淄博　邬　达
　　　　张沐恩　张　幽　鲁小芳
　　　　高红旺　王晓波　贾耀曾
　　　　赵建敏　张　霞

前 言
PREFACE

本书是根据教育部有关要求及机械制图国家标准，在充分总结各院校机械制图课程教学改革与实践经验基础上编写而成的。本书内容由浅入深，循序渐进，旨在帮助学生掌握机械制图的方法，正确运用尺规绘图工具与绘图技巧，熟练识读与绘制机械图样，在制图时做到投影正确、视图选择恰当、尺寸标注完整、符合国家标准，为后续课程的学习打下坚实的基础。本书主要具有以下特色。

1. 素质教育，立德树人

党的二十大报告指出："育人的根本在于立德。"本书积极贯彻党的二十大精神，将素质教育贯穿整个教学过程。本书在每个项目的开头都明确了"素质目标"，注重提升学生的职业能力和素养。此外，本书在每个项目的结尾都设有"匠心筑梦"模块，对学生进行潜移默化的思想教育和价值观引领，旨在培养学生爱岗敬业、艰苦奋斗、精益求精、不断创新的时代精神，增强学生的责任感与使命感。

2. 校企合作，工学结合

在编写本书的过程中，编者深入相关企业调研行业的发展和应用情况，充分考虑了相关岗位的实际技能需求。在内容组织上遵循"理论够用、实用为主"的原则，注重学科知识的系统性、规范性和准确性，通过学习本书，学生可以掌握基础理论知识，提高识读与绘制机械图样的能力。

3. 活页理念，全新形态

为落实教育主管部门相关文件精神，本书采用"活页式理念"进行编写，坚持以应用为主线，在传授学生理论知识的同时，着力培养学生的专业技能，旨在培养既精通理论又擅长实践的高素质人才。

4. 项目驱动，理实一体

本书采用项目式体例进行编写，每个项目均按照"项目导读"→"项目目标"→"项目工单"→"相关知识"→"项目实施"→"项目评价"的结构安排内容。

项目导读：让学生初步了解本项目将要进行的工作任务及相关背景，激发学生对本项目的学习兴趣。

项目目标：明确项目的知识目标、技能目标和素质目标，让学生有目的地开展理论学习和实践活动。

项目工单：根据不同的知识灵活设置，内容实用，紧扣知识点，培养学生的自主学习意识，提高解决实际问题的能力。

相关知识：以"必需、够用"为原则介绍机械制图的基础理论知识，侧重介绍识读与绘制机械图样的方法和技巧等。

项目实施：以工作岗位所需要的知识和技能为出发点设置实施案例，注重培养学生的实践能力。

项目评价：在每个项目最后均设有学习成果评价表，以便师生对整个项目的学习效果进行评价和总结。

5．模块丰富，助力学习

本书在讲解知识的过程中穿插了"注意""点拨""举一反三"等模块，可以帮助学生理解和应用相关知识，丰富学生的知识面，拓宽学生的思维。此外，本书还设置了"笔记"模块，可以引导学生在学习过程中记录相关的经验并进行总结。

6．标准前沿，学练结合

本书相关内容均采用现行国家标准和行业标准，保证了知识点的规范性和时效性。此外，为了便于学生理解，本书针对关键知识点设置了典型例题，可以让学生触类旁通，熟练掌握所学知识。同时，本书还配有《机械制图习题集》，以供学生及时练习。

7．平台支撑，资源丰富

本书配有丰富的数字资源，读者可以借助手机或其他移动设备扫描二维码观看微课视频，也可以登录文旌综合教育平台"文旌课堂"查看和下载本书配套资源，如教学课件、习题答案等。读者在学习过程中有任何疑问，都可以登录该平台寻求帮助。

此外，本书还提供了在线题库，支持"教学作业，一键发布"，教师只需通过微信或"文旌课堂"App扫描扉页二维码，即可迅速选题、一键发布、智能批改，并查看学生的作业分析报告，提高教学效率、提升教学体验。学生可在线完成作业，巩固所学知识，提高学习效率。

本书在编写过程中，参考了大量资料并引用了部分文章和图片等。在此，向这些资料的作者表示衷心的感谢！这些引用的资料大部分已获原作者授权，但由于部分资料来自网络，我们未能确认出处，也暂时无法联系到原作者。对此，我们深表歉意，并欢迎原作者随时与我们联系，我们将按规定支付酬劳。

由于编者水平有限，书中难免存在疏漏或不当之处，敬请广大读者批评指正。

🔍 | **本书配套资源下载网址和联系方式**

🌐 网址：https://www.wENjingketang.com

📞 电话：400-117-9835

✉ 邮箱：book@wENjingketang.com

目录 CONTENTS

绪 论 ································· 1

项目 1　掌握机械制图的基本知识与技能 ················· 6

项目工单　绘制吊钩的机械图样 ······· 7
1.1　机械制图国家标准的基本规定 ····· 9
　1.1.1　图纸（GB/T 14689—2008）······ 9
　1.1.2　比例（GB/T 14690—1993）····· 12
　1.1.3　字体（GB/T 14691—1993）····· 13
　1.1.4　图线（GB/T 4457.4—2002）···· 14
1.2　尺寸标注
　　　（GB/T 4458.4—2003）········ 15
　1.2.1　基本原则和尺寸要素 ··········· 15
　1.2.2　常见尺寸标注方法 ············· 17
1.3　常用尺规绘图工具 ··············· 19
　1.3.1　图板与丁字尺 ················· 19
　1.3.2　三角板 ······················· 20
　1.3.3　圆规 ························· 20
　1.3.4　分规 ························· 21
　1.3.5　铅笔 ························· 21
　1.3.6　图纸 ························· 22
1.4　常用几何图形的画法············· 22
　1.4.1　等分线段 ····················· 22
　1.4.2　等分圆周并作正多边形 ········· 23
　1.4.3　圆或圆弧的切线 ··············· 24
　1.4.4　圆弧连接 ····················· 24
　1.4.5　斜度与锥度 ··················· 26
　1.4.6　椭圆的画法 ··················· 27
1.5　绘制平面图形 ··················· 27
　1.5.1　尺寸分析 ····················· 28
　1.5.2　线段分析 ····················· 28
　1.5.3　绘制平面图形的步骤 ··········· 29
项目实施　尺规绘图 ················· 31
项目评价 ··························· 34

项目 2　掌握正投影的基础知识 ················· 35

项目工单　绘制点、直线、平面的
　　　　　投影 ····················· 37
2.1　投影法的基础知识 ··············· 39
　2.1.1　投影的形成 ··················· 39
　2.1.2　投影法的种类 ················· 39
　2.1.3　正投影的基本特性 ············· 40
2.2　三视图的投影规律及画法 ········ 41
　2.2.1　三投影面体系 ················· 42
　2.2.2　三视图的形成 ················· 42
　2.2.3　三视图间的投影关系 ··········· 43

机械制图

  2.2.4 三视图的画法及作图步骤 ……… 44
 2.3 点的投影 ………………………… 45
  2.3.1 点的投影规律 ……………… 45
  2.3.2 点的投影与直角坐标系的关系 … 46
  2.3.3 两点的相对位置 …………… 47
 2.4 直线的投影 ……………………… 47
  2.4.1 各种位置直线的投影 ……… 48
  2.4.2 直线上点的投影 …………… 50

  2.4.3 两直线的相对位置 ………… 51
 2.5 平面的投影 ……………………… 52
  2.5.1 一般位置平面 ……………… 53
  2.5.2 投影面平行面 ……………… 53
  2.5.3 投影面垂直面 ……………… 54
  2.5.4 属于平面的直线和点 ……… 55
 项目实施 作直线与平面的交点 …… 56
 项目评价 ……………………………… 59

项目 3 掌握基本体的投影 ……………………………………………………… 60

 项目工单 绘制立体的三视图
      及表面交线 ……………… 61
 3.1 常见基本体及其投影 …………… 63
  3.1.1 平面立体 …………………… 63
  3.1.2 回转体 ……………………… 67
 3.2 基本体的截交线 ………………… 74
  3.2.1 平面立体的截交线 ………… 75
  3.2.2 回转体的截交线 …………… 76

 3.3 两立体表面的相贯线 …………… 84
  3.3.1 相贯线的画法 ……………… 84
  3.3.2 相贯线的简化画法 ………… 87
  3.3.3 相贯线的变化趋势 ………… 88
  3.3.4 相贯线的特殊情况 ………… 88
 3.4 综合相交 ………………………… 90
 项目实施 绘制顶尖的三视图 ……… 92
 项目评价 ……………………………… 95

项目 4 掌握组合体及轴测图的画法 …………………………………………… 96

 项目工单 绘制组合体的三视图 …… 97
 4.1 组合体的形体分析 ……………… 99
  4.1.1 组合体的组合形式 ………… 99
  4.1.2 组合体的表面连接关系 …… 99
  4.1.3 形体分析法 ………………… 100
 4.2 组合体三视图的画法 …………… 101
  4.2.1 叠加式组合体三视图的画法 … 101
  4.2.2 切割式组合体三视图的画法 … 104
 4.3 组合体的尺寸标注 ……………… 106
  4.3.1 一般步骤 …………………… 106
  4.3.2 注意事项 …………………… 108

 4.4 组合体三视图的识读 …………… 109
  4.4.1 识读组合体三视图的
      基本要领 …………………… 109
  4.4.2 识读组合体三视图的
      基本方法 …………………… 110
 4.5 轴测图的画法 …………………… 113
  4.5.1 轴测图的形成与种类 ……… 113
  4.5.2 正等轴测图的画法 ………… 115
  4.5.3 斜二等轴测图的画法 ……… 120
 项目实施 绘制组合体的三视图 …… 122
 项目评价 ……………………………… 125

目录

项目 5 掌握机械图样的画法 ·········· 126

项目工单 绘制机件的机械图样 ····· 127
5.1 视图 ························· 129
 5.1.1 基本视图 ················ 129
 5.1.2 向视图 ·················· 130
 5.1.3 局部视图 ················ 131
 5.1.4 斜视图 ·················· 132
5.2 剖视图 ······················ 133
 5.2.1 剖视图的形成及画法 ······ 133
 5.2.2 剖视图的种类 ············ 137
 5.2.3 剖切面的种类 ············ 139
5.3 断面图 ······················ 142
 5.3.1 移出断面图 ·············· 142
 5.3.2 重合断面图 ·············· 145
5.4 其他表示方法 ················ 146
 5.4.1 局部放大图 ·············· 146
 5.4.2 简化画法 ················ 147
5.5 表示方法的综合应用 ·········· 149
 5.5.1 选择合适的表示方法，
    绘制机械图样 ············ 149
 5.5.2 根据机件的表示方法，
    想象其结构形状 ·········· 151
项目实施 绘制拨叉的机械图样 ····· 153
项目评价 ························ 155

项目 6 掌握标准件与常用件的规定画法 ·········· 156

项目工单 绘制双头螺柱连接的
        机械图样 ············ 157
6.1 螺纹 ························ 159
 6.1.1 螺纹的基础知识 ·········· 159
 6.1.2 螺纹的规定画法 ·········· 162
 6.1.3 螺纹的种类及标注 ········ 163
6.2 常用的螺纹紧固件 ············ 166
 6.2.1 螺纹紧固件的规定标记 ···· 166
 6.2.2 螺纹紧固件连接的规定画法 ···· 167
6.3 齿轮 ························ 172
 6.3.1 直齿圆柱齿轮 ············ 172
 6.3.2 直齿圆锥齿轮 ············ 175
6.4 键连接和销连接 ·············· 177
 6.4.1 键及键连接 ·············· 177
 6.4.2 销及销连接 ·············· 179
6.5 滚动轴承 ···················· 180
 6.5.1 滚动轴承的结构及分类 ···· 180
 6.5.2 滚动轴承的代号 ·········· 181
 6.5.3 滚动轴承的规定画法 ······ 182
6.6 弹簧 ························ 184
 6.6.1 圆柱螺旋压缩弹簧各部分名称
    和尺寸关系 ·············· 184
 6.6.2 圆柱螺旋压缩弹簧的
    规定画法 ················ 185
项目实施 绘制直齿圆柱齿轮的
        机械图样 ············ 188
项目评价 ························ 191

项目 7　识读与绘制零件图 192

项目工单　识读蜗轮箱体的
　　　　　　零件图 193
7.1　零件图的作用和内容 195
7.2　零件图的视图选择 196
　　7.2.1　主视图的选择 196
　　7.2.2　其他视图的选择 198
7.3　零件图的尺寸标注 199
　　7.3.1　尺寸基准 199
　　7.3.2　尺寸标注的注意事项 200
　　7.3.3　零件上常见孔的尺寸标注 201
7.4　零件图中的技术要求 202
　　7.4.1　表面结构 202
　　7.4.2　极限与配合 205
　　7.4.3　几何公差 212
7.5　零件图中常见的工艺结构 215
　　7.5.1　铸造工艺结构 215
　　7.5.2　机械加工工艺结构 216
7.6　零件图的识读与绘制 219
　　7.6.1　识读零件图 219
　　7.6.2　绘制零件图 221
项目实施　识读轴套类零件的
　　　　　　零件图 223
项目评价 227

项目 8　识读装配图 228

项目工单　识读滑动轴承的
　　　　　　装配图 229
8.1　装配图的作用与内容 231
8.2　装配图的表示方法 232
　　8.2.1　装配图的视图选择 232
　　8.2.2　装配图的规定画法 233
　　8.2.3　装配图的特殊画法 234
8.3　装配图的尺寸标注
　　　和技术要求 235
　　8.3.1　装配图的尺寸标注 235
　　8.3.2　装配图的技术要求 236
8.4　装配图的零部件序号
　　　和明细栏 236
　　8.4.1　零部件序号的编排与标注 236
　　8.4.2　明细栏的配置与填写 238
8.5　常见装配工艺结构的
　　　表示方法 238
　　8.5.1　接触面与配合面 238
　　8.5.2　螺纹紧固件连接结构 239
　　8.5.3　密封结构 240
　　8.5.4　方便装拆结构 240
8.6　识读装配图和由装配图拆画
　　　零件图 241
　　8.6.1　识读装配图的方法与步骤 241
　　8.6.2　由装配图拆画零件图的方法
　　　　　 与步骤 242
项目实施　识读阀的装配图并由
　　　　　　装配图拆画零件图 243
项目评价 248

附表 249

参考文献 250

绪 论

1. 本课程的研究对象

在工程技术中，为了准确表达工程对象的结构、形状、尺寸和技术要求，根据投影原理、制图国家标准及有关规定画出的图，称为图样。不同行业有不同的图样，建筑行业采用建筑图样；电子行业采用电子图样；机械制造业使用机械图样等。在产品的研发过程中，设计者通过图样来表达自己的设计思想，制造者通过图样来领会设计意图并按图样实施产品的加工、制造及检验，所以图样被称为工程界的技术语言，享有"工程语言"之称。

图 0-1 为常见工具——扳手实物图。若要制造扳手，必须先将实物转换成工程界通用的技术语言，即图样，这样工厂才能按照图样上的具体形状、尺寸和技术要求，生产出合格的扳手。

图 0-2 为扳手的部分图样，包括视图、必要的尺寸标注等。

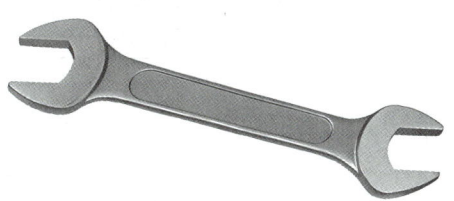

图 0-1　扳手实物图

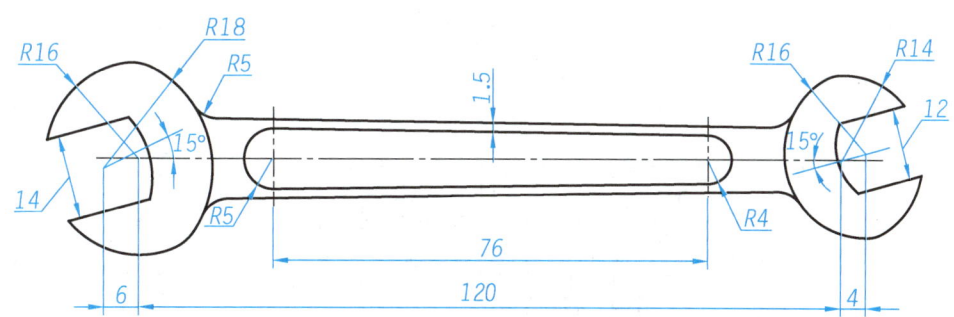

图 0-2　扳手的部分图样

此外，在制造由多个零件构成的机器或部件时，除螺栓、螺母、垫圈、螺柱、螺钉、键、销等标准件可直接购买外，构成该机器或部件的其他所有零件（非标准件）都需画出其零件图样，并需要画出表示该机器或部件中各零件的连接方式、装配关系、工作原理和传动方式的装配图。

在机械制造业中，零件图和装配图统称为机械图样。机械图样，即根据正投影原理，按照制图国家标准的规定绘制出的图样，如图 0-3 所示为零件图，如图 0-4 所示为装配图。机械制图就是研究图样绘制原理和识图方法的一门技术性、专业性很强的基础课程。

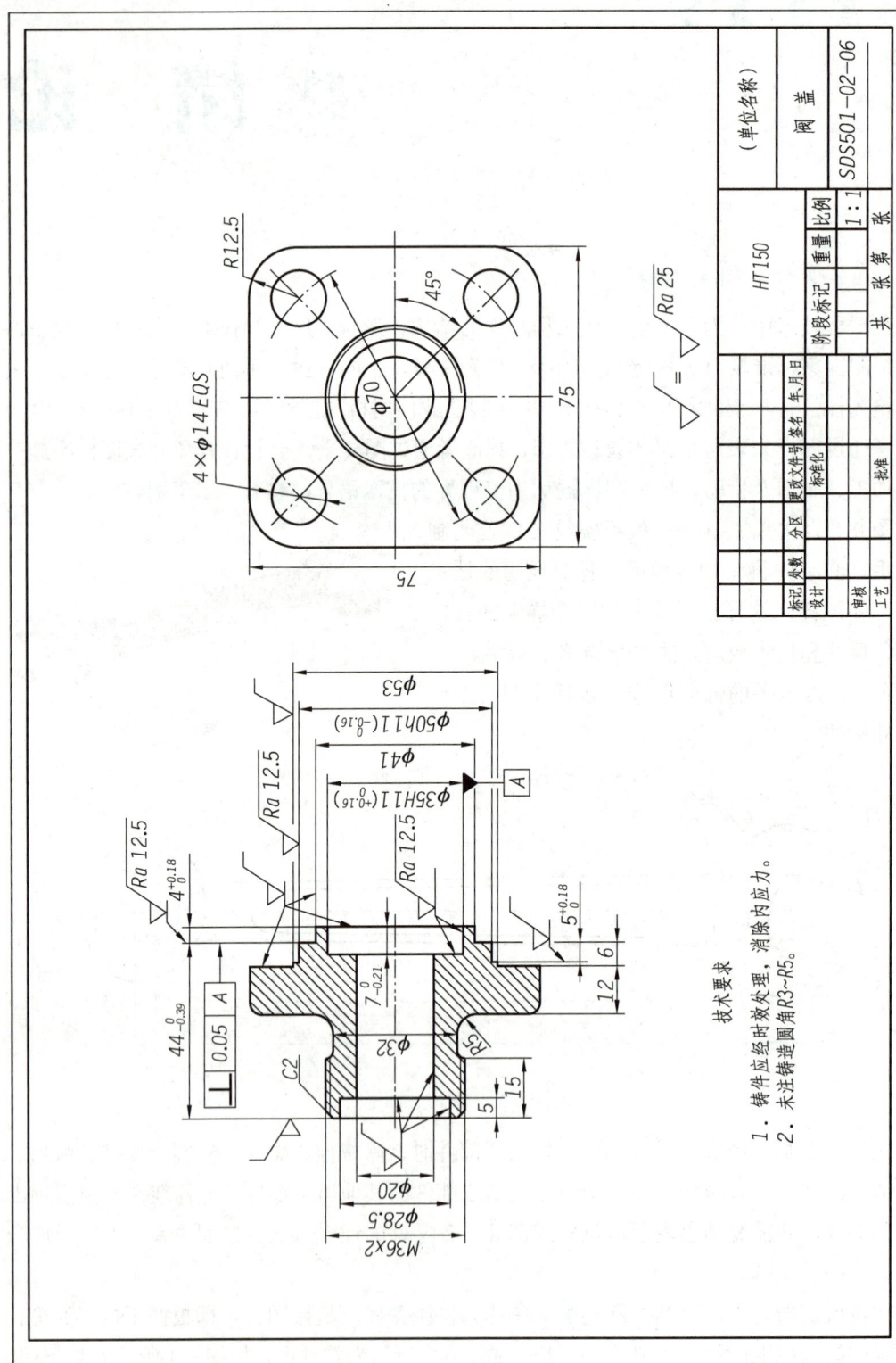

图 0-3 零件图

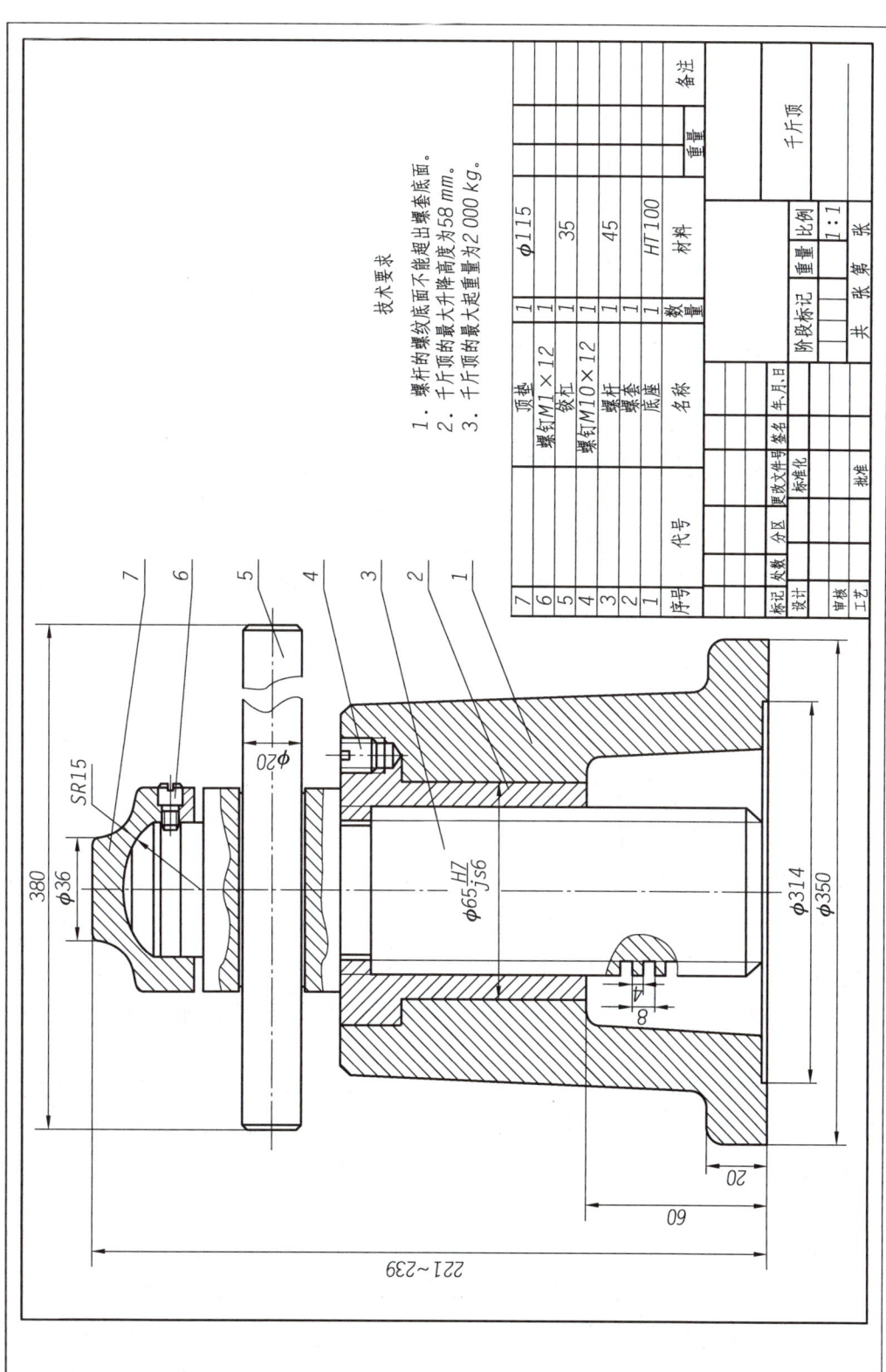

图 0-4 装配图

2．本课程的内容、结构

本课程主要由以下3部分组成。

（1）绘图技能——手工绘图（尺规绘图与徒手绘图）。

（2）画法几何——正投影原理。

（3）机械制图——零件图、装配图。

3．本课程的主要任务和基本要求

本课程的主要任务有以下几点。

（1）贯彻、执行绘制机械图样的相关标准和规定。

（2）培养正确使用绘图工具、仪器和快速进行手工绘图的技能。

（3）学习正投影的基本理论及其应用。

（4）培养识读与绘制机械图样的能力。

（5）培养对三维形体的空间想象能力。

（6）培养认真负责的工作态度和严谨细致的工作作风。

通过学习本课程，读者除了应具备较强的空间想象能力和形体表达能力外，还应具有识读与绘制零件图和装配图的基本能力。

4．本课程的特点、性质

（1）练习多，每课必练。

（2）理论与实践紧密结合。

（3）一门实践性很强的技术基础课。

（4）后续专业课程的启蒙课。

5．本课程的学习方法

本课程是一门既有理论又有实践的重要技术基础课，其核心内容是如何正确应用正投影理论、制图国家标准快速识读与绘制机械图样。因此，在学习过程中，不能仅满足于对理论和原则的理解，必须将这些理论知识和生产实际密切结合。要学好本课程，必须做到以下几点。

（1）由物画图、由图想物。本课程的核心内容之一是如何用二维平面图形来表达三维空间形体，以及由二维平面图形想象三维空间形体。因此，学习本课程的主要方法是自始至终要把物体的投影与其形状紧密联系在一起，不断"由物画图"和"由图想物"，既要思考视图的形成，又要想象物体的形状，在图、物的相互转换过程中，逐步提高读图能力、绘图能力、空间想象力。

（2）学练结合。课前预习、课堂学习与课后练习应紧密结合，在学中练，在练中学。课前预习应结合项目工单进行，从而熟悉相关知识点，对重点、难点做到心中有数，以便在课堂学习中跟随老师的引导分析、示范教学，更好地学习相应的知识及技能；课后还需要及时复习与总结，认真完成项目工单中的实施内容及配套习题集中对应的习题，以便有效掌握、巩固所学知识。在课后练习过程中，要按照正确的绘图方法和步骤作图，养成正确使用绘图工具的习惯，严格执行制图的相关标准与规定。所完成的习题作业应做到投影正确、尺寸齐全、字体工整、图线分明、图面干净。

（3）严格执行国家标准。工程图样是国际工程界通用的技术语言，是按国际上共同遵守的规则绘制的。自1959年我国正式颁布《机械制图》国家标准至今，相继多次对该标准进行了修订，并且又陆续制订了《技术制图》国家标准，它是各专业制图标准共同遵守的通则性规定。因此，无论是学习本课程还是今后走向工作岗位，我们都必须严格遵守制图国家标准的各项规定，牢记制图国家标准中的规定画法、特殊表示法、尺寸标注、技术要求的标注等，培养细致严谨的作图习惯和一丝不苟的工作作风。

项目 1

掌握机械制图的基本知识与技能

项目导读

机械图样是表达工程技术人员的设计意图和设计方案的重要文件。机械图样作为技术交流的共同语言必须有统一的规定,否则会给生产和技术交流带来混乱和障碍。识读和绘制机械图样是机械相关专业人才必须具备的基本能力。为此,在学习机械制图时,应先掌握机械制图国家标准的基本规定、尺寸标注、尺规绘图工具的使用方法、常用几何图形的画法,以及绘制平面图形的方法等。

项目目标

知识目标
- 掌握国家标准中关于图纸、比例、字体和图线的相关规定。
- 掌握尺寸标注的基本原则。
- 掌握简单平面图形的分析方法和作图步骤。

技能目标
- 能够判断出图线画法和尺寸标注中的错误。
- 能够正确使用尺规绘图工具。
- 能够绘制简单的几何图形。

素质目标
- 树立严格执行国家标准及行业规范的意识。
- 养成勤于动手、善于思考的习惯。
- 培养脚踏实地、科学严谨的作风。

班级_____　　姓名_____　　学号_____

项目工单　绘制吊钩的机械图样

【项目描述】

吊钩是起重机械的重要零件，用于承载重物，其性能会直接影响吊装作业的安全。因此，要严格按照规定的尺寸生产加工吊钩，确保其性能符合国家标准的有关规定。如图 1-1 所示为吊钩的机械图样，请使用合适的尺规绘图工具绘制该机械图样，并完成尺寸标注。

【寻找队友】

学生以 3～5 人为一组，各小组选出组长，组长组织组员分工合作，共同学习。

【获取信息】

在进行尺规绘图之前，需要熟悉与机械制图有关的国家标准。请各小组组长组织组员查阅资料并学习相关知识，回答下列问题。

引导问题 1：搜集机械制图常用的国家标准，将其信息填入表 1-1 中。

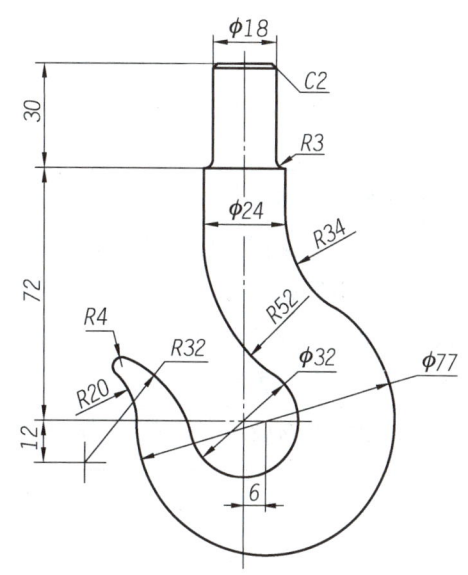

图 1-1　吊钩的机械图样

表 1-1　机械制图常用的国家标准

类型	标准号	标准名称	实施日期
图纸幅面和格式			
比例			
字体			
图线			
尺寸标注			

引导问题 2：比例是指图样中图形与其实物相应要素的_____之比。

引导问题 3：一个完整的尺寸标注应由_____、_____、_____和_____4 个要素组成。

引导问题 4：三角板与丁字尺配合使用，可以画出_____、_____、_____、_____等多种角度的直线；两块三角板配合使用，可以画出_____角度的直线。

引导问题 5：圆规是用来画_____和_____的工具，分规是用来_____、_____和_____的工具。

7

班级_____ 姓名_____ 学号_____

引导问题 6：机械制图中，绘制底稿用_____或_____铅笔，加深图线用_____或_____铅笔，写字和画箭头用_____铅笔。

引导问题 7：画图时，应使用图纸的正面。用橡皮擦擦拭几下，_____的一面即为正面。

引导问题 8：绘制平面图形前，应先对图形上的_____和_____进行分析。

引导问题 9：按所给定的尺寸是否齐全来划分，平面图形中的线段通常可分为_____、_____、_____及_____ 3 类。

【制订方案】

各小组查阅国家标准及相关资料，进行工作规划，并针对工作规划展开讨论，制订实施方案。指导教师对各小组的实施方案进行指导和评价。各小组根据指导教师的评价对实施方案进行调整，确定最终实施方案。

【学以致用】

各小组根据最终实施方案，使用合适的尺规绘图工具，在图 1-2 中绘制吊钩的机械图样。

图 1-2　绘制吊钩的机械图样

项目 1 掌握机械制图的基本知识与技能

1.1 机械制图国家标准的基本规定

为了便于管理和技术交流,我国制定并发布了《技术制图》《机械制图》等一系列国家标准,对图样的内容、格式、表示方法和画法等进行了统一规定,绘图时应遵照执行。国家标准简称"国标",其代号为"GB"。

1.1.1 图纸(GB/T 14689—2008)

1. 图纸幅面

图纸幅面简称图幅,是指图纸尺寸规格的大小。图纸幅面用图纸的短边×长边($B×L$)表示。为了便于图纸的装订和保管,绘制图样时,应优先选用表 1-2 中的 A0~A4 这 5 种基本幅面,必要时也允许选用加长幅面,其尺寸是由基本幅面的短边尺寸成整数倍增加后得出。

表 1-2 图纸幅面及尺寸   单位:mm

幅面代号	$B×L$	a	c	e
A0	841×1 189	25	10	20
A1	594×841	25	10	20
A2	420×594	25	10	10
A3	297×420	25	5	10
A4	210×297	25	5	10

观察表 1-2 中 A0~A4 这 5 种基本幅面的尺寸可知,将大号的图纸沿幅面的长边对折即可得到小一号幅面的图纸,其对折方式如图 1-3 所示。此外,表 1-2 中 a、c、e 均代表周边尺寸,即图框线到图纸边界线的距离,如图 1-4 和图 1-5 所示。

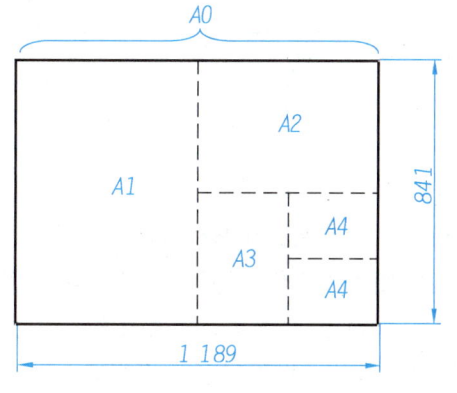

图 1-3 动画

图 1-3 基本幅面间的关系

2. 图框格式

限定绘图区域的线框称为图框，图框在图纸上必须用粗实线画出，其格式分为留装订边（见图 1-4）和不留装订边（见图 1-5）两种，同一产品的图样只能采用一种格式。图框及 a、c、e 的值可参见表 1-2。

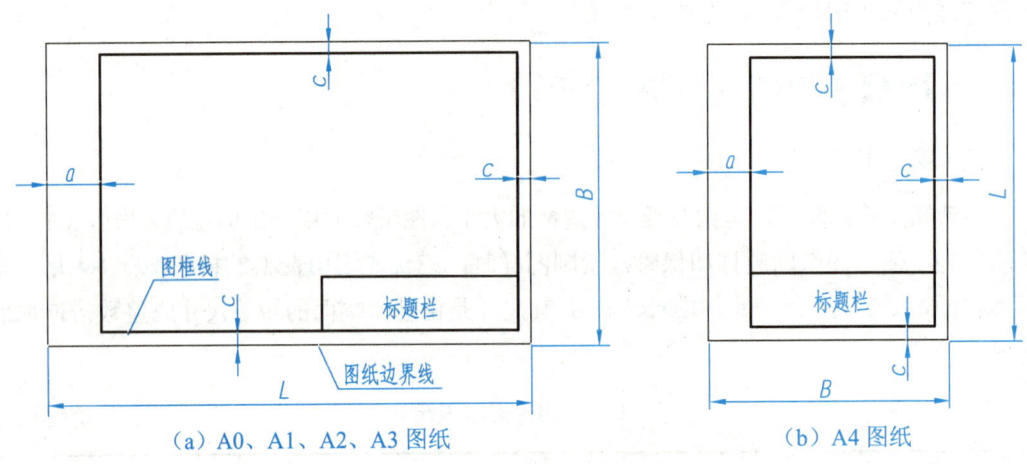

图 1-4　留装订边的图框格式

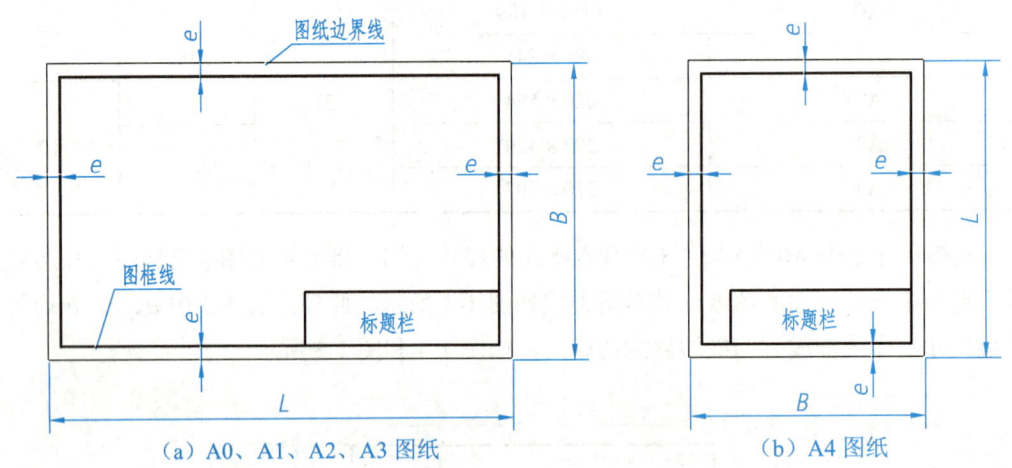

图 1-5　不留装订边的图框格式

3. 标题栏（GB/T 10609.1—2008）

每张图纸都必须画出标题栏。常见的标题栏有两种格式：一种是国家标准规定的标题栏，另一种是学校制图作业中使用的简化标题栏，如图 1-6 和图 1-7 所示。

通常情况下，标题栏位于图纸的右下角，它在图纸中的具体位置及方向如图 1-4 和图 1-5 所示。其中，当标题栏的长边与图纸的长边平行时，则构成 X 型图纸；当标题栏的长边与图纸的长边垂直时，则构成 Y 型图纸。

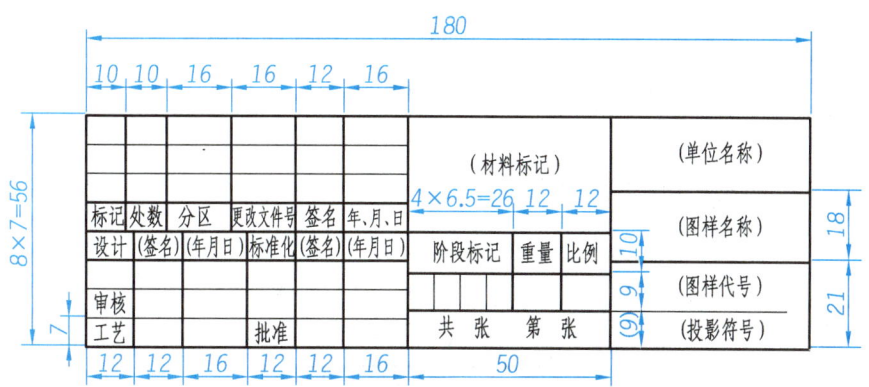

图 1-6 国家标准规定的标题栏

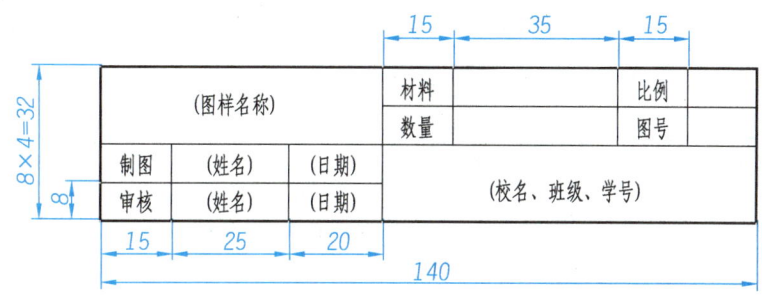

图 1-7 学校制图作业中使用的简化标题栏

4．对中符号和方向符号

为了使图样在复制和微缩摄影时定位方便，应在图纸各边的中点处分别画出对中符号，如图 1-8 所示。对中符号用粗实线绘制，线宽不小于 0.5 mm，长度从纸边开始至伸入图框线内约 5 mm。当对中符号处于标题栏内时，则伸入标题栏内的部分省略不画。

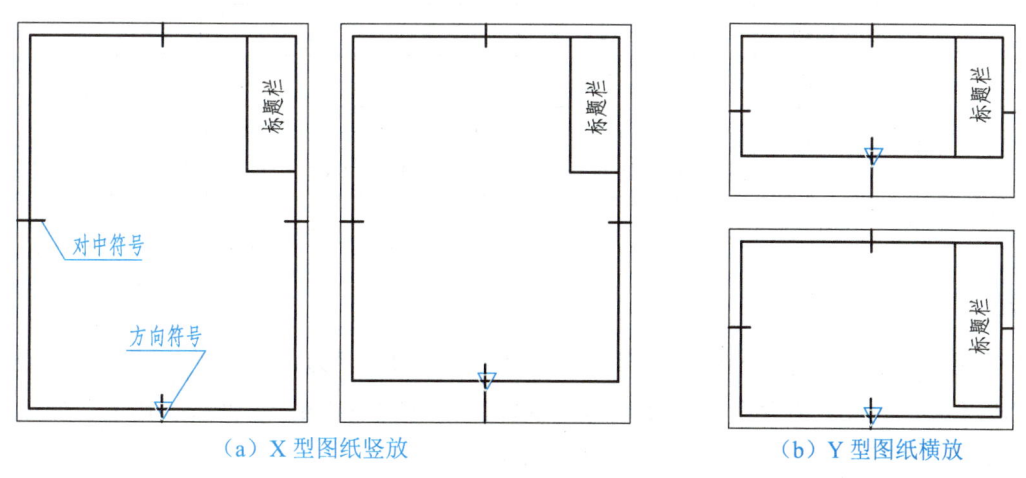

（a）X 型图纸竖放　　　　　　　　（b）Y 型图纸横放

图 1-8 对中符号和方向符号

此外，为了使用预先印制好的图纸，允许将 X 型图纸的短边置于水平位置使用，或将 Y 型图纸的长边置于水平位置使用。此时，标题栏中的文字方向与看图方向不一致。为了能正确地表示看图方向，应在图纸下边的对中符号处绘制方向符号，如图 1-8 所示。对中符号和方向符号的画法如图 1-9 所示。

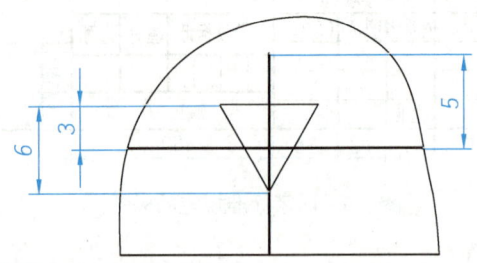

图 1-9　对中符号和方向符号的画法

1.1.2　比例（GB/T 14690—1993）

比例是指图样中图形与其实物对应要素的线性尺寸之比。绘制图样时，应尽量采用 1∶1 的原值比例。当需要放大或缩小图形时，应首先考虑表 1-3 中第一系列的比例，必要时也可以采用第二系列的比例。

表 1-3　比例

种类		比例					
第一系列	原值比例	1∶1					
	放大比例	2∶1	5∶1	$1×10^n∶1$	$2×10^n∶1$	$5×10^n∶1$	
	缩小比例	1∶2	1∶5	$1∶1×10^n$	$1∶2×10^n$	$1∶5×10^n$	
第二系列	放大比例	2.5∶1	4∶1	$2.5×10^n∶1$	$4×10^n∶1$		
	缩小比例	1∶1.5	1∶2.5	1∶3	1∶4	1∶6	
		$1∶1.5×10^n$	$1∶2.5×10^n$	$1∶3×10^n$	$1∶4×10^n$	$1∶6×10^n$	

注：n 为正整数。

无论采用缩小或放大的比例绘图，图样中标注的尺寸应为物体的实际大小，与绘图比例无关，如图 1-10 所示。绘制图样时，比例一般应注写在标题栏中的"比例"栏内，必要时，也可标注在视图名称的下方或右侧。

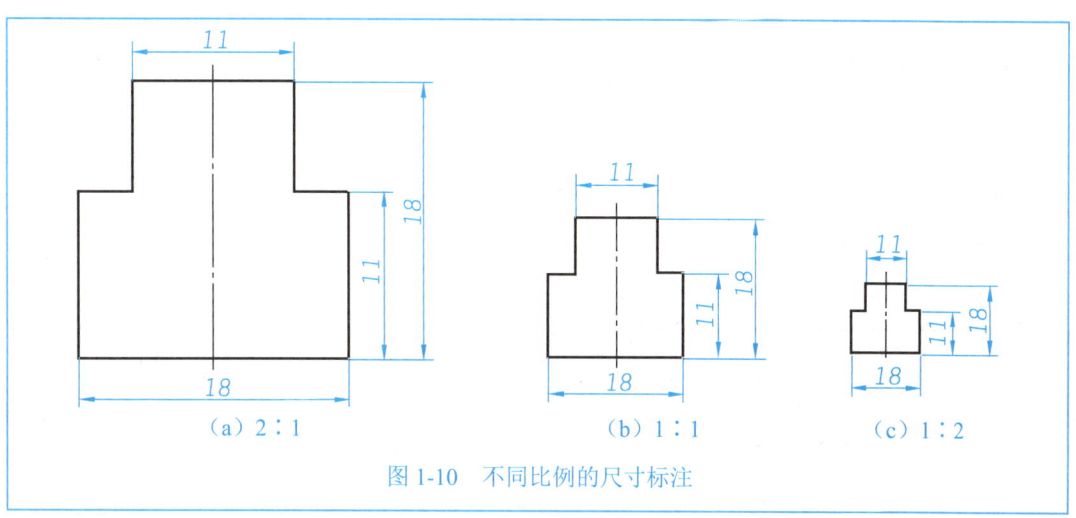

图 1-10　不同比例的尺寸标注

1.1.3　字体（GB/T 14691—1993）

图样中的字体有汉字、数字和字母 3 种，书写时必须做到字体工整、笔画清楚、间隔均匀、排列整齐。字体的高度（用 h 表示）即为字号，字号共有 8 种，分别是 20、14、10、7、5、3.5、2.5 及 1.8，其单位均为 mm。若要书写大于 20 号的字，其字体高度应按 $\sqrt{2}$ 的倍数递增。

1. 汉字

汉字应写成长仿宋体，并采用国家正式公布推行的《汉字简化方案》中规定的简化汉字。汉字的字高 h 通常不应小于 3.5 mm，字宽一般为 $h/\sqrt{2}$。汉字示例如图 1-11 所示。

字体工整　笔画清楚　间隔均匀　排列整齐

图 1-11　长仿宋体汉字示例

2. 数字和字母

数字和字母可写成斜体或直体（常用斜体）。当采用斜体时，字头向右倾斜，与水平基准线的夹角为 75°，如图 1-12 所示；当用于表示指数、分数、极限偏差等的数字和字母时，一般应比基本字体小一号。

阿拉伯数字　0123456789　　ⅠⅡⅢⅣⅤⅥⅦⅧⅨⅩ　罗马数字

大写拉丁字母　ABCDEFGHIJKLMNOPQRSTUVWXYZ

小写拉丁字母　abcdefghijklmnopqrstuvwxyz

图 1-12　数字和字母示例

1.1.4 图线（GB/T 4457.4—2002）

1．线型及其应用

机械制图中，为了能够准确地表达物体的形状及其轮廓线的可见性，通常需要使用不同的线型和线宽来表达不同的对象，如表1-4所示。

表1-4　线型及其应用

图线名称	线型及其尺寸	线宽	一般应用	应用举例
粗实线		d	可见轮廓线	
细实线		$d/2$	① 尺寸线和尺寸界线 ② 剖面线 ③ 重合断面的轮廓线	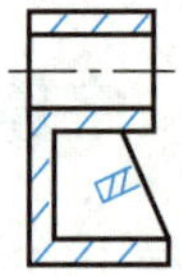
波浪线		$d/2$	① 断裂处的边界线 ② 视图与剖视图的分界线	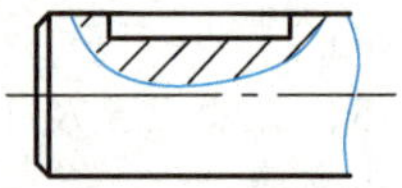
虚线		$d/2$	① 不可见棱边线 ② 不可见轮廓线	
细点画线		$d/2$	① 轴线 ② 对称中心线 ③ 分度圆（线）	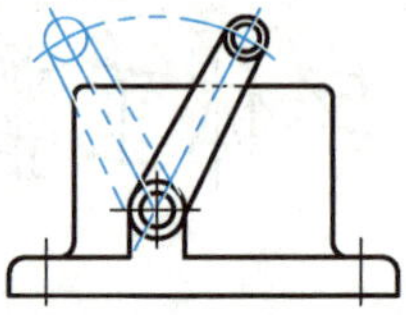
细双点画线		$d/2$	① 相邻辅助零件的轮廓线 ② 可动零件的极限位置的轮廓线	
双折线	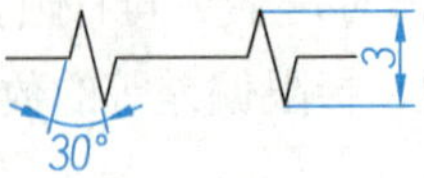	$d/2$	断裂处的边界线	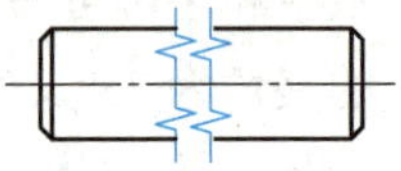
粗虚线		d	允许表面处理的表示线	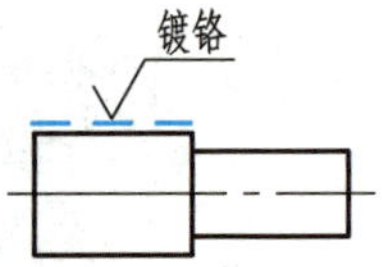
粗点画线		d	限定范围表示线	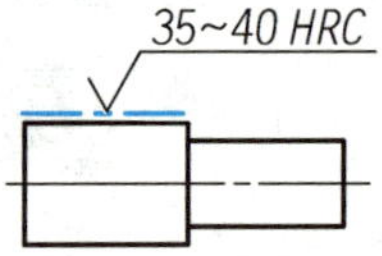

图纸中的线条统称为图线，其线宽有粗、细两种。粗线的宽度 d 应按图样的大小和复杂程度，在 0.25 mm、0.35 mm、0.5 mm、0.7 mm、1 mm、1.4 mm 及 2 mm 之间选择（优先选用 0.5 mm 或 0.7 mm），粗、细图线的线宽之比为 2∶1。

2．图线的画法及其注意事项

（1）同一张图纸内，同类型的图线应采用同样的线宽。虚线、细点画线及细双点画线的线段长度和间隔应大致相等。细点画线和细双点画线的首尾两端应是长画而不是短画。

（2）当细点画线、虚线和其他图线相交时，都应在长画或短画处相交，不应在间隔空白处相交，如图 1-13 所示。

（3）在较小的图形上绘制虚线、细点画线或细双点画线有困难时，可用细实线代替。

（4）当虚线在粗实线的延长线上时，在分界处要留空隙；当虚线与圆相切时，相切处应留有空隙，如图 1-13（a）所示。

（5）绘制细点画线时，细点画线应超出轮廓线 3～5 mm，如图 1-13（b）所示。

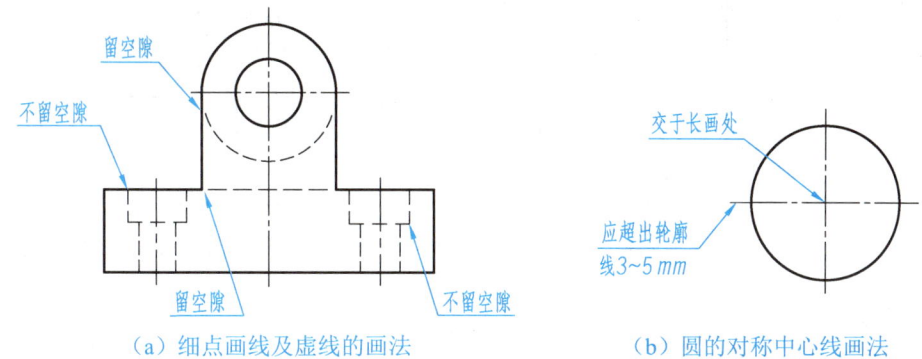

(a) 细点画线及虚线的画法　　(b) 圆的对称中心线画法

图 1-13　图线画法示例

1.2　尺寸标注（GB/T 4458.4—2003）

图样中，图形只能表达物体的形状。若要表示物体的大小及各部分间的位置关系，则需要为其标注尺寸。由此可见，尺寸是图样的重要内容之一，是制造、加工零件的主要依据，不能有任何差错。标注尺寸时，应严格执行 GB/T 4458.4—2003《机械制图 尺寸注法》中的相关规定，做到所标尺寸正确、齐全、清晰、易读。

1.2.1　基本原则和尺寸要素

1．尺寸标注的基本原则

（1）机件的真实大小应以图样上所标注的尺寸数值为依据，与图形的大小和绘图的准确度无关。

（2）图样中的尺寸以 mm（毫米）为单位时，不需要标注单位代号或名称，若采用其他单位，则必须注明相应的单位符号，如 m（米）、cm（厘米）等。

（3）图样中所标注的尺寸应为该图样所示机件的最后完工尺寸，否则应另加说明。

（4）机件的每一尺寸一般只标注一次，并应标注在反映该结构最清晰的图形上。

2．尺寸标注的组成要素

一个完整的尺寸应由尺寸界线、尺寸线、尺寸数字和尺寸线终端 4 个要素组成，如图 1-14 所示。

1）尺寸界线

尺寸界线用于表示所注尺寸的范围，用细实线绘制，并应由图形的轮廓线、轴线或对称中心线处引出。也可将轮廓线、轴线或对称中心线作为尺寸界线。尺寸界线一般与尺寸线垂直并超出尺寸线 2~3 mm，必要时可以倾斜，如图 1-15 所示。

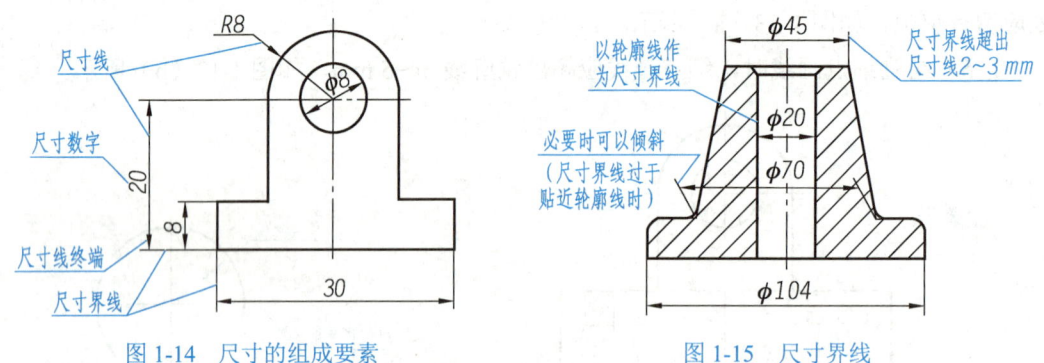

图 1-14　尺寸的组成要素　　　　　图 1-15　尺寸界线

2）尺寸线

尺寸线用于表示尺寸度量的方向，用细实线绘制在两尺寸界线之间。图样上的任何图线、中心线等均不得用作尺寸线，尺寸线也不能画在其他图线的延长线上。当图上需要标注的尺寸较多时，互相平行的尺寸线应按被标注轮廓线的远近顺序由近向远整齐排列，并遵循"小尺寸在内，大尺寸在外"的原则，如图 1-16 所示。机械制图中，尺寸线终端一般用箭头表示，箭头的形式如图 1-17 所示。

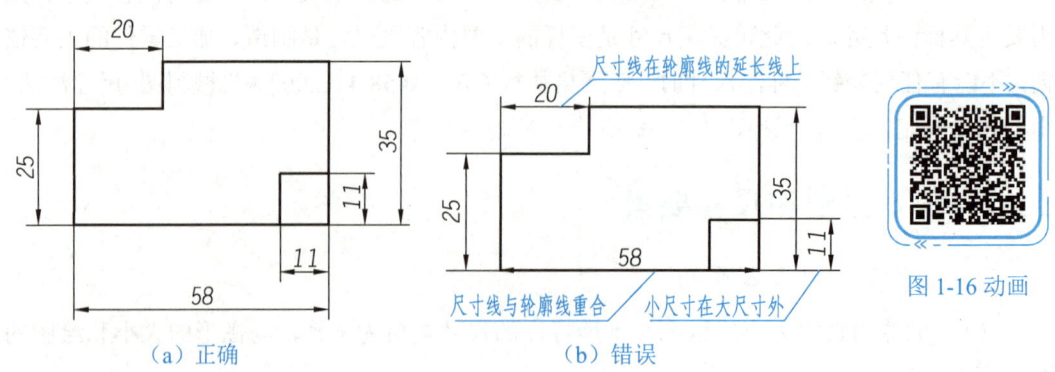

图 1-16　尺寸线

项目 1　掌握机械制图的基本知识与技能

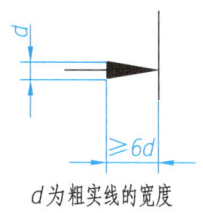

图 1-17　箭头的形式

3）尺寸数字

尺寸数字用于表示所注尺寸的大小，一般注写在尺寸线的上方，也允许注写在尺寸线的中断处。尺寸数字不得被任何图线通过，当无法避免时，必须将图线断开。

1.2.2　常见尺寸标注方法

1. 线性尺寸中尺寸数字的标注方法

线性尺寸中尺寸数字应按如图 1-18（a）所示的方向注写，并尽可能避免在图示 30°范围内标注尺寸，当无法避免时应引出标注，如图 1-18（b）所示。对于非水平方向上的尺寸，其尺寸数字也可水平注写在尺寸线的中断处。

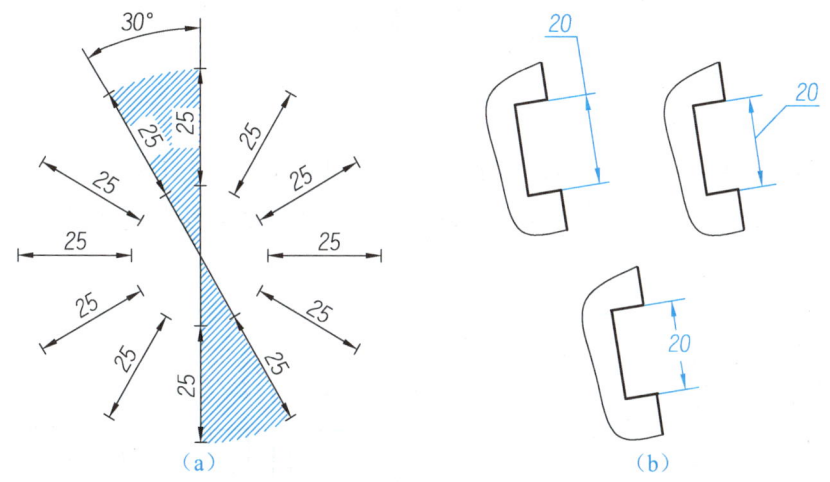

图 1-18　线性尺寸中尺寸数字的标注方法

2. 半径和直径的尺寸标注方法

半圆或小于半圆的圆弧一般标注半径尺寸，尺寸线从圆心出发，箭头指向圆弧，且尺寸数字前需要注写半径符号"R"，如图 1-19（a）所示；当圆弧半径太大或无法标出圆心位置时，圆弧半径的标注方法如图 1-19（b）所示。

圆或大于半圆的圆弧需要标注直径尺寸。标注直径尺寸时，尺寸数字前需要注写直径符号"ϕ"，如图 1-19（c）所示。标注球体的直径或半径尺寸时，应在符号"ϕ"或"R"前再加注符号"S"。

机械制图

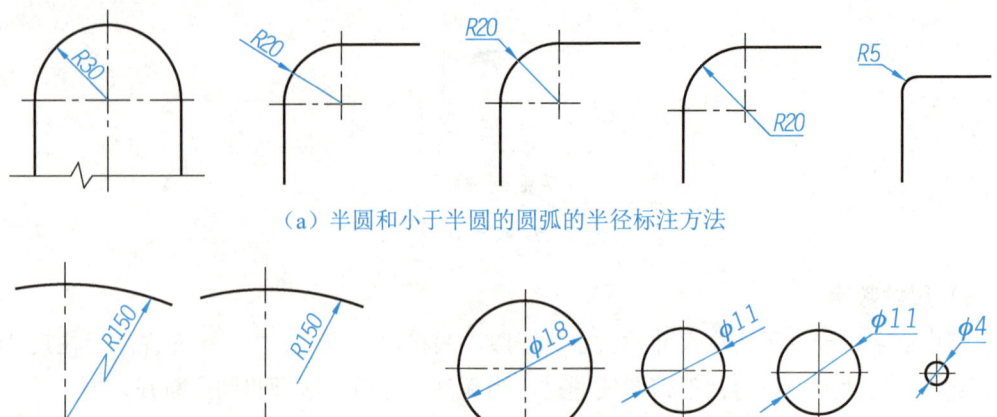

（a）半圆和小于半圆的圆弧的半径标注方法

（b）圆弧半径太大或无法标出圆心 位置时的半径标注方法

（c）直径的标注方法

图 1-19 半径和直径的尺寸标注方法

3．角度的尺寸标注方法

标注角度时，角的两条边或两条边的延长线可作为尺寸界线，尺寸线应画成圆弧，角度数字一律按水平方向注写。一般情况下，角度数字注写在尺寸线的中断处，也可写在尺寸线的外面或引出标注，如图 1-20 所示。

4．狭小部位的尺寸标注方法

当没有足够的空间画尺寸线两端的箭头时，尺寸线的箭头可外移，或用小圆点代替该箭头；当没有足够的空间注写尺寸数字时，尺寸数字可写在尺寸线的外面或引出标注，如图 1-21 所示。

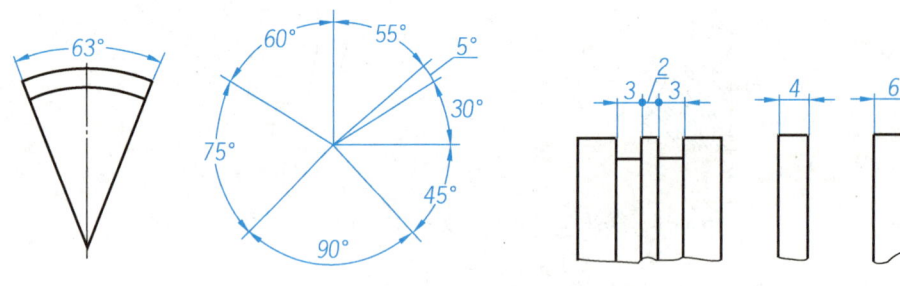

图 1-20 角度的尺寸标注方法

图 1-21 狭小部位的尺寸标注方法

5．对称图形的尺寸标注方法

当分布在中心线两侧的图形完全相同时，其尺寸标注方法如图 1-22（a）所示；当对称机件的图形只画出一半或略大于一半时，尺寸线应略超过对称中心线或断开处的边界，此时仅在尺寸线的一端画出箭头，如图 1-22（b）所示。

项目 1　掌握机械制图的基本知识与技能

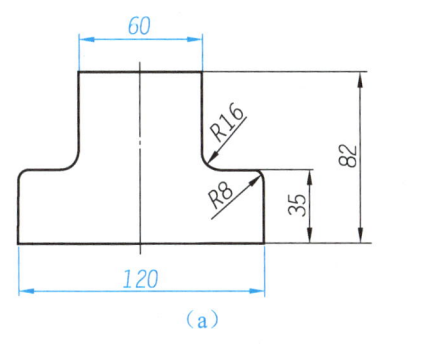
(a)

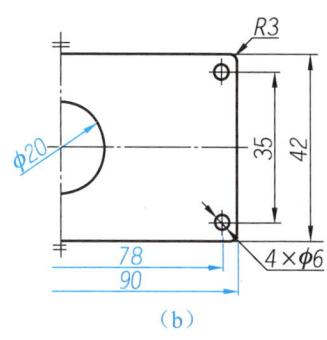
(b)

图 1-22　对称图形的尺寸标注方法

常见标注尺寸的符号及缩写词如表 1-5 所示。

表 1-5　常见标注尺寸的符号及缩写词

含义	符号或缩写词	含义	符号或缩写词
直径	ϕ	45°倒角	C
半径	R	正方形	□
球直径	$S\phi$	深度	▼
球半径	SR	沉孔或锪平	⊔
厚度	t	埋头孔	∨
均布	EQS	弧长	⌒

1.3　常用尺规绘图工具

尺规绘图是指用图板与丁字尺、三角板、圆规、分规、铅笔、图纸等绘图工具来绘制图样的过程。虽然计算机绘图已经普及，但尺规绘图仍然是工程技术人员的基本技能，也是学习和巩固绘图知识的必要措施。

1.3.1　图板与丁字尺

图板是用来固定图纸的。画图时，应先将图纸用胶带固定在图板上，然后将丁字尺的头部紧靠图板工作边（左导边）并上下滑动到需要画线的位置，接着将铅笔垂直于纸面并向右倾斜 30°，从左向右可画出水平线，如图 1-23 所示。

值得注意的是，丁字尺的尺头只能与图板工作边（左导边）配合画线，不能与图板的其他边缘配合画线。

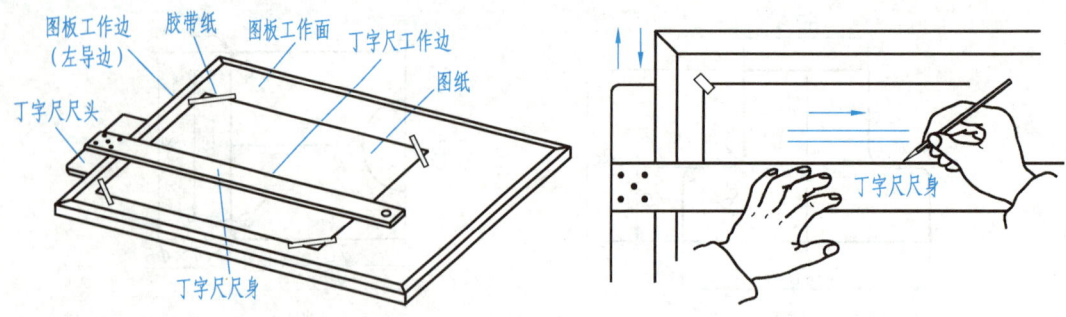

图 1-23　图板与丁字尺配合画线

1.3.2　三角板

一副三角板一般有两块，一块两角均为 45°，另一块两角分别为 30°和 60°。三角板与丁字尺配合使用，可以画出图 1-24（a）所示角度的直线。此外，两块三角板配合使用，可以画出 15°及其整数倍角度的直线，还可以画出已知直线的平行线或垂直线，如图 1-24（b）所示。画线时，应按图中箭头所示方向画。

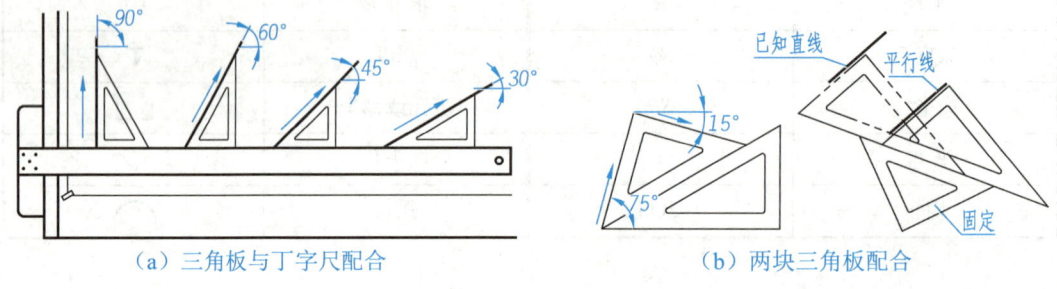

（a）三角板与丁字尺配合　　　　（b）两块三角板配合

图 1-24　三角板的用法

1.3.3　圆规

圆规是用来画圆和圆弧的工具。圆规的附件有描图用的鸭嘴笔插腿和画大圆用的延伸杆，如图 1-25 所示。

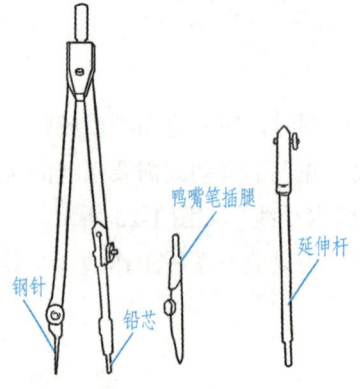

图 1-25　圆规及附件

画图时，应先调整铅芯与钢针针尖的长度，使两脚在并拢时针尖略长于铅芯，然后将圆规按顺时针方向旋转，并保证旋转过程中针尖与铅芯均垂直于纸面，如图 1-26（a）和图 1-26（b）所示。画大圆时，应加接延伸杆后使用，如图 1-26（c）所示。

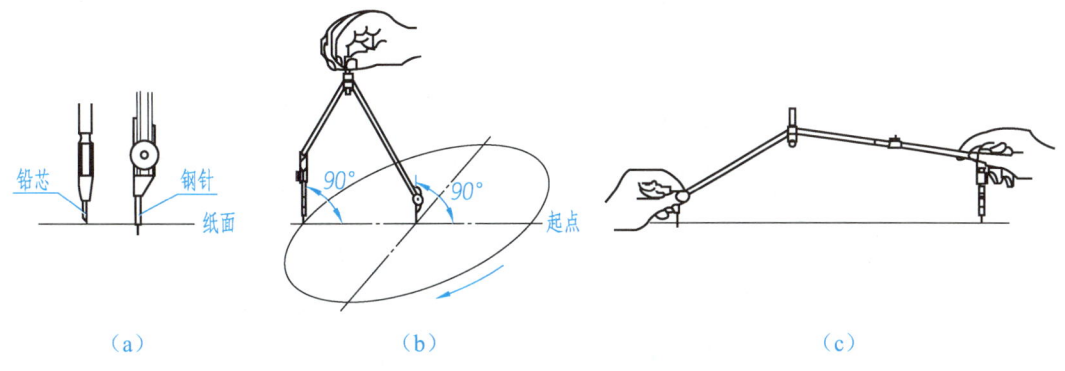

图 1-26　圆规的用法

1.3.4　分规

分规是用来量取尺寸、截取线段和等分线段的工具。使用前，应检查分规两脚的针尖并拢后是否平齐。分规的用法如图 1-27 所示。

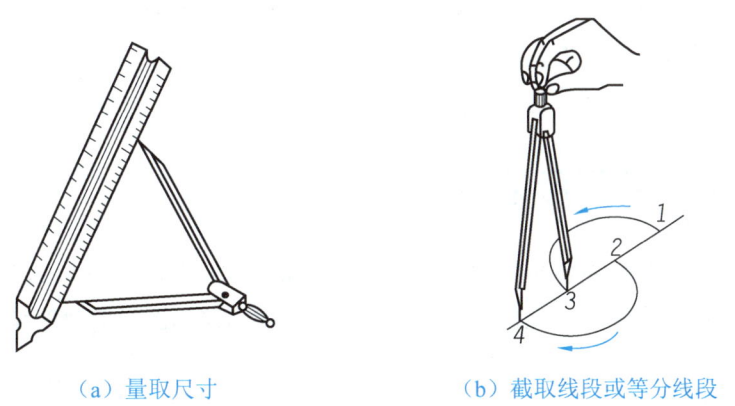

图 1-27　分规的用法

1.3.5　铅笔

绘图所用铅笔的铅芯有软硬之分，根据铅芯的软硬程度不同，可将其分为 H、HB 和 B 三个等级。标号 H 代表铅芯的硬性，H 前的数字越大，表示铅芯越硬，所画图线的颜色越淡；HB 代表软硬适中；B 代表铅芯的软性，B 前的数字越大，表示铅芯越软，所画图线的颜色越黑。机械制图中，绘制底稿用 H 或 2H 铅笔，加深图线用 B 或 2B 铅笔，写字和画箭头时用 HB 铅笔。

为了保证同一图样上的同类线型粗细一致，画粗实线用的铅笔，铅芯应磨削成截面为 $d×d$（d 为所画图线的宽度）的四棱柱形；写字和标注尺寸用的铅笔，铅芯部分应削成锥形；画线时，铅笔与画线方向的夹角约 60°，如图 1-28 所示。此外，削铅笔时应从没有标号的一端开始，保留有标号的一端以便识别其硬度等级。

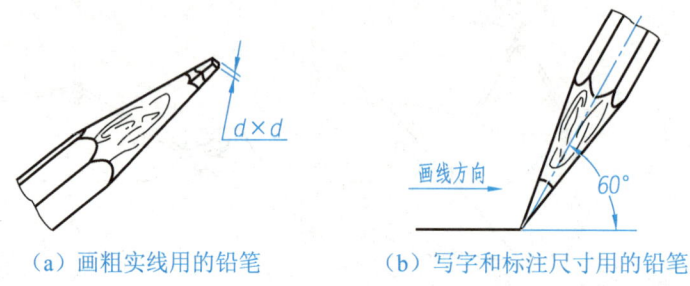

（a）画粗实线用的铅笔　　　　　　（b）写字和标注尺寸用的铅笔

图 1-28　铅笔的铅芯形状和使用方法

1.3.6 图纸

图纸要求质地坚实，用橡皮擦拭不易起毛，且符合国家规定的图幅尺寸要求。画图时，应使用图纸的正面。图纸正反面的识别方法是：用橡皮擦拭几下，不易起毛的一面即为正面。

固定图纸时，将丁字尺尺头靠紧图板，以丁字尺上缘为准，将图纸摆正，然后绷紧图纸，用胶带将其固定在图板上。当图幅不大时，图纸宜固定在图板左下方，图纸下方应留出足够放置丁字尺的空间。

1.4　常用几何图形的画法

机械零件的形状虽然各不相同，但都是由直线、圆、圆弧和其他一些非圆曲线组成的几何图形。熟练掌握和运用几何图形的画法，将会提高绘制图样的速度和质量。

1.4.1　等分线段

等分线段一般采用试分法。即先凭目测估计出每一等份的长度，然后用分规自线段的一端进行试分，若不能恰好将线段分尽，可按"剩余"或"不足"部分的长度调整分规的张角，再次进行试分，直到分尽为止。

除了试分法外，还可以使用辅助平行线法等分线段。例如，要将线段 AB 进行五等分，作图步骤如下（作图过程如图 1-29 所示）。

（1）过线段 AB 的端点 A 作任意一条不与线段 AB 及其延长线重合的射线 AC。

（2）利用直尺或圆规在射线 AC 上从 A 点起，以适当长度截取 5 个等分点。

（3）用直线连接点 5 与点 B，然后过其他各等分点作线段 B5 的平行线并与线段 AB 相交，交点即为线段 AB 的等分点。

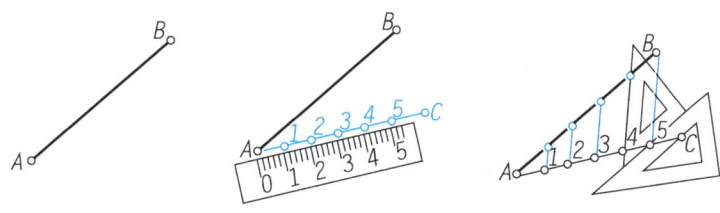

图 1-29　等分线段 AB

1.4.2　等分圆周并作正多边形

1. 将圆周三、四、六等分（或绘制等边三角形、正方形和正六边形）

三角板配合丁字尺使用，可将圆周三、四、六等分，其作图方法如图 1-30（a）～（c）所示。此外，也可利用圆的半径 R 将圆周六等分，如图 1-30（d）所示，若用直线连接这 6 个等分点，即可得到圆的内接正六边形。

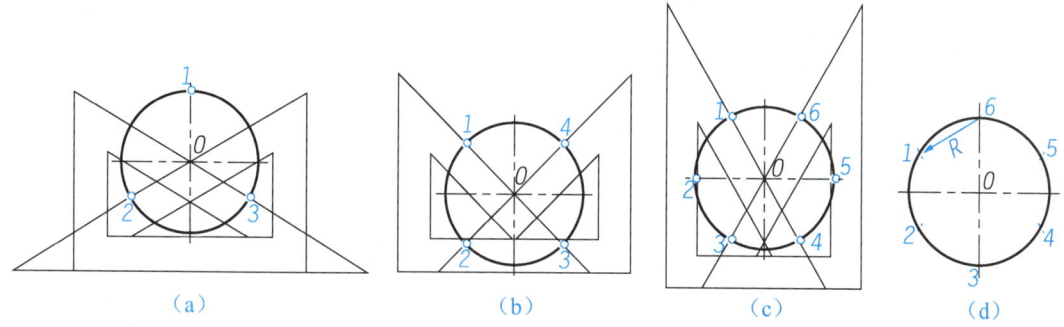

图 1-30　将圆周三、四、六等分

2. 将圆周五等分（或绘制正五边形）

已知圆的半径，可用圆规将圆周五等分，然后利用直线连接各等分点即可得到圆的内接正五边形，具体作图步骤如下。

（1）以圆的象限点 A 为圆心，OA 为半径画圆弧，交外接圆于点 E 和点 F，连接 EF 交直线 OA 于点 B，如图 1-31（a）所示。

（2）以点 B 为圆心，BC 为半径画圆弧，交直线 OA 于点 D，如图 1-31（b）所示；接着以点 C 为圆心，CD 为半径画圆弧，交外接圆于点 G 和点 H，如图 1-31（c）所示。

（3）分别以 G、H 两点为圆心，CG 和 CH 为半径画圆弧，即可得到点 M 和点 N，然后依次连接各等分点即可得到正五边形，如图 1-31（d）所示。

图 1-31 动画

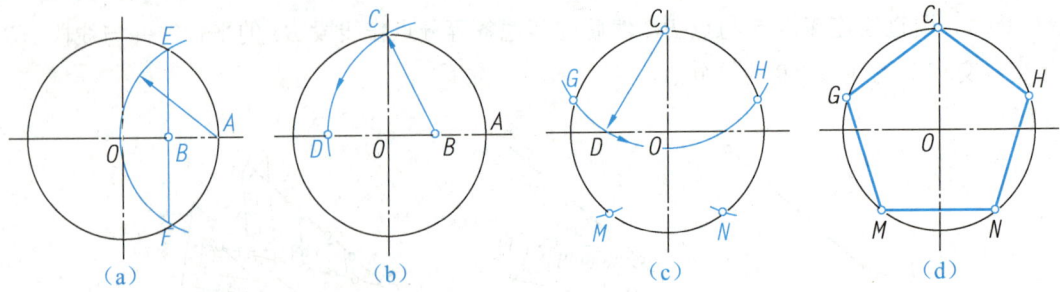

图 1-31　将圆周五等分并画正五边形

1.4.3　圆或圆弧的切线

绘图时，经常会遇到作已知圆或圆弧切线的问题，其作图的关键是准确地找出直线与圆或圆弧的切点。

例如，要过圆上或圆外任意一点 P 作该圆的切线 PA，可在确定导向三角板的位置后，将另一个三角板沿导向三角板的斜边向左上或右下移动到所需位置，即可绘制过该点的切线，其作图过程如图 1-32 所示。

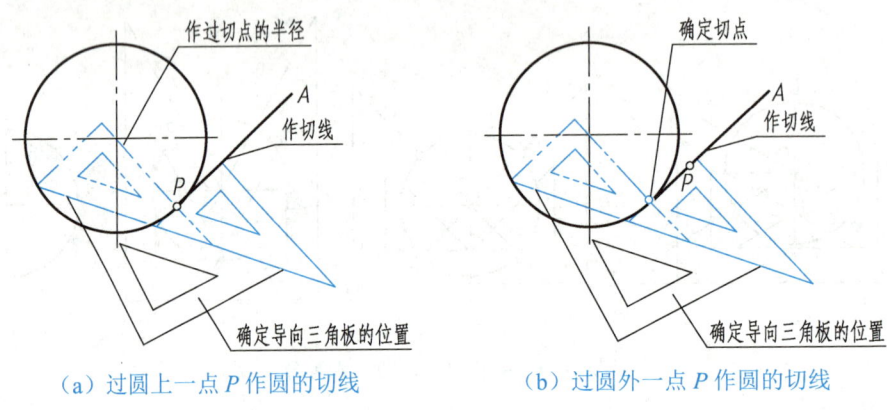

(a) 过圆上一点 P 作圆的切线　　　　(b) 过圆外一点 P 作圆的切线

图 1-32　作圆的切线

1.4.4　圆弧连接

圆弧连接是指用圆弧光滑连接已知直线或曲线。为确保连接光滑，在画连接圆弧前，应准确作出连接圆弧的圆心和连接点（即切点）。常见的圆弧连接有两种形式。

- ➢ 用圆弧光滑连接两条直线，其作图步骤如表 1-6 所示。
- ➢ 用圆弧光滑连接两个圆弧，其作图步骤如表 1-7 所示。

项目 1　掌握机械制图的基本知识与技能

表 1-6　用圆弧光滑连接两条直线的作图步骤

类别	作图步骤	图例
用圆弧连接相交成锐角或钝角的两条直线	① 作与两条已知直线分别相距为 R 的平行线，交点 O 即为连接圆弧圆心 ② 过点 O 分别向两条已知直线作垂线，垂足点 M 和点 N 即为切点 ③ 以点 O 为圆心，R 为半径，在点 M 和点 N 之间画连接圆弧即可	
用圆弧连接相互垂直的两条直线	① 以直角顶点为圆心、R 为半径画圆弧，交直角两边于点 M 和点 N ② 以点 M 和点 N 为圆心、R 为半径画圆弧，交得连接圆弧圆心 O ③ 以点 O 为圆心、R 为半径，在点 M 和点 N 之间画连接圆弧即可	

表 1-7　用圆弧光滑连接两个圆弧的作图步骤

类别	作图步骤	图例
外连接	① 分别以点 O_1 和点 O_2 为圆心，R_1+R 和 R_2+R 为半径画圆弧，交得连接圆弧圆心 O ② 分别用直线连接 OO_1 和 OO_2，交得点 A 和点 B ③ 以点 O 为圆心、R 为半径画连接圆弧即可	
内连接	① 分别以点 O_1 和点 O_2 为圆心，$R-R_1$ 和 $R-R_2$ 为半径画圆弧，交得连接圆弧圆心 O ② 分别用直线连接 OO_1 和 OO_2 并延长，交得点 A 和点 B ③ 以点 O 为圆心、R 为半径画连接圆弧即可	

表 1-7（续）

类别	作图步骤	图例
内外连接	① 分别以点 O_1 和点 O_2 为圆心，R_1+R 和 R_2-R 为半径画圆弧，交得连接圆弧圆心 O ② 分别用直线连接 OO_1 交得点 A，连接 OO_2 并延长交得点 B ③ 以点 O 为圆心、R 为半径画连接圆弧即可	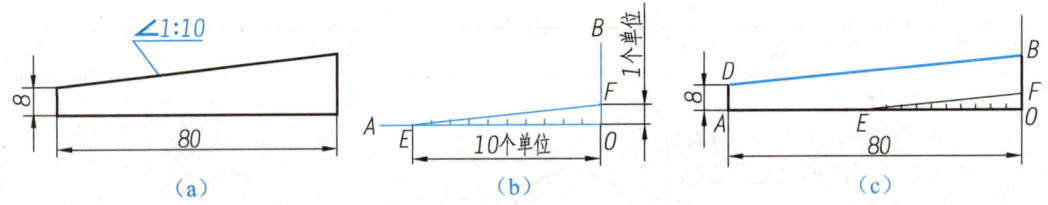

1.4.5 斜度与锥度

斜度是指一直线对另一直线或一平面对另一平面的倾斜程度。斜度的大小用两直线或两平面间夹角的正切值来表示，一般以"$1:n$"的形式标注。斜度符号"∠"的指向应与斜度方向一致，如图 1-33（a）所示，斜度的画法如图 1-33（b）和图 1-33（c）所示。

图 1-33 斜度的标注及画法

锥度是指正圆锥的底圆直径 D 与高度 L 之比，或圆台的两底圆直径之差（$D-d$）与高度 L 之比，一般以"$1:n$"的形式标注。锥度符号"▷"的尖端方向应与锥度方向一致，如图 1-34（a）所示，锥度的画法如图 1-34（b）和图 1-34（c）所示。

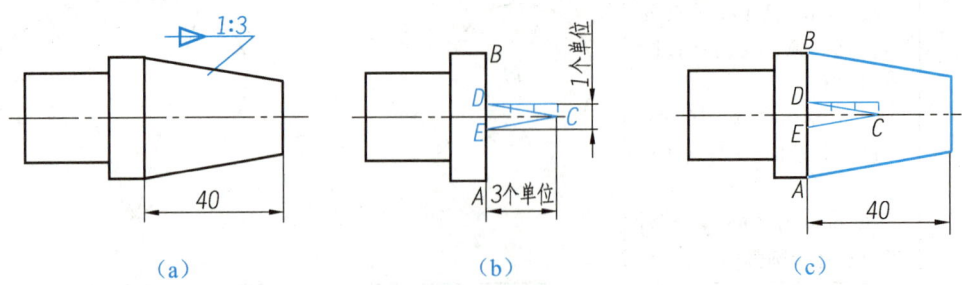

图 1-34 锥度的标注及画法

1.4.6 椭圆的画法

椭圆有两条相互垂直且对称的轴,即长轴和短轴。通常使用四心圆法近似地绘制椭圆。例如,已知椭圆的长轴 AB 和短轴 CD,其作图步骤如下。

(1)用直线连接长轴和短轴的端点,得线段 AC;然后以点 O 为圆心,OA 为半径画圆弧,与短轴交于点 E_1;接着以点 C 为圆心、CE_1 为半径画圆弧,交 AC 于点 E,如图 1-35(a)所示。

(2)作 AE 的中垂线,与两轴分别交于点 1 和点 2;接着分别作这两点在长轴和短轴的对称点 3 和 4,如图 1-35(b)所示。

图 1-35 动画

(3)分别以点 1、2、3、4 为圆心,以 $1A$、$2C$、$3B$、$4D$ 为半径画圆弧,即可得到近似椭圆,如图 1-35(c)所示。

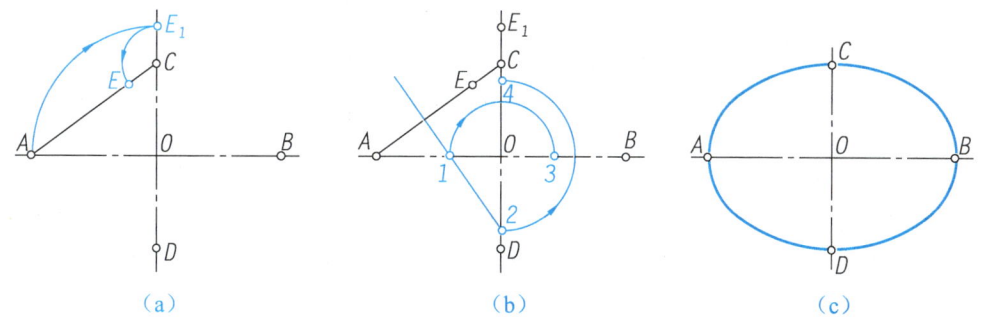

图 1-35 使用四心圆法画椭圆

1.5 绘制平面图形

平面图形是由若干条直线和曲线连接而成的,这些线段之间的相对位置和连接关系由给定的尺寸来确定,如图 1-36 所示。在平面图中,有些线段可由给出的尺寸直接画出,而有些线段则要借助其他线段来绘制，如连接圆弧。因此，绘制平面图形前，应先对图形上的尺寸和连接关系进行分析，从而确定正确的作图步骤和方法。

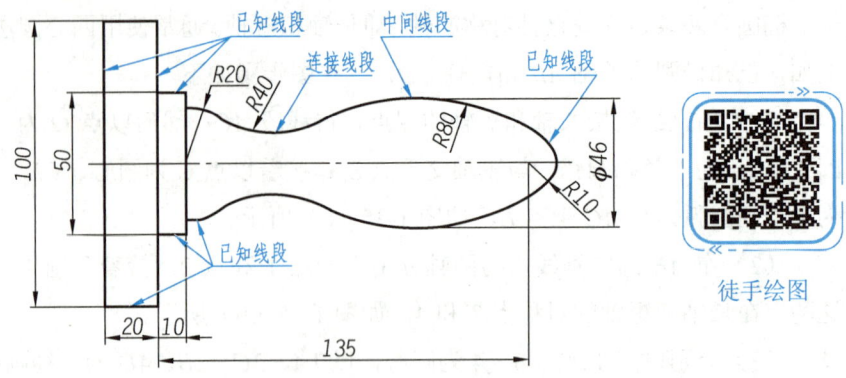

图 1-36　平面图形的尺寸分析和线段分析

1.5.1　尺寸分析

平面图形中的尺寸，按其作用可分为定形尺寸和定位尺寸两种。

1. 定形尺寸

定形尺寸是指确定平面图形各几何元素大小的尺寸，如线段的长度、圆弧的半径及角度大小等。如图 1-36 所示的尺寸 $R20$、$R40$、$R80$、100、50、20、10 等均为定形尺寸。

2. 定位尺寸

定位尺寸是指确定几何元素之间相对位置的尺寸，如直线的位置、圆心的位置等。如图 1-36 所示的尺寸 $\phi46$ 是确定 $R80$ 圆心位置在竖直方向上的定位尺寸，135 是确定 $R10$ 圆心位置在水平方向上的定位尺寸。

定位尺寸通常以图形的对称线、中心线或某一轮廓线作为尺寸标注的起点，这个起点称为尺寸基准，如图 1-36 所示的水平中心线。

1.5.2　线段分析

按所给定的尺寸是否齐全来划分，平面图形中的线段通常可分为已知线段、中间线段及连接线段 3 类。

1. 已知线段

已知线段是指具有定形尺寸和定位尺寸的线段，作图时可直接画出。如图 1-36 所示的尺寸为 100、20、50、10 的直线段和尺寸为 $R20$、$R10$ 的圆弧均为已知线段。

2. 中间线段

中间线段是指定形尺寸齐全，而定位尺寸不齐全的线段。作图时，这类线段要在与其

项目 1　掌握机械制图的基本知识与技能

相邻一端的线段画出后,再根据连接关系(如相切)用几何图形的画法画出。如图 1-36 所示的尺寸为 $R80$ 的圆弧即为中间线段。

3．连接线段

连接线段是指只有定形尺寸的线段。作图时,需要根据它与两端相邻线段的连接关系,用几何图形的画法确定其位置。如图 1-36 所示的尺寸为 $R40$ 的圆弧即为连接线段。

由此可见,绘制平面图形时,应先根据平面图形的尺寸对图形进行线段分析,从而确定已知线段、中间线段和连接线段,然后再根据分析结果依次画出已知线段、中间线段和连接线段。

1.5.3　绘制平面图形的步骤

下面,以绘制如图 1-36 所示的图形为例,讲解平面图形的绘制步骤,具体如下。

1．绘制前的准备工作

(1)准备好绘图工具,如图板、三角板、丁字尺等,并将这些绘图工具用软布擦干净;将铅笔按照绘制不同线型的要求削好;将圆规的铅芯削好,并调整好铅芯与针尖的高度,使针尖略长于铅芯。

(2)仔细分析所绘图形的内容和要求,然后按照绘图比例及图形的最大尺寸确定图纸幅面,最后将图纸固定在图板上。

2．图形布局

根据国家制图标准,首先用 H 或 2H 铅笔依次轻轻画出图幅线、图框线和标题栏,然后根据所绘图形的长度和高度尺寸确定图形的位置,最后在选定的位置处画出图形的基准线和定位线,如中心线、对称轴线及较长直线段等,如图 1-37(a)所示。

3．绘制底稿

用 H 或 2H 铅笔轻轻绘制出底稿,底稿的图线线型要分明。此外,画线时用力要轻,图线宜细不宜粗,所作图线只要能辨认即可。画图时,一般先画中心线或对称轴线,再按"已知线段→中间线段→连接线段"的顺序画线,如图 1-37(b)~(d)所示。

4．检查与加深

底稿绘制完成后,应仔细校对,修正错误并擦去多余图线。在确定底稿正确无误后,用 B 或 2B 铅笔将图线加深,如图 1-37(e)所示。加深图线时,一般按照"先细后粗、先曲后直、先上后下、先左后右"的顺序进行。

5．标注尺寸

根据尺寸标注的规定绘制尺寸界线、尺寸线,并正确标注尺寸数字,如图 1-37(f)所示。在标注时,应按照绘图顺序依次标注各几何元素的定形尺寸及定位尺寸,标注完成后必须仔细检查有无遗漏和重复标注，并对所标尺寸进行调整和修正。

6．填写标题栏

待绘图工作全部完成后，经仔细检查，确认无误后，应在标题栏的相应位置填写所绘图形的名称、绘图比例，以及制图人的姓名和绘图日期等。

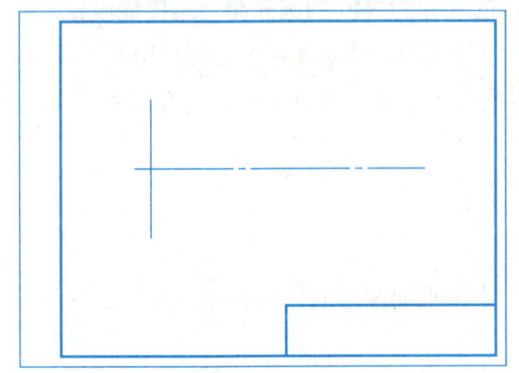
（a）画基准线和定位线

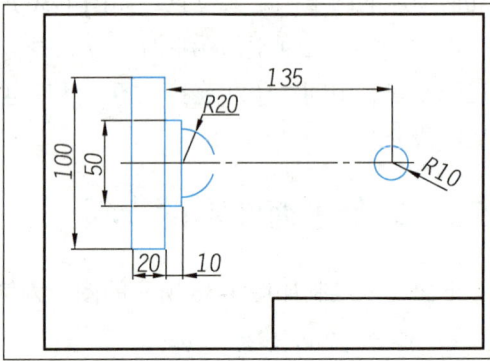
（b）画已知线段

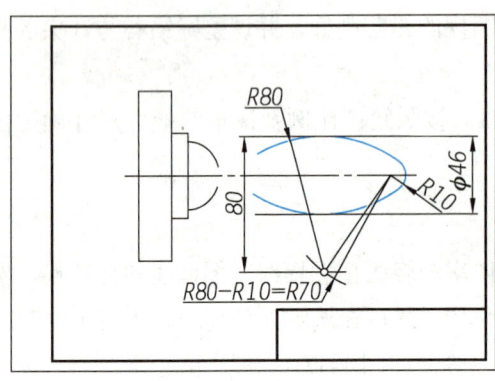
（c）画中间线段

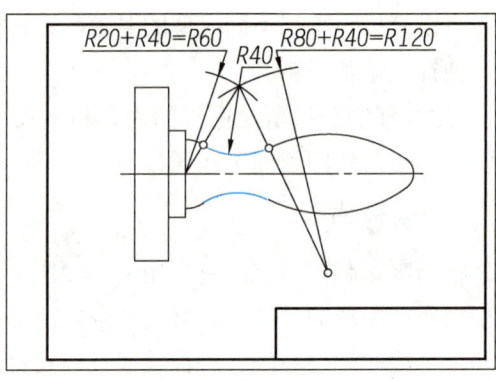
（d）画连接线段

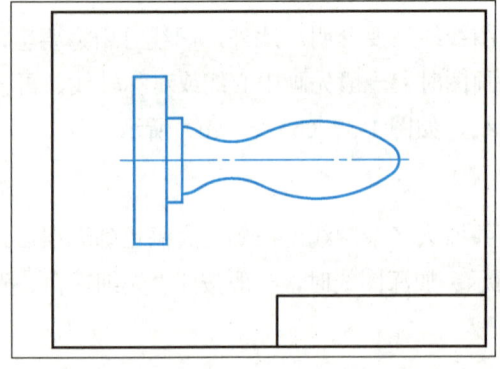
（e）擦去多余图线并加深

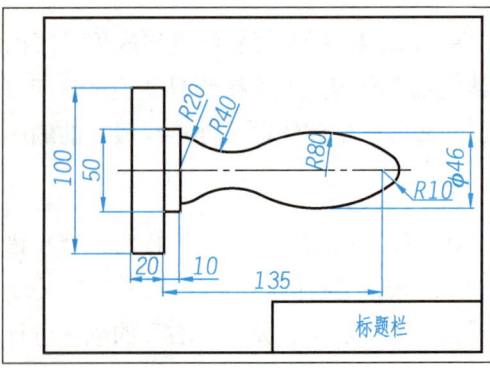
（f）标注尺寸并填写标题栏

图 1-37　平面图形的作图步骤

项目实施　尺规绘图

1. 实例介绍

对如图 1-38 所示的机械零件图形进行尺寸分析与线段分析。根据图形的大小、绘图比例等选择合适的图纸，完成图形绘制。

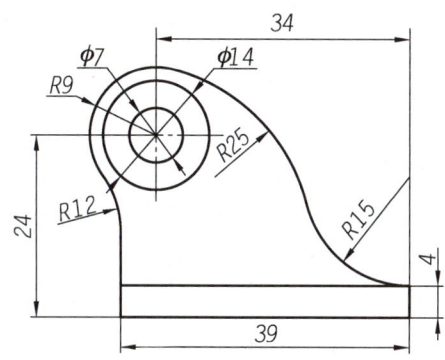

图 1-38　机械零件图形

2. 实施步骤

（1）准备尺规绘图工具，包括图板、丁字尺、三角板、圆规等，按要求削好铅笔和圆规的铅芯，并将三角板、丁字尺等放置在合适位置。

（2）对图形进行尺寸分析。

① 尺寸基准：圆在水平方向和竖直方向上的两条对称线。

② 定形尺寸：$\phi 7$、$\phi 14$、39、4、$R15$、$R25$、$R12$。

③ 定位尺寸：34、24。

（3）对图形进行线段分析。已知线段为 $\phi 7$、$\phi 14$、39、4，中间线段为 $R9$，连接线段为 $R15$、$R25$、$R12$。

（4）绘制底稿。分别画出尺寸基准、已知线段、中间线段、连接线段，步骤如图 1-39（a）～（d）。

（5）检查并加深底稿。底稿绘制完成后应对其进行全面检查，并用橡皮擦除画错的线条及作图辅助线。加深底稿时要严格遵循相关要求及注意事项，保证图线粗细均匀、颜色深浅一致、图面干净整洁，如图 1-39（e）所示。

（6）标注尺寸。按要求正确、完整、清晰地标注机械零件的尺寸，并完成标题栏的填写，如图 1-39（f）所示。

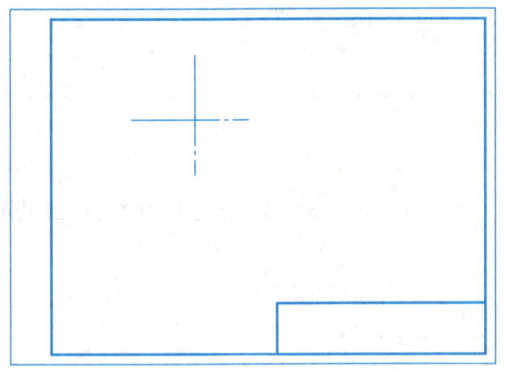

(a) 画尺寸基准

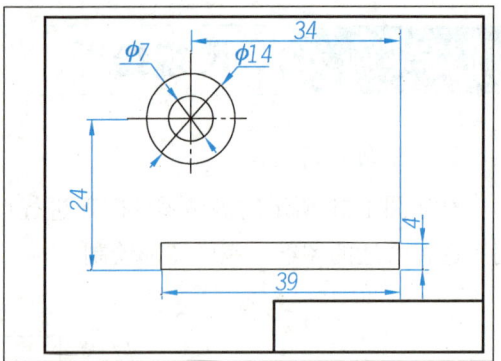

(b) 画已知线段

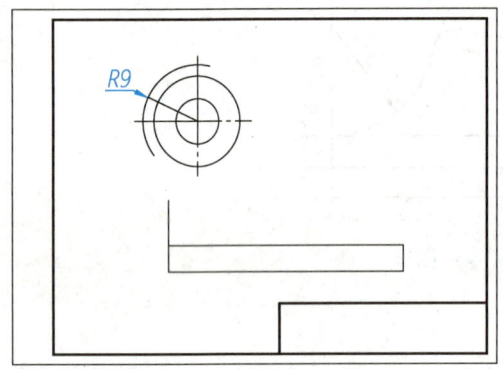

(c) 画中间线段

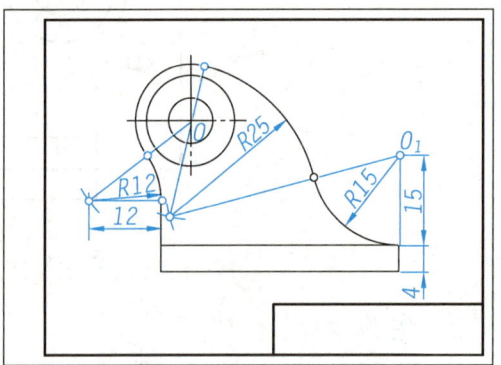

(d) 画连接线段

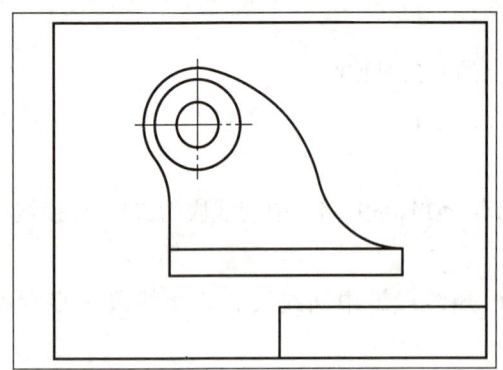

(e) 检查并加深底稿

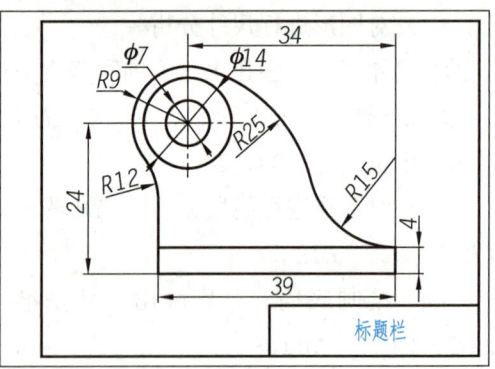

(f) 标注尺寸

图 1-39　机械零件图形的作图步骤

项目 1　掌握机械制图的基本知识与技能

匠心筑梦

　　自制教学实习报告封面、手绘机械教学卡片、手绘科研日志封面……因为多年前的手绘图纸，重庆大学的钟先信教授在学校"意外走红"。

　　钟先信教授是重庆大学资深教授、博士生导师，长期致力于机、电、光一体化高新技术的研究，曾获得多项国家级及省部级奖项，发表论文 200 余篇。

　　1957 年钟教授从重庆大学机械系毕业后即留校任教。从那时起，教学所用的科研手册、机械教学卡片、教学报告都由他亲手绘制。

　　"50 年代没什么机械类的教材，只能去一线工厂实地看过那些大机器后，回来照着画出来，再拿给学生们看。"钟教授说，当时为了精确绘制大型机械的机械图样，他曾专程到长春汽车厂和沈阳重机厂观摩学习，搜集教学资料并将其绘制成教学报告以供学生参考使用。

　　除绘制教材外，每学期教学使用的 20 余张教学卡片也是钟教授提前绘制好的。"机械图样不能光口述，要让学生看到实物，最直接的办法就是手绘。虽然后来上课可以用电脑放 PPT，但我觉得这并不是机械图样最好的呈现方式。"钟教授说，他认为绘图不只是绘制出机械图样，更是理解与分析机械图样的过程。

　　多年来，钟教授在教育工作上勤勤恳恳，精益求精。作为新时代的工程技术人员，我们同样应该克服困难，不懈奋斗，夯实专业基础，提升专业技能，弘扬精益求精的工匠精神。

（资料来源：韩璐，《重庆大学老教师因手绘机械图"意外走红"》，中国新闻网，2017 年 5 月 17 日）

机械制图

项目评价

指导教师根据学生的实际学习情况进行评价,学生配合指导教师共同完成如表 1-8 所示的学习成果评价表。

表 1-8 学习成果评价表

班级			学号	
姓名			指导教师	
项目名称		掌握机械制图的基本知识与技能		
日期				
评价项目	评价内容		评价方式	满分/分	评分/分
知识 (40%)	了解机械制图国家标准的基本规定		理论测试	8	
	掌握尺寸标注的基本原则			8	
	熟悉常用尺规绘图工具			8	
	熟悉常用几何图形的画法			8	
	掌握绘制平面图形的方法			8	
技能 (40%)	能够判断出图线画法和尺寸标注中的错误		实践检验	10	
	能够正确使用尺规绘图工具			15	
	能够绘制简单的几何图形			15	
素养 (20%)	积极参加教学活动,遵守课堂纪律		综合评价	5	
	主动学习,团结协作			5	
	认真负责,按时完成课堂任务			5	
	守正创新,知行合一			5	
合计				100	
自我评价					
指导教师评价					

项目 2

掌握正投影的基础知识

项目导读

正投影法是制图中广泛采用的一种平行投影法。通过正投影法将物体向不同投影面投影，可得到物体的各视图，机械图样就是通过视图来表达机件结构形状的。为了能够高效、准确地识读和绘制机械图样，就必须了解投影的形成，熟悉正投影的基本特性，掌握三视图的形成过程与投影规律，以及空间点、直线、平面的投影规律等，初步培养学生的空间想象能力，从而为学好后面的知识打下坚实的基础。

项目目标

知识目标

- 了解投影法的基础知识，掌握正投影的基本特性。
- 掌握三视图的投影规律及画法。
- 掌握点、直线和平面的投影特性，并能够熟练地在三视图和立体图上找到相应的点、直线、平面。

技能目标

- 能够正确判断点、直线、平面在空间中的相对位置。
- 能够正确分析并绘制点、直线、平面的投影。
- 能够参照立体图将简单形体三视图补充完整。

素质目标

- 提高空间想象能力和抽象思维能力。
- 养成精益求精、科学严谨的作图习惯。

班级＿＿＿＿＿＿　　姓名＿＿＿＿＿＿　　学号＿＿＿＿＿＿

项目工单　绘制点、直线、平面的投影

【项目描述】

根据点、直线、平面的投影规律，分析点、直线、平面在空间中的位置关系，并绘制点、直线、平面的投影。

如图 2-1 所示为平面 ABC、平面 DEF 与点 G 的两面投影，请根据所学内容，作出平面 ABC、平面 DEF 的第三面投影。

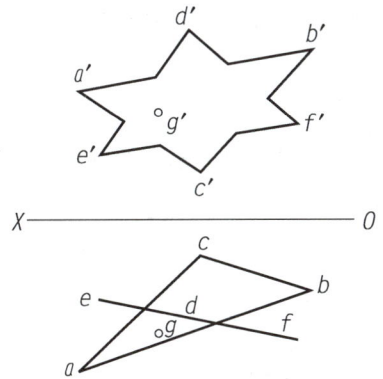

图 2-1　平面 ABC、平面 DEF 与点 G 的两面投影

【寻找队友】

学生以 3～5 人为一组，各小组选出组长，组长组织组员分工合作，共同学习。

【获取信息】

在绘制点、直线、平面的投影之前，需要熟悉投影法，了解三视图的形成过程与投影规律，并理解点、直线、平面投影的画法。请各小组组长组织组员查阅资料并学习相关知识，回答下列问题。

引导问题 1：要得到物体的正投影，必须具备＿＿＿＿＿、＿＿＿＿＿和＿＿＿＿＿ 3 个条件。

引导问题 2：根据投射线是否平行，投影法可分为＿＿＿＿＿和＿＿＿＿＿两类。

引导问题 3：由于＿＿＿＿＿能真实表达出物体的形状和大小，且作图也较方便，因此在机械图样中得到了广泛应用，该投影法具有＿＿＿＿＿性、＿＿＿＿＿性和＿＿＿＿＿性。

引导问题 4：将物体置于三投影面体系中，按正投影法分别向 V 面、H 面和 W 面进行投影，即可得到该物体的＿＿＿＿＿图、＿＿＿＿＿图和＿＿＿＿＿图。

引导问题 5：点的任意两面投影的连线，必＿＿＿＿＿这两个投影面的交线。

班级_____ 姓名_____ 学号_____

引导问题6：如果空间不同位置的两点在某个投影面上的投影重合，则称这两点为该投影面的_____。

引导问题7：直线上任意一点的投影必在该直线的_____上。反之，点的投影中只要有一面投影不在直线的同面投影上，则该点_____该直线上。

引导问题8：正平面平行于_____面，且该平面的另外两面投影积聚为_____。

引导问题9：投影面垂直面包括_____、_____、_____。

【制订方案】

各小组通过熟悉投影和三视图等基础知识，进行工作规划，并针对工作规划展开讨论，制订实施方案。指导教师对各小组的实施方案进行指导和评价。各小组根据指导教师的评价对实施方案进行调整，确定最终实施方案。

【学以致用】

各小组根据最终实施方案，在图2-2中分析并绘制点、直线、平面的投影。

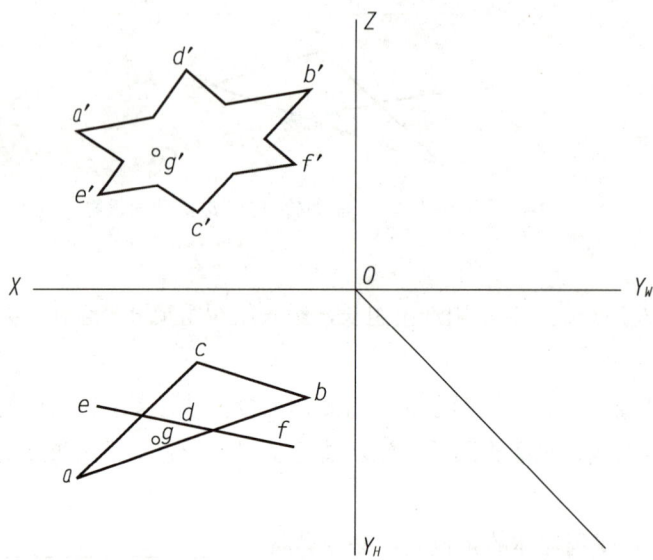

图2-2　分析并绘制点、直线、平面的投影

2.1 投影法的基础知识

2.1.1 投影的形成

在日常生活中，物体在灯光或日光的照射下，在墙面或地面上就会显现出该物体的影子，通过影子能看出物体的外轮廓形状。但由于影子仅是一个黑影，它不能清楚地表达物体的完整结构，如图2-3（a）所示。人们通过对这种现象进行科学抽象，总结出物体、投影面和观察者之间的关系，从而形成了投影法。

如图2-3（b）所示，设想平面V是一个直立平面，在该平面的正前方放置一物体，然后用一束相互平行的投射线向平面V垂直投射，此时，在平面V上就可以得到该物体的正投影。这种形成正投影的方法称为正投影法，直立平面V称为投影面。要得到物体的正投影，必须具备投射线、物体和投影面3个条件。

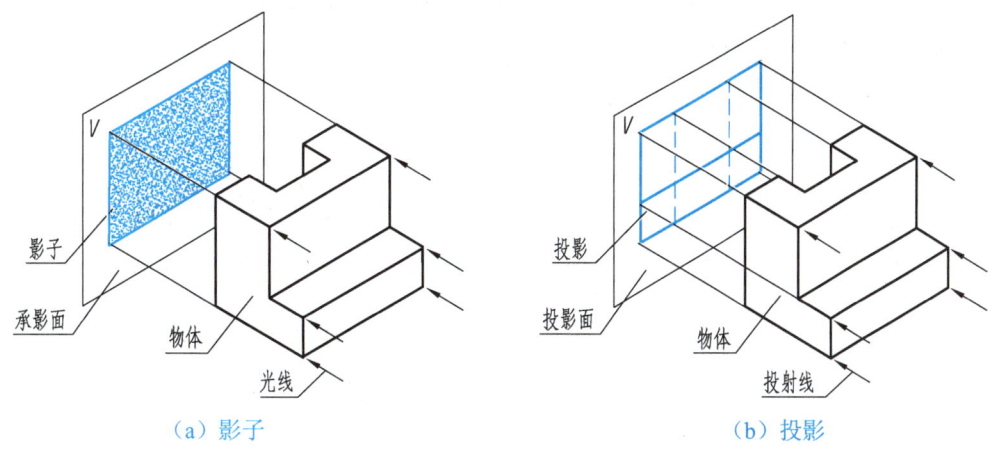

图2-3 物体的影子和投影

2.1.2 投影法的种类

根据投射线是否平行，投影法可分为中心投影法和平行投影法两类。

1. 中心投影法

中心投影法是指投射线汇交于一点的投影法，如图2-4所示。用中心投影法得到的物体的投影，其大小会随着投影面、物体及投射中心之间距离的变化而变化。使用中心投影法绘制的图形符合人的视觉习惯，立体感较强，广泛应用于建筑、装饰设计等领域；但由于其不能反映物体的真实大小，度量性差，因此在机械制图中很少使用。

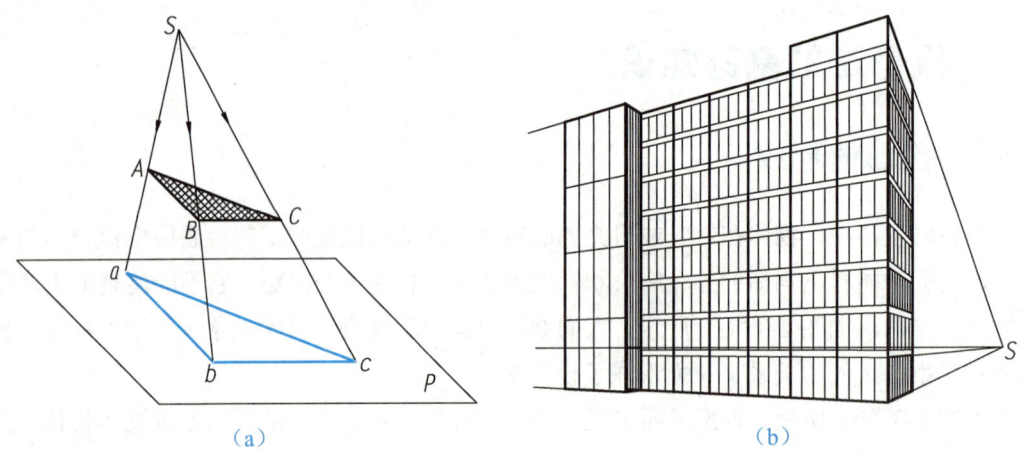

(a)　　　　　　　　　　　　　　(b)

图 2-4　中心投影法

2. 平行投影法

平行投影法是指投射线为平行线时的投影法。在平行投影法中，若投射线与投影面倾斜，则为斜投影；若投射线与投影面垂直，则为正投影，如图 2-5 所示。

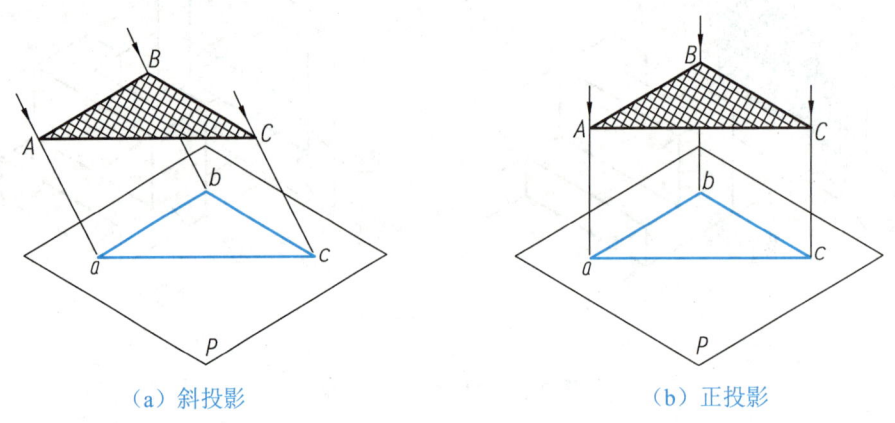

（a）斜投影　　　　　　　　　　　（b）正投影

图 2-5　斜投影和正投影

2.1.3 正投影的基本特性

由于得到正投影的投射线相互平行，且垂直于投影面，因此正投影具有如下特性。

- ➢ **真实性**：当物体的某一平面（或棱线）与投影面平行时，其投影反映实形（或实长）。如图 2-6（a）所示，平行于投影面的平面 P 的投影反映实形。
- ➢ **积聚性**：当物体的某一平面（或棱线）与投影面垂直时，其投影积聚为一条直线（或一个点）。如图 2-6（b）所示，垂直于投影面的平面 Q 的投影积聚为一条直线。

图 2-6 动画

项目 2　掌握正投影的基础知识

➢ **类似性**：当物体的某一平面（或棱线）与投影面倾斜时，其投影与该平面（或棱边）类似，即凹凸性、直曲性和边数类似，但平面图形变小了，线段变短了。如图 2-6（c）所示，倾斜于投影面的平面 R 的投影是原平面的类似形。

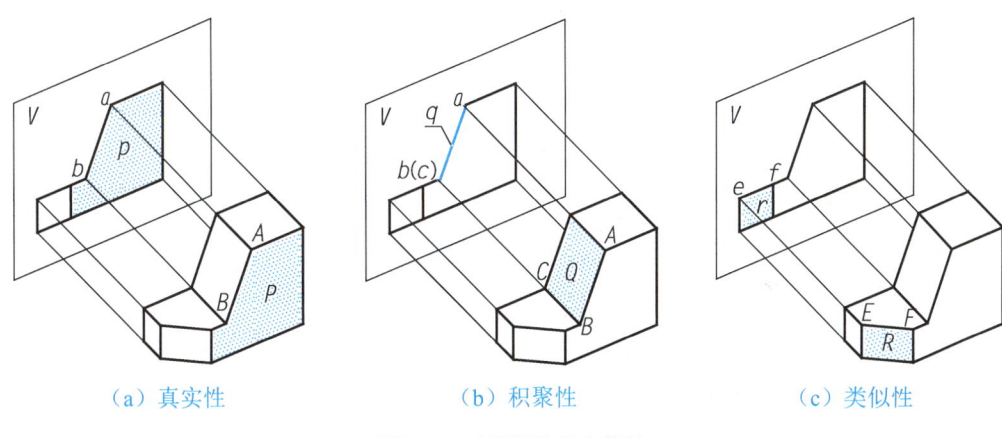

（a）真实性　　　　　　　（b）积聚性　　　　　　　（c）类似性

图 2-6　正投影的基本特性

> **注　意**
>
> 　　由于正投影能真实表达出物体的形状和大小，且作图也较方便，因此在机械图样中得到了广泛应用。本书主要介绍正投影，今后如无特殊说明，所述投影均为正投影。

2.2　三视图的投影规律及画法

在机械图样中，一个视图通常不能完整准确地表示物体的形状和大小，而且不同形状的物体在同一投影面上的投影有可能相同，如图 2-7 所示。

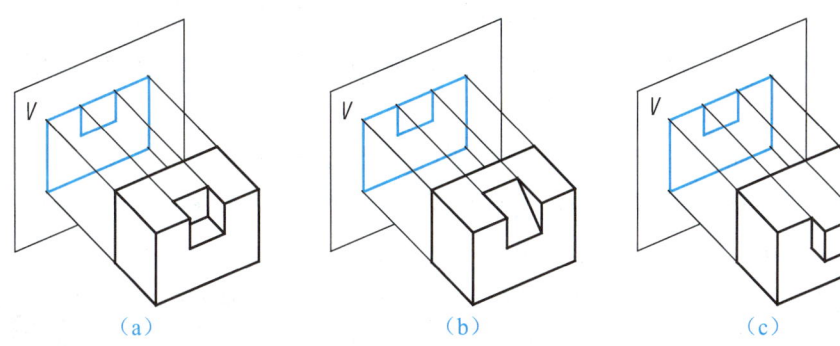

（a）　　　　　　　　　（b）　　　　　　　　　（c）

图 2-7　物体的单面投影

因此，为了准确且全面地表示物体的形状和大小，必须从几个方向进行投影，也就是要用几个正投影图相互补充才能完整表示物体的形状和大小。在实际绘图中，常用三个正投影图来表示。

41

2.2.1 三投影面体系

要唯一确定物体的形状和大小,通常将物体放在由三个相互垂直的投影面组成的三投影面体系中,然后向这三个投影面分别进行投影。由这三个互相垂直的投影面组成的投影体系称为三投影面体系,如图 2-8 所示。

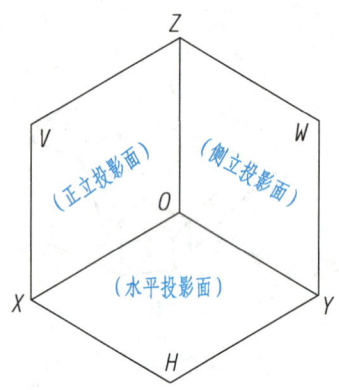

图 2-8 三投影面体系

- ➢ 正对着观察者的投影面称为正立投影面,用 V 表示;
- ➢ 处于水平位置的投影面称为水平投影面,用 H 表示;
- ➢ 处于右边侧立位置的投影面称为侧立投影面,用 W 表示。

投影面之间的交线称为投影轴,分别用 OX、OY、OZ 表示。其中,OX 轴代表长度方向,OY 轴代表宽度方向,OZ 轴代表高度方向,三投影轴的交点称为原点,用 O 表示。

2.2.2 三视图的形成

将物体置于如图 2-8 所示的三投影面体系中,将其主要表面与投影面平行或垂直,然后按正投影法分别向 V 面、H 面和 W 面进行投影,即可得到该物体的三面投影,如图 2-9(a)所示。

- ➢ 物体在 V 面上的投影,也就是由前向后投影所得到的视图,称为主视图。
- ➢ 物体在 H 面上的投影,也就是由上向下投影所得到的视图,称为俯视图。
- ➢ 物体在 W 面上的投影,也就是由左向右投影所得到的视图,称为左视图。

为了画图方便,需要将三面投影画在同一张图纸上,并保持它们之间的对应投影关系。三投影面体系的展开方法:V 面位置保持不动,将 H 面绕 OX 轴向下旋转 90°,将 W 面绕 OZ 轴向右旋转 90°,分别使其与 V 面处于同一平面。这时,OY 轴被分成两条,分别用 OY_H(在 H 面上)和 OY_W(在 W 面上)表示,如图 2-9(b)所示;展开在一个平面上的三

图 2-9 动画

面投影，称为物体的三视图，如图 2-9（c）所示。

由于投影面是假想的，因此投影面的大小并不影响投影图的形状和大小，故在实际绘图时，不必画出投影面的边框线和投影轴线，如图 2-9（d）所示。

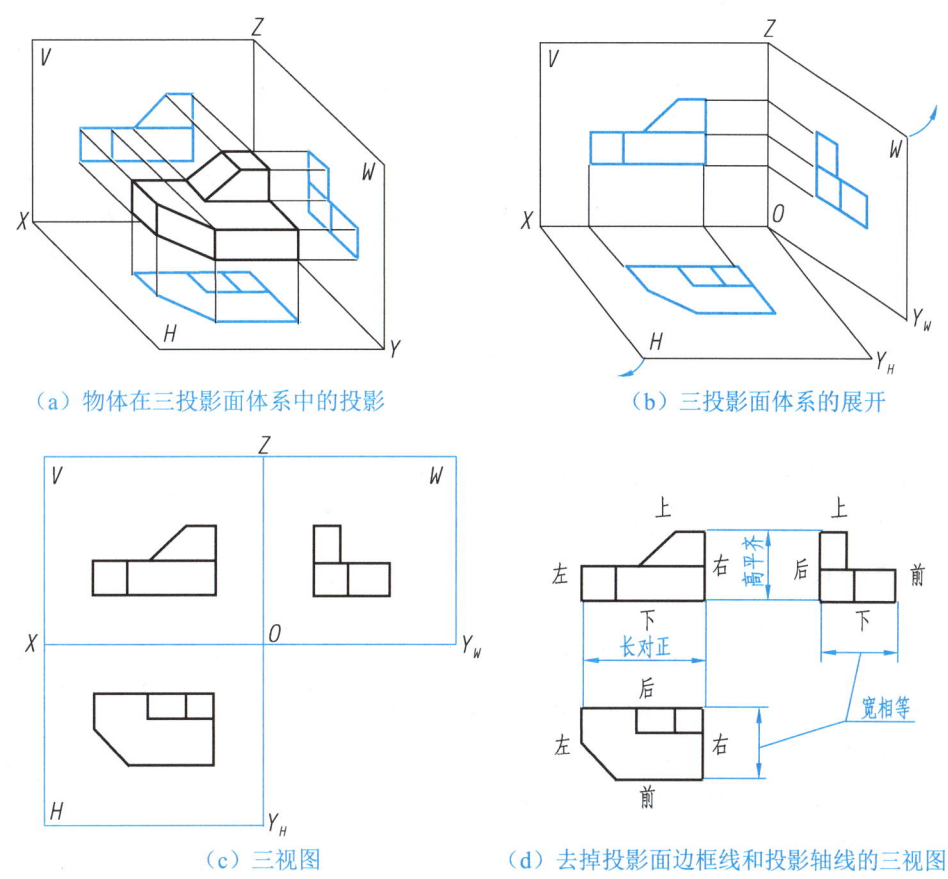

（a）物体在三投影面体系中的投影　　　　　（b）三投影面体系的展开

（c）三视图　　　　　（d）去掉投影面边框线和投影轴线的三视图

图 2-9　三视图的形成

2.2.3　三视图间的投影关系

由图 2-9 可知：① V 面投影反映物体的长度（X 方向）和高度（Z 方向）尺寸，以及物体上平行于正立投影面的平面实形；② H 面投影反映物体的长度和宽度（Y 方向），以及物体上平行于水平投影面的平面实形；③ W 面投影反映物体的高度和宽度，以及物体上平行于侧立投影面的平面实形。

由于三面投影表示的是同一个物体，所以它们之间存在如下投影规律。

> 主、俯视图长度相等——长对正。
> 主、左视图高度相等——高平齐。
> 俯、左视图宽度相等——宽相等。

"长对正、高平齐、宽相等"的"三等"关系反映了三视图间的内在联系，不仅物体的整体投影要符合上述规律，物体上的任意平面、棱边和顶点都必须遵从上述投影规律。

> **点拨**
>
> 　　画物体的三视图时，除了要遵从上述"三等"关系外，还要按照主视图、俯视图和左视图之间的相对位置绘制各投影图。这三个视图的位置关系：以主视图为准，俯视图在主视图的正下方，并且对正；左视图在主视图的正右方，并且相互平齐。
>
> 　　此外，图2-9（d）中还标明了物体的上、下、左、右、前、后6个方位，在画图和看图时，要特别注意物体的前、后两个方位在三视图中是如何表示的，即在俯视图和左视图中，远离主视图的一侧为物体的前面，靠近主视图的一侧为物体的后面。
>
> 　　作图时，俯视图和左视图"宽相等"这一投影关系可用45°辅助线来表达。

2.2.4　三视图的画法及作图步骤

　　绘制三视图时，可设想分别从物体的前、左、上3个方位观察物体，如果棱边和轮廓线可见，则用粗实线表示；如果棱边和轮廓线不可见，则用虚线表示。当粗实线与虚线或细点画线重合时，应画成粗实线；当虚线与细点画线重合时，应画成虚线。

　　【例2-1】根据如图2-10所示的主视图和立体图，补画俯视图和左视图。

　　分析： 该物体是由两个长方体叠加后再挖去一个长方体形成的。要补画物体的俯视图和左视图，可先利用主视图与俯视图、左视图间的方位关系，确定俯视图和左视图的位置，然后利用三视图的投影规律补画这两个视图。

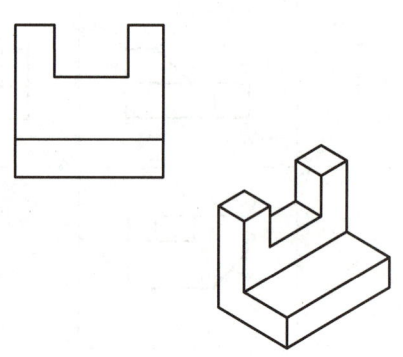

图2-10　主视图和立体图

　　作图步骤：

　　（1）根据主视图、俯视图、左视图间的位置关系，建立坐标系并画出45°辅助线，如图2-11（a）所示。

　　（2）利用"高平齐"绘制两个叠加长方体的左视图，然后利用"长对正、宽相等"，结合主视图和左视图补画其俯视图，如图2-11（b）所示。

　　（3）利用"长对正"补画俯视图中挖去的长方体的投影，然后利用"高平齐"补画左视图中挖去的长方体的投影，如图2-11（c）所示。由于挖去的长方体的深度在左视图中的投影不可见，故用虚线表示。

　　（4）对照立体图检查补画的三视图，擦去多余的辅助线，确认无误后加深图线，如图2-11（d）所示。

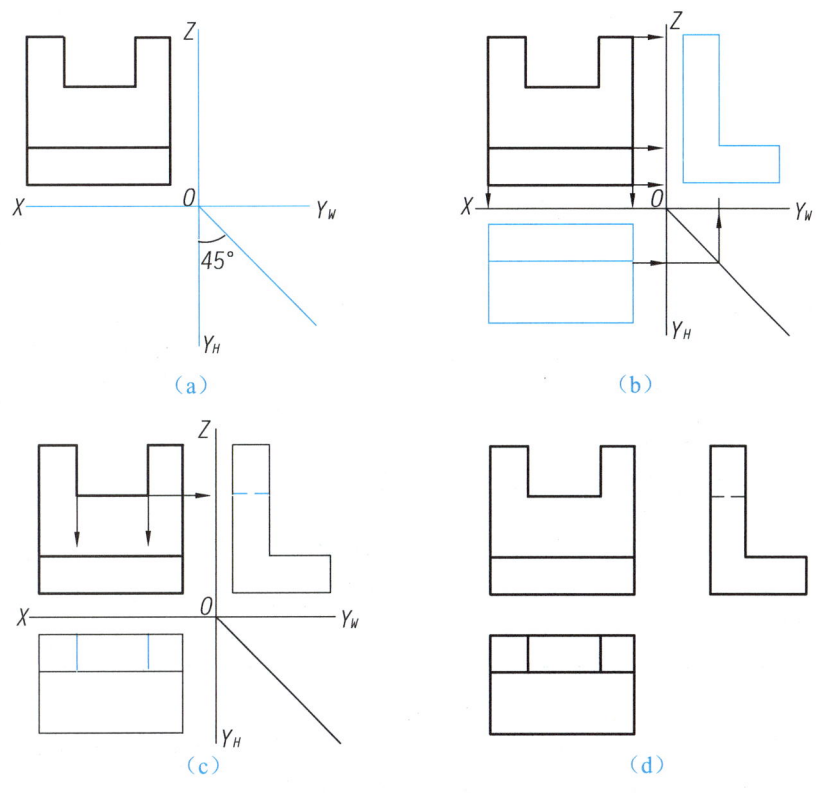

图 2-11 例 2-1 图

2.3 点的投影

点、直线、平面是构成物体形状的基本几何元素。要正确、快捷地画出物体的视图或识读物体的视图，就必须掌握这些基本几何元素的投影特性和作图方法。

2.3.1 点的投影规律

空间点在任意投影面上的投影永远是点。若将空间点 A 置于三投影面体系中，然后分别向 H、V、W 三个投影面作投射线，投射线在三个投影面上的垂足 a、a′、a″ 分别为空间点 A 的水平投影（H 面投影）、正面投影（V 面投影）和侧面投影（W 面投影），如图 2-12 所示。

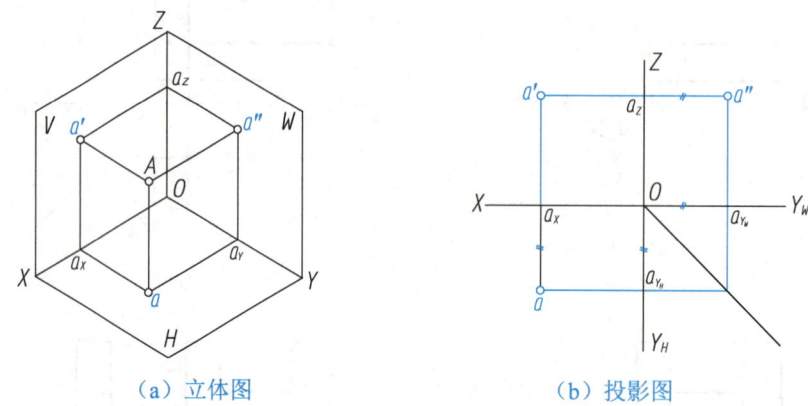

（a）立体图　　　　　　　　　　（b）投影图

图 2-12　点的投影

> **注　意**
>
> 统一规定，空间点用大写拉丁字母表示，如 A、B、……；H 面投影用相应的小写字母表示，如 a、b、……；V 面投影用相应的小写字母加一撇表示，如 a′、b′、……；W 面投影用相应的小写字母加两撇表示，如 a″、b″、……。

2.3.2　点的投影与直角坐标系的关系

由图 2-12 可归纳出点的投影与直角坐标系的关系，具体如下。

（1）点的任意两面投影的连线，必垂直于这两个投影面的交线（即相应的投影轴），如图 2-12（b）所示 $aa' \perp OX$，$a'a'' \perp OZ$。

（2）空间点到某一投影面的距离，等于另外两个投影面上的投影到与该投影面相交的投影轴的距离。如点 A 到 V 面的距离等于点 a″ 到 OZ 轴的距离，也等于点 a 到 OX 轴的距离，即 $Aa' = aa_X = a''a_Z$。

（3）若将三投影面体系看作直角坐标系，则可将三个投影面当作坐标面，三个投影轴当作坐标轴，点 O 当作坐标原点。由图 2-12（a）可得出以下几点。

- 点 A 到 W 面的距离 $Aa'' = aa_Y = a'a_Z = Oa_X$，以坐标 x 标记。
- 点 A 到 V 面的距离 $Aa' = aa_X = a''a_Z = Oa_Y$，以坐标 y 标记。
- 点 A 到 H 面的距离 $Aa = a'a_X = a''a_Y = Oa_Z$，以坐标 z 标记。

由此可知，利用空间点的位置坐标 (x, y, z) 可作出该点的三面投影。

2.3.3 两点的相对位置

空间两点的相对位置是指两点的上下、左右及前后的相对位置关系，可由两点的坐标差来确定。

- **两点的左右位置**：由 x 坐标差 $X_A - X_B$ 确定（反映在主视图和俯视图上）。哪个点的 x 坐标值大，哪个点就在左侧。

- **两点的前后位置**：由 y 坐标差 $Y_A - Y_B$ 确定（反映在俯视图和左视图上）。哪个点的 y 坐标值大，哪个点就在前方。

- **两点的上下位置**：由 z 坐标差 $Z_A - Z_B$ 确定（反映在主视图和左视图上）。哪个点的 z 坐标值大，哪个点就在上方。

例如，已知空间 A，B 两点的投影，如图 2-13（a）所示，由于 $X_A > X_B$，因此点 A 在点 B 的左侧；由于 $Y_A < Y_B$，因此点 A 在点 B 的后方；由于 $Z_A < Z_B$，因此点 A 在点 B 的下方。故点 A 在点 B 的左、后、下方，其相对位置如图 2-13（b）所示。

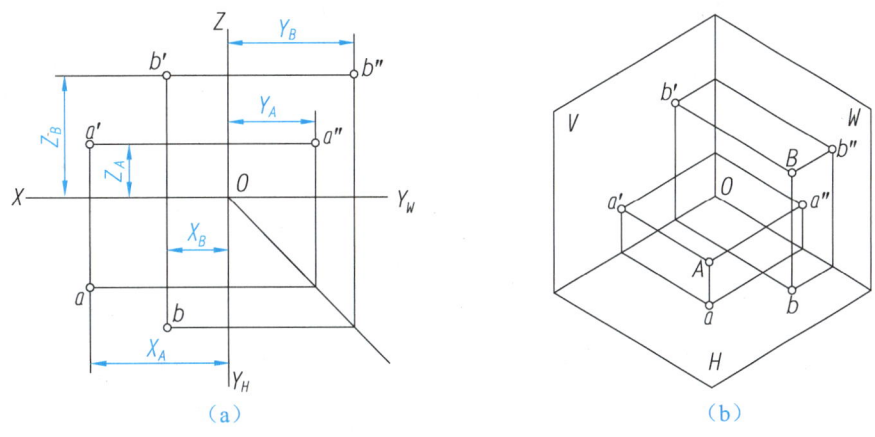

图 2-13 两点的相对位置

点 拨

如果空间不同位置的两点在某个投影面上的投影重合，则称这两点为该投影面的重影点。此时，在重影点所在的视图中，不可见点的投影应加圆括号，并注写在可见点的后面，如 $a'(b')$。

2.4 直线的投影

空间两点可确定一条直线，故直线的投影取决于该直线上两点的投影。由此可得出作直线三面投影的基本方法，即分别作出直线上两点的三面投影，然后将两点的同面投影用直线连接起来即可。为叙述方便，本书所讨论的直线均指直线的有限部分，即直线段。

2.4.1 各种位置直线的投影

空间直线与投影面的相对位置有平行、垂直和倾斜3种，其投影各不相同。

1. 投影面平行线

平行于某一个投影面且与其他两个投影面都倾斜的直线称为投影面平行线。其中，平行于 H 面的直线称为水平线，平行于 V 面的直线称为正平线，平行于 W 面的直线称为侧平线，如表 2-1 所示。

表 2-1 投影面平行线的投影

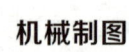

由表 2-1 可知，投影面平行线的投影特性主要有两点：① 直线在与其平行的投影面上的投影反映实长，同时反映该直线与另外两个投影面倾角的实际大小；② 该直线的另外两面投影分别平行于相应的投影轴，且长度缩短。

2. 投影面垂直线

若空间一直线垂直于某一个投影面，则该直线必定平行于另外两个投影面，这样的直线称为投影面垂直线。其中，垂直于 H 面的直线称为铅垂线，垂直于 V 面的直线称为正垂线，垂直于 W 面的直线称为侧垂线，如表 2-2 所示。

表 2-2 投影面垂直线的投影

铅垂线	正垂线	侧垂线

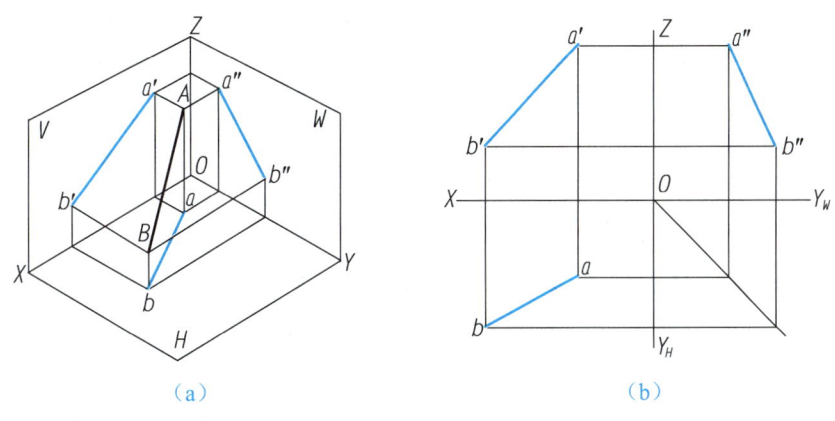

由表 2-2 可知，投影面垂直线的投影特性主要有两点：① 直线在与其垂直的投影面上的投影积聚为一点；② 该直线的另外两面投影分别垂直于相应的投影轴，且反映该直线的实长。

3. 一般位置直线

与三个投影面都倾斜的直线称为一般位置直线。一般位置直线的三面投影均与投影轴倾斜，且长度均小于实长，从投影图上也不能直接反映空间直线和投影面的夹角，如图 2-14 所示。

（a） （b）

图 2-14 一般位置直线的投影

2.4.2 直线上点的投影

属于直线上的点，其投影具有以下两个特性。

- **从属性**：直线上任意一点的投影必在该直线的同面投影上。反之，点的投影中只要有一面投影不在直线的同面投影上，则该点不在该直线上。
- **定比性**：直线上的点将直线分割后，各分割部分的长度之比与各分割部分投影的长度之比相等。如图 2-15 所示，点 K 在直线 AB 上，它把直线 AB 分成 AK 和 KB 两段，则有 $AK:KB = ak:kb = a'k':k'b' = a''k'':k''b''$。

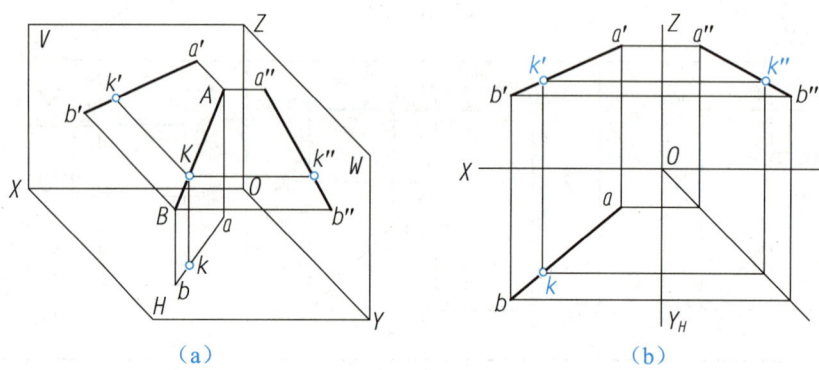

图 2-15 直线上点的投影

【例 2-2】已知直线 AB、点 M 和点 N 的正面投影 $a'b'$、m'、n' 及水平投影 ab、m、n，如图 2-16（a）所示，试判断点 M 和点 N 与直线 AB 的关系。

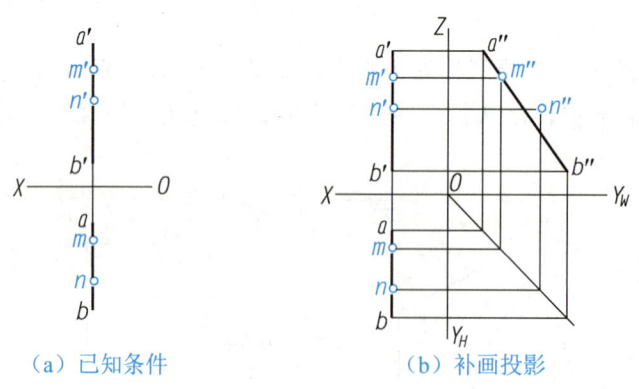

图 2-16 例 2-2 图

分析：要判断点 M 和点 N 是否在直线 AB 上，可通过补画点与直线的第三面投影来确定。

作图步骤：

（1）先画出各投影轴线及 45°辅助线，根据直线 AB 的正面投影 $a'b'$ 和水平投影 ab，

作出其侧面投影 $a''b''$。

（2）分别作出点 M 和点 N 的侧面投影，由于点 m'' 在直线 $a''b''$ 上，而点 n'' 不在直线 $a''b''$ 上，因此可以判断，点 M 在直线 AB 上而点 N 不在直线 AB 上，如图 2-16（b）所示。

2.4.3 两直线的相对位置

空间两直线的相对位置有平行、相交和交叉 3 种情况。其中，平行两直线和相交两直线称为共面直线，交叉两直线称为异面直线。

1. 两直线平行

两直线平行的投影规律如下。

（1）若两直线平行，则它们的各组同面投影一定相互平行。反之，若空间两直线的各组同面投影均相互平行，则两直线一定为平行关系。

（2）若两直线平行，则它们的长度之比等于它们各组同面投影的长度之比。

如图 2-17 所示，直线 AB 与 CD 平行，则 $ab//cd$，$a'b'//c'd'$，$a''b''//c''d''$，且 $AB:CD = ab:cd = a'b':c'd' = a''b'':c''d''$。

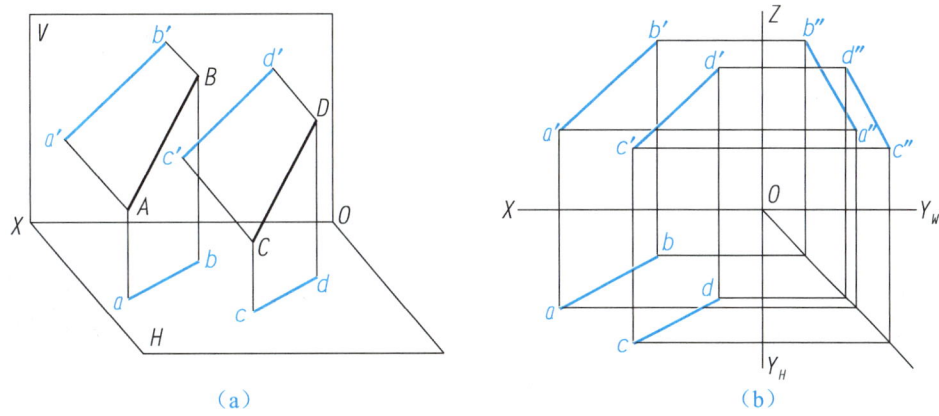

(a)　　　　(b)

图 2-17　平行两直线的投影

2. 两直线相交

若空间两直线相交，则它们的各组同面投影一定相交，且其交点符合直线上点的投影规律。反之，若空间两直线的各组同面投影都相交，并且交点的投影符合直线上点的投影规律，则这两直线一定相交。

例如，直线 AB 和 CD 相交于点 K，则其投影 ab 与 cd 相交于点 k，$a'b'$ 与 $c'd'$ 相交于点 k'，$a''b''$ 与 $c''d''$ 相交于点 k''，并且点 k、点 k'、点 k'' 符合直线上点的投影规律，如图 2-18 所示。

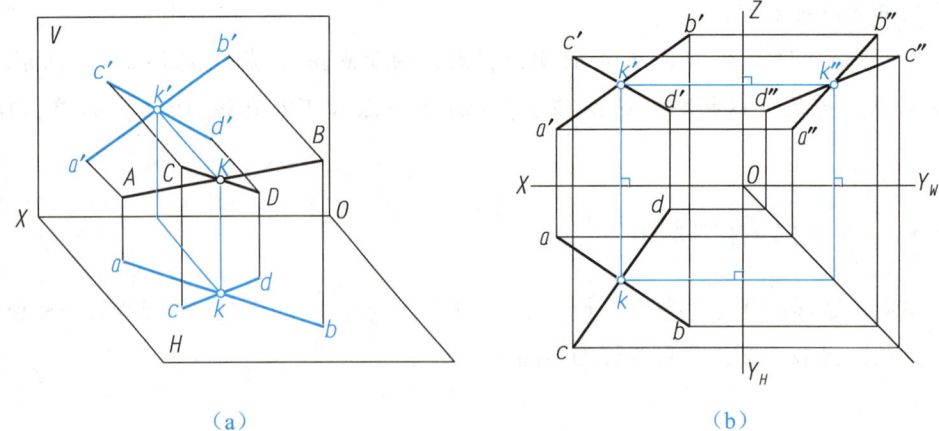

(a)　　　　　　　　　　(b)

图 2-18　相交两直线的投影

3. 两直线交叉

若空间两直线既不平行也不相交，则这两条直线称为交叉两直线。交叉两直线的同面投影可能有一组、两组或三组分别相交，但交点的投影并不符合直线上点的投影规律。反之，若空间两直线的各组投影既不符合两直线平行的投影规律，也不符合两直线相交的投影规律，则这两直线一定交叉。

如图 2-19（a）所示，直线 *AB* 和 *CD* 为交叉直线，则其正面投影和水平投影均相交，但正面投影的交点与水平投影的交点并非同一点，其投影图如图 2-19（b）所示。

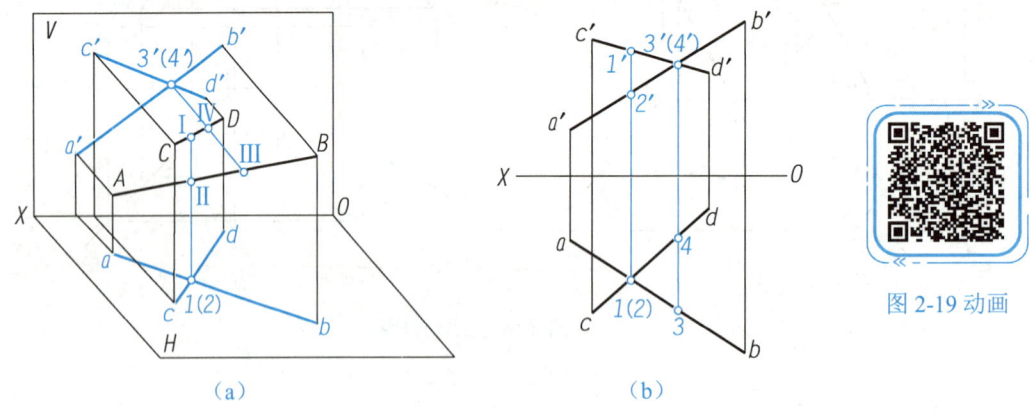

(a)　　　　　　　　　　(b)

图 2-19　交叉两直线的投影

图 2-19 动画

2.5　平面的投影

在三投影面体系中，根据平面与投影面的相对位置不同，平面可分为一般位置平面、投影面平行面和投影面垂直面 3 类。

2.5.1 一般位置平面

若空间平面与三个投影面均倾斜,则该平面称为一般位置平面。一般位置平面在三个投影面上的投影均为类似形,且不能直接反映空间平面与投影面的夹角,如图 2-20 所示。

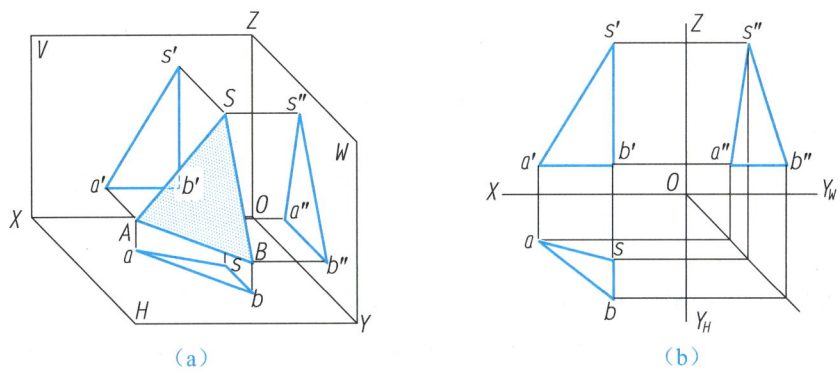

图 2-20 一般位置平面的投影

2.5.2 投影面平行面

若空间一平面平行于一个投影面,则该平面必与另外两个投影面都垂直,这样的平面称为投影面平行面。其中,平行于 H 面的平面称为水平面,平行于 V 面的平面称为正平面,平行于 W 面的平面称为侧平面,如表 2-3 所示。

表 2-3 投影面平行面的投影

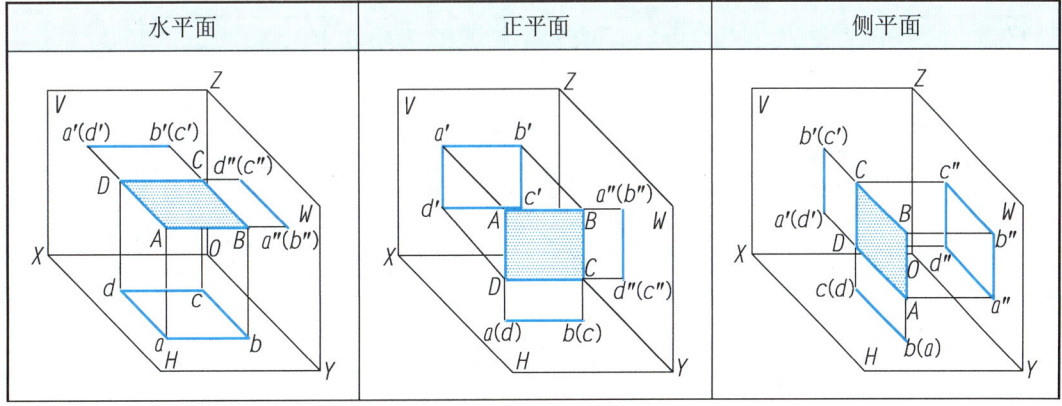

表 2-3（续）

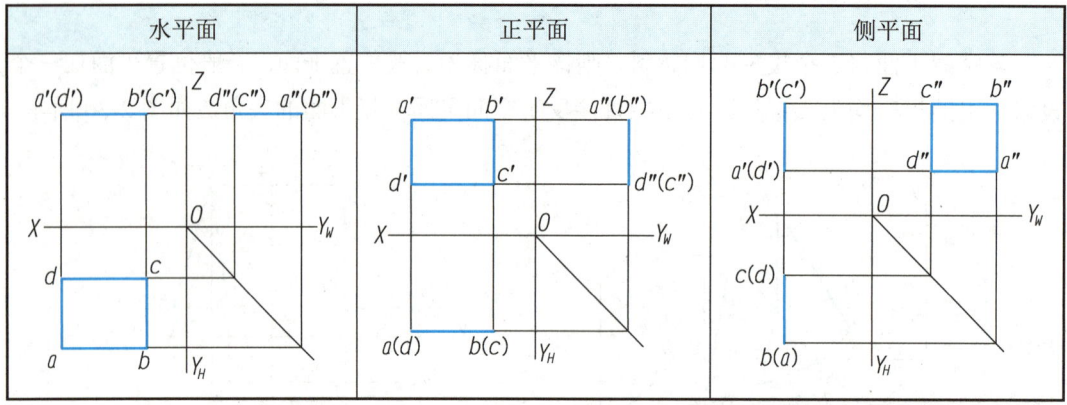

由表 2-3 可知，投影面平行面的投影特性主要有两点：① 空间平面在与其平行的投影面上的投影反映实形；② 该平面的另外两面投影积聚为直线，且分别平行于相应的投影轴。

2.5.3 投影面垂直面

垂直于一个投影面而与另外两个投影面都倾斜的平面称为投影面垂直面。其中，垂直于 H 面的平面称为铅垂面，垂直于 V 面的平面称为正垂面，垂直于 W 面的平面称为侧垂面，如表 2-4 所示。

表 2-4 投影面垂直面的投影

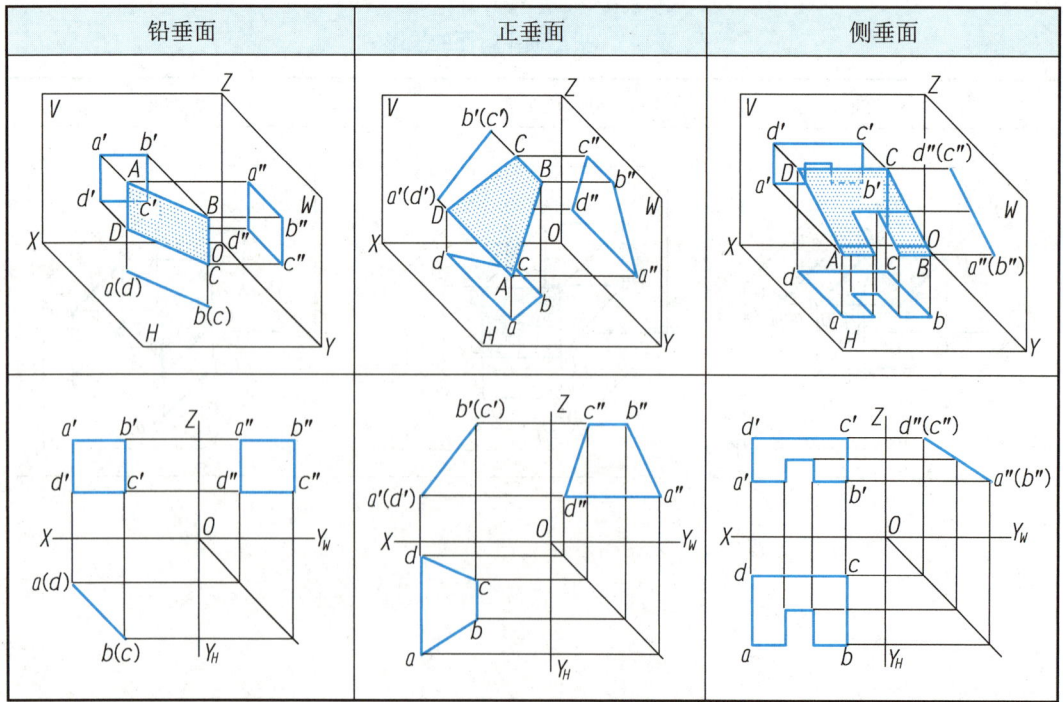

由表 2-4 可知，投影面垂直面的投影特性主要有两点：① 平面在与其垂直的投影面上的投影积聚为直线，且与投影轴倾斜；② 该平面的另外两面投影为该平面的类似形。

2.5.4 属于平面的直线和点

1. 属于平面的直线

直线属于平面的条件主要有以下两种。

（1）一条直线若经过平面上的两点，则该直线必定属于该平面。

（2）一条直线若经过平面上的一点且平行于该平面上的另一条直线，则该直线必定属于该平面。

【例 2-3】如图 2-21（a）所示，在平面 ABC 上作一条水平线，使其到 H 面的距离为 10 mm。

分析：根据水平线的投影特性，其 V 面投影为平行于 OX 轴的直线，又根据水平线到 H 面的距离即可作出其 V 面投影，再根据直线在平面内的投影特性，可作出其 H 面投影。

作图步骤：

（1）如图 2-21（b）所示，作一条与 OX 轴平行且距离为 10 mm 的直线，交 a'b' 于点 m'，交 a'c' 于点 n'，直线 m'n' 即为水平线在 V 面上的投影。

（2）根据直线上点的投影的从属性，作出点 M 和点 N 的 H 面投影点 m 和点 n，直线 mn 即为水平线的 H 面投影。

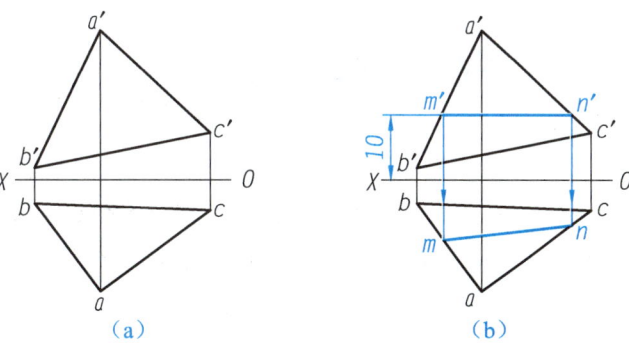

图 2-21 例 2-3 图

2. 属于平面的点

若点属于一直线，且该直线属于一平面，则该点必属于该平面。因此，在绘制属于平面的点时，应先在平面内绘制辅助直线，然后再在此直线上绘制点。

【例 2-4】如图 2-22（a）所示，已知属于平面 ABC 的点 E 的 V 面投影点 e' 和点 F 的 H 面投影点 f，试求它们的 W 面投影。

分析：因为点 E 和点 F 属于平面 ABC，故过点 E 和点 F 各作一条属于平面 ABC 的直线，则点 E 和点 F 的投影必在各自相应直线的同面投影上。

作图步骤：

（1）如图 2-22（b）所示，过点 E 作直线ⅠⅡ平行于 AB，即过 e' 作 1'2' ∥ a'b'，然后作出直线ⅠⅡ的 H 面投影 12；最后过 e' 作 OX 轴的垂线与 12 相交，交点即为点 E 的 H 面投影点 e。

（2）过点 F 和定点 A 作直线，即过 f 作直线 FA 的 H 面投影 fa，fa 交 bc 于点 3，再作出其 V 面投影点 3'，连接 a'3'。

（3）过 f 作 OX 轴的垂线，该垂线与 a'3' 的延长线相交，交点即为点 F 的 V 面投影点 f'。

图 2-22 动画

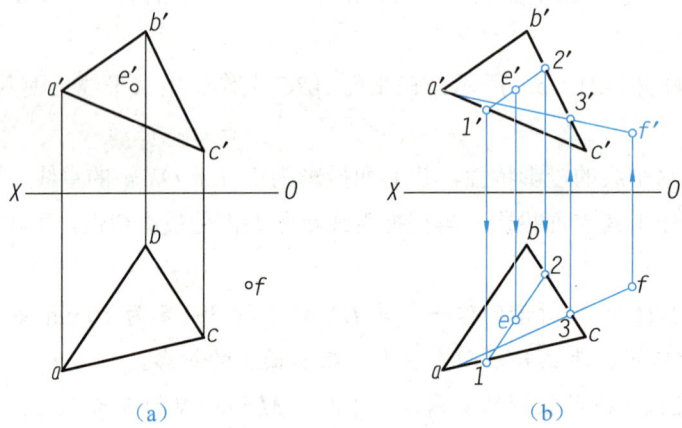

图 2-22 例 2-4 图

项目实施　作直线与平面的交点

1. 实例介绍

已知平面 ABC 为侧垂面，且平面 ABC 与直线 EF 相交于点 G，如图 2-23 所示为直线 EF 与平面 ABC 的两面投影。请补全直线 EF、平面 ABC 及点 G 的三面投影。

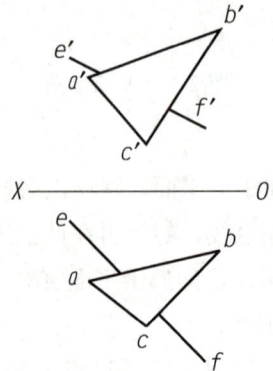

图 2-23 直线 EF 与平面 ABC 的两面投影

2. 实施步骤

（1）先画出各投影轴线及45°辅助线，根据直线 *EF* 与平面 *ABC* 的水平投影 *abc*、*ef* 及正面投影 *a'b'c'*、*e'f'*，作出直线 *EF* 与平面 *ABC* 的侧面投影 *a″b″c″*、*e″f″*，如图 2-24（a）所示。*a″b″c″* 与 *e″f″* 的交点即为点 *G* 的侧面投影点 *g″*。

（2）利用点的投影规律，作出点 *G* 的水平投影点 *g* 和正面投影点 *g'*，如图 2-24（b）所示。

（3）根据侧面投影判断直线 *EF* 在 *V* 面、*H* 面上投影的可见性，如图 2-24（c）所示。

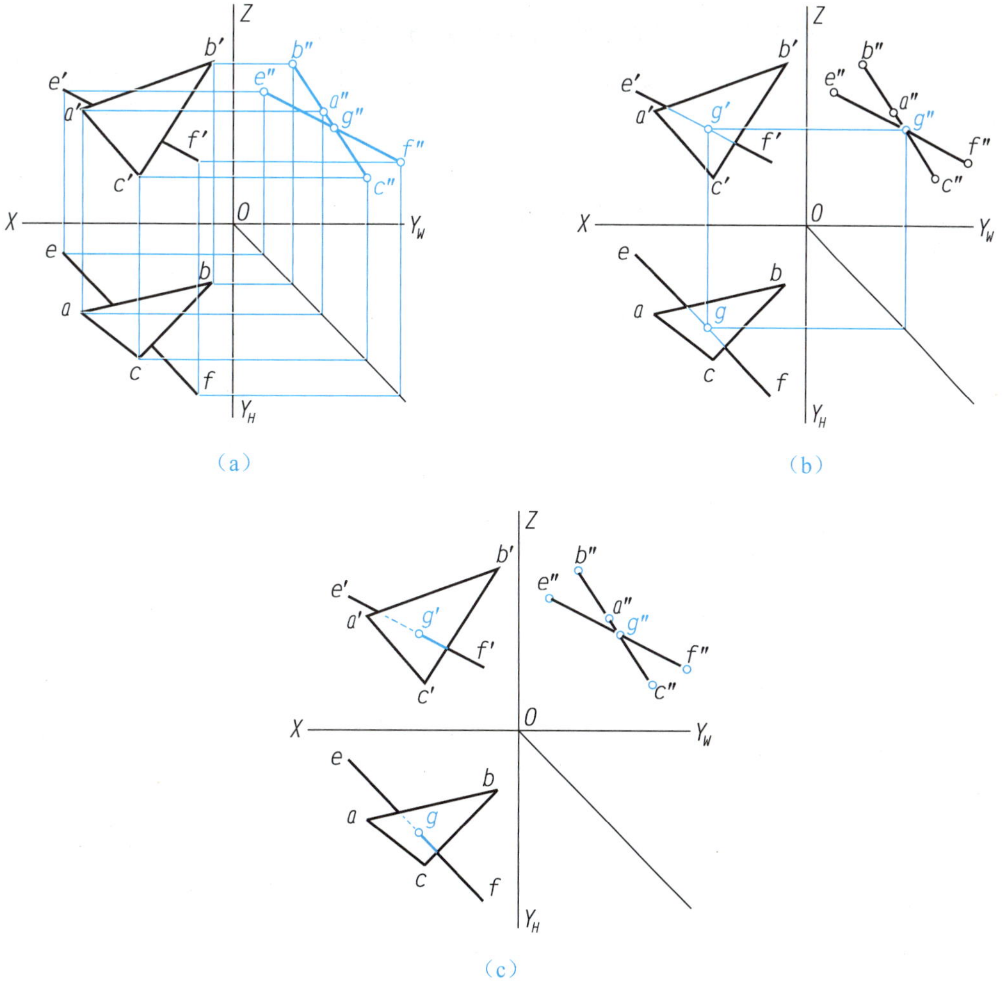

图 2-24　作直线 *EF* 与平面 *ABC* 的交点

匠心筑梦

近日，中国科学技术大学某课题组提出了一种超高密度 3D 全息投影的新方法。该研究团队将光散射引入三维全息投影技术中，克服了传统全息投影技术深度调控的两个瓶颈，实现了超高密度的三维动态全息投影。该技术将更多深度信息融入全息图中，可以更逼真地重构三维图像，用于虚拟现实和其他应用。

研究人员表示，这项技术能够实现高密度、低串扰、大视角的三维动态全息投影，有望应用于全息显微成像、立体显示、投影光刻、信息存储、光学微操控等领域。随着科学技术的不断进步，相信全息投影技术将会拥有更为广阔的应用空间。

（资料来源：吴长锋，《超高密度三维动态全息投影实现》，人民网，2023 年 4 月 12 日）

项目 2 掌握正投影的基础知识

项目评价

指导教师根据学生的实际学习情况进行评价，学生配合指导教师共同完成如表 2-5 所示的学习成果评价表。

表 2-5 学习成果评价表

班级		学号		
姓名		指导教师		
项目名称	掌握正投影的基础知识			
日期				
评价项目	评价内容	评价方式	满分/分	评分/分
知识（40%）	了解投影法的基础知识	理论测试	8	
	掌握三视图的投影规律及画法		8	
	掌握点的投影特性		8	
	掌握直线的投影特性		8	
	掌握平面的投影特性		8	
技能（40%）	能够正确判断点、直线、平面在空间中的相对位置	实践检验	10	
	能够正确分析并绘制点、直线、平面的投影		15	
	能够参照立体图将简单形体三视图补充完整		15	
素养（20%）	积极参加教学活动，遵守课堂纪律	综合评价	5	
	主动学习，团结协作		5	
	认真负责，按时完成课堂任务		5	
	守正创新，知行合一		5	
合计			100	
自我评价				
指导教师评价				

59

项目 3

掌握基本体的投影

项目导读

任何机器都是由许多零件装配而成的，不同零件在机器中的作用不同，其结构形状也不同。无论零件的结构多么复杂，都可以看成由一些形状简单的基本体按照不同方式组合而成。基本体是构成各种零件的基础，其表面是一些平面或曲面，进行组合时，不同表面相交会形成表面交线，这些表面交线主要是截交线和相贯线。本项目以点、直线、平面的投影为基础，重点讲解常见基本体的三视图画法及其表面上点的投影、截交线和相贯线等内容，为后续识读与绘制零件图打下基础。

项目目标

知识目标

- 掌握平面立体三视图的画法。
- 掌握回转体三视图的画法。
- 掌握常见基本体表面上点的投影的画法。
- 掌握平面立体和回转体被不同截平面截切后截交线的形状与画法。
- 熟悉常见相贯线的形状并掌握相贯线的画法。

技能目标

- 能够正确绘制基本体的三视图。
- 能够正确绘制截交线和相贯线。

素质目标

- 培养探究学习、自主学习的意识。
- 培养脚踏实地、求真务实的作风。
- 树立勇于探索、追求卓越的精神。

班级_____   姓名_____   学号_____

项目工单 　绘制立体的三视图及表面交线

【项目描述】

根据基本体的画法和立体表面交线的画法，分析并绘制立体的三视图及表面交线。

如图 3-1 所示为某立体的示意图及不完整的三视图，请根据本项目内容，分析该立体的截交线与相贯线，选择合适的画法补画该立体的三视图及表面交线。

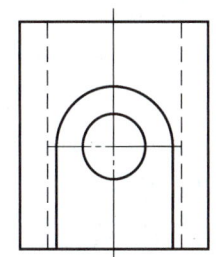
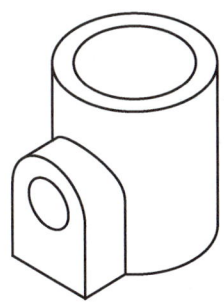
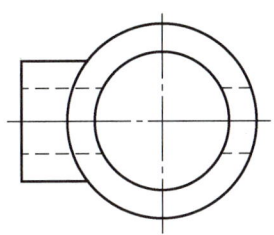

图 3-1　某立体的示意图及不完整的三视图

【寻找队友】

学生以 3～5 人为一组，各小组选出组长，组长组织组员分工合作，共同学习。

【获取信息】

在绘制立体的三视图之前，需要熟悉常见基本体的形体及其投影，理解截交线、相贯线的投影规律。请各小组组长组织组员查阅资料并学习相关知识，回答下列问题。

引导问题 1：平面立体是指表面均为_____的基本体，曲面立体是指表面全部由_____或由_____组成的基本体。

引导问题 2：若点所在平面的投影是可见的，则该点的同名投影_____。

引导问题 3：回转面是由一条母线绕_____旋转而形成的。对回转体进行投影就是对回转面的_____、_____和_____进行投影。

引导问题 4：在与圆柱回转轴垂直的投影面上，圆柱的投影为_____；在与圆柱回转轴平行的两个投影面上，圆柱的投影为两个_____。

引导问题 5：在与圆锥回转轴垂直的投影面上，圆锥的投影为_____；在与圆锥回转轴平行的两个投影面上，圆锥的投影为两个_____。

班级_____ 姓名_____ 学号_____

引导问题 6： 圆球母线上任意一点的运动轨迹为大小不等的_____。

引导问题 7： 平面与立体相交而产生的交线称为_____，被平面截切后的立体称为_____。

引导问题 8： 两立体相交称为_____，其表面形成的交线称为_____。

引导问题 9： 截交线的形状和大小取决于被截立体的形状和截平面与立体的_____。

引导问题 10： 求相贯线常采用_____和_____。

【制订方案】

各小组通过熟悉基本体投影、截交线、相贯线的相关知识，进行工作规划，并针对工作规划展开讨论，制订实施方案。指导教师对各小组的实施方案进行指导和评价。各小组根据指导教师的评价对实施方案进行调整，确定最终实施方案。

【学以致用】

各小组根据最终实施方案，在图 3-2 中补画该立体的三视图及表面交线。

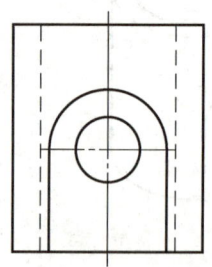

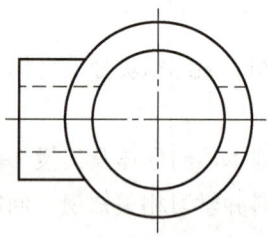

图 3-2　补画立体的三视图及表面交线

3.1 常见基本体及其投影

基本体分为平面立体和曲面立体两种。其中,平面立体是指表面均为平面的基本体,常见的平面立体有棱柱、棱锥、棱台等;曲面立体是指表面全部由曲面或由曲面和平面组成的基本体,常见的曲面立体有圆柱、圆锥、圆台、圆球、圆环等回转体。大部分零件都是由基本体或带切口、切槽等结构的基本体组合而成的,如图 3-3 所示为六角螺栓,它的毛坯是由圆柱和正六棱柱组合而成的。掌握基本体的投影是正确表达零件的基础,下面主要介绍常见的平面立体和回转体。

图 3-3　六角螺栓

3.1.1 平面立体

由于平面立体是由平面组成的,因此,平面立体的投影图可通过组成立体的平面和棱线按其可见性表示出来。可见轮廓线画成粗实线,不可见轮廓线画成虚线。下面以棱柱、棱锥、棱台为例介绍平面立体的投影与三视图。

1. 棱柱

1)棱柱的形体特征

棱柱是由上、下底面和若干侧面组成的,棱柱上相邻侧面的交线称为侧棱线。棱柱有直棱柱和斜棱柱,这里仅介绍直棱柱。

直棱柱的上、下底面是全等且互相平行的多边形,这两个多边形决定棱柱的形状,因此,上、下底面称为特征面;直棱柱的矩形侧面、侧棱线都垂直于特征面。

如图 3-4(a)所示,正六棱柱的上、下底面是全等且互相平行的正六边形,6 个矩形侧面和 6 条侧棱线都垂直于正六棱柱的上、下底面。

2)棱柱的投影分析

如图 3-4(b)所示,正六棱柱上、下底面均为水平面,它们的水平投影重合并反映实形。6 个侧面中的前、后两个面为正平面,它们的正面投影反映实形,水平投影及侧面投影积聚为直线;其余 4 个侧面均为铅垂面,它们的水平投影均积聚为直线,正面投影和侧面投影均为类似形。

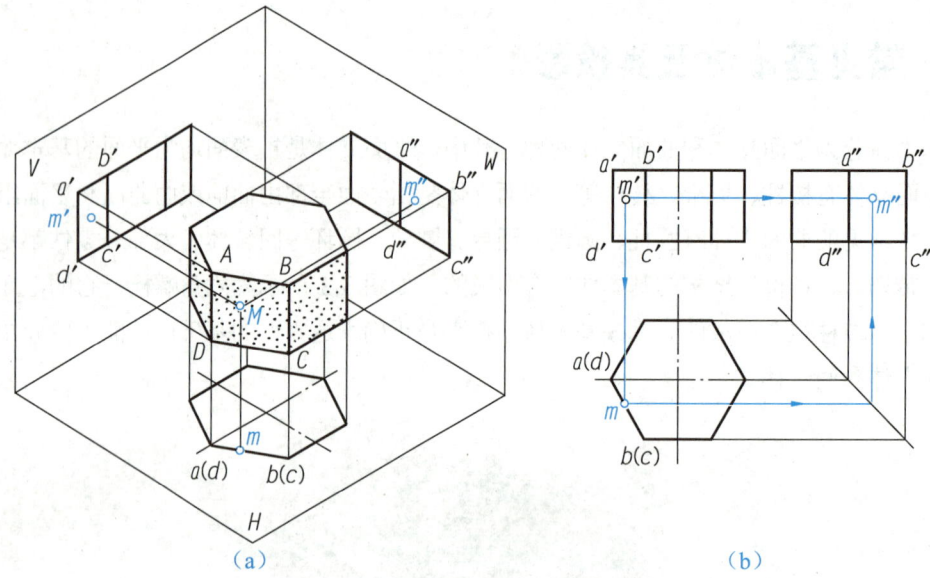

图 3-4　正六棱柱的投影

3）棱柱三视图的特点及作图步骤

棱柱三视图的特点如下。

（1）特征面在与其平行的投影面上的投影为多边形，并反映特征面的实形，此视图称为特征视图。

（2）另外两个投影面上的投影均由一个或多个相邻的矩形组成，对应的视图称为一般视图。

棱柱三视图的作图步骤如下。

（1）作出特征视图（多边形）。

（2）作出另外两个一般视图（矩形）。

> **注 意**
>
> 当棱柱具有对称性时，应先画对称中心线，然后再按上述步骤绘制棱柱的三视图。

4）棱柱表面上点的投影

首先在平面立体表面上取点，关键是先找出点所在的平面在三视图中的投影位置，然后利用平面上点的投影特性作图，即可得到该点的投影。

【例 3-1】如图 3-4（b）所示，已知棱柱侧面 ABCD 上点 M 的正面投影 m'，求作点 M 的其他两面投影。

作图步骤：

（1）由于点 M 所属侧面 ABCD 为铅垂面，因此，点 M 的水平投影必在该侧面积聚成

的直线 $ab(cd)$ 上。

(2) 由点 m' 可作出点 m，再由点 m、m' 作出点 m''。

点拨

判断点的投影的可见性时，若点所在平面的投影是可见的，则该点的同名投影也是可见的，反之则不可见。当点的投影在平面积聚成的直线上时，一般不必判断其可见性。

2．棱锥

1）棱锥的形体特征

棱锥是由一底面和若干侧面组成的。棱锥底面为特征面，它的形状为多边形；棱锥各侧面为若干具有公共顶点的三角形。从棱锥顶点到底面的距离为棱锥的高。正棱锥的底面为正多边形。

2）棱锥的投影分析

如图 3-5（a）所示为一正三棱锥，它由一个底面（正三角形）和三个侧面（等腰三角形）组成，其底面平行于 H 面，一个侧面垂直于 W 面。

由于棱锥底面△ABC 为水平面，所以它的水平投影反映实形，其正面投影和侧面投影分别积聚为直线 $a'c'$ 和 $a''b''$。侧面△SAC 为侧垂面，它的侧面投影积聚为直线 $s''a''$，正面投影和水平投影为类似形 △$s'a'c'$ 和 △sac。侧面△SAB 和△SBC 均为一般位置平面，它们的三面投影均为类似形。

侧棱线 SB 为侧平线，侧棱线 SA、SC 为一般位置直线，底边 AC 为侧垂线，底边 AB、BC 为水平线。

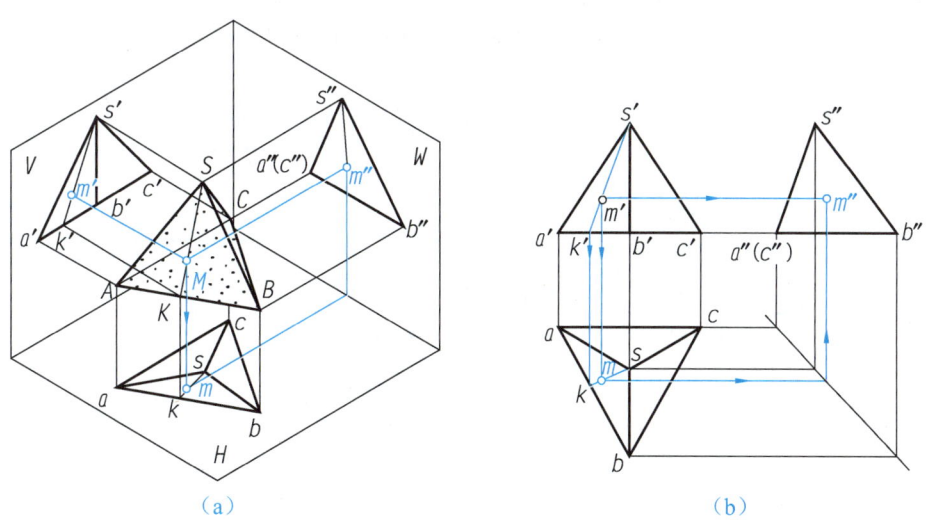

(a)　　　　　　　　　　　　　　(b)

图 3-5　正三棱锥的投影

3）棱锥三视图的特点及作图步骤

棱锥三视图的特点如下。

（1）特征面（底面）在与其平行的投影面上的投影为多边形，反映特征面实形。该视图由数个有公共顶点的三角形组成，称为特征视图。

（2）另外两个投影面上的投影由单个或多个具有公共顶点的三角形组成，这两个视图为一般视图。

棱锥三视图的作图步骤如下。

（1）作出底面的各个投影。先画反映底面实形的投影，再画底面的积聚性投影。

（2）作出棱锥顶点的各个投影。

（3）将棱锥顶点与底面各顶点的同名投影连接起来，即可得到棱锥的三视图。

4）棱锥表面上点的投影

组成棱锥的表面既有特殊位置平面，也有一般位置平面。特殊位置平面上点的投影，可利用面的积聚性投影直接求得；一般位置平面上点的投影则需要通过辅助线法求得。

【例 3-2】如图 3-5（b）所示，已知正三棱锥侧面上点 M 的正面投影点 m'，求作点 M 的其他两面投影。

作图步骤：

由于点 m' 可见，因此点 M 必定在侧面 $\triangle SAB$ 上。侧面 $\triangle SAB$ 是一般位置平面，需要采用辅助线法作出点 m。过点 m' 作直线 $s'k'$，然后再作出其水平投影 sk。由于点 M 属于直线 SK，根据直线上点的投影的从属性可知，点 m 必在直线 sk 上，根据点的投影规律，作出水平投影点 m，然后再根据点 m、m' 作出点 m''，如图 3-5（b）所示。

3．棱台

棱台可看成由平行于底面的平面截去棱锥顶部而形成，如图 3-6 所示。棱台的投影分析、三视图特点及作图步骤、表面上点的投影，可参照棱锥进行分析。

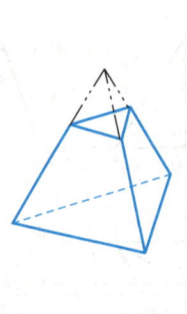
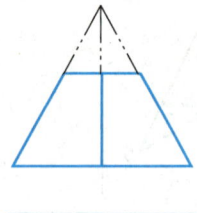
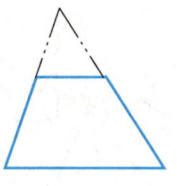
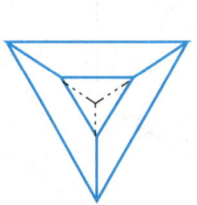

图 3-6　棱台的立体图和三视图

3.1.2 回转体

回转体上的曲面（也称回转面）是由一条母线（直线或曲线）绕回转轴旋转而形成的。对回转体进行投影就是对回转面的转向轮廓线、底面和回转轴进行投影。下面以圆柱、圆锥、圆台、圆球、圆环为例介绍回转体的投影与三视图。

> **点拨**
>
> 由于回转面是光滑曲面，所以其投影图（视图）仅画出曲面对应投影面可见与不可见的分界线，此分界线称为视图的轮廓线。

1．圆柱

1）圆柱的形成

圆柱是由圆柱面和上、下底面组成的。如图 3-7 所示，圆柱可看成由一条直线 AA_1（母线）绕与其平行的回转轴 OO_1 旋转而成。圆柱面上任意一条与回转轴 OO_1 平行的直线称为圆柱面的素线。

2）圆柱的投影分析

如图 3-8（a）所示，圆柱的回转轴垂直于 H 面。圆柱的上、下底面为水平面，它们的水平投影反映实形，正面投影和侧面投影积聚为直线；圆柱面的

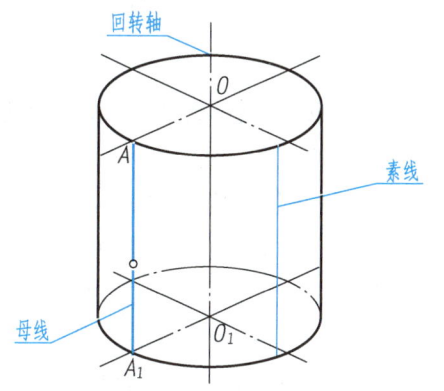

图 3-7 圆柱的形成

水平投影积聚为圆，圆柱面上任意点、线的水平投影都重合在此圆上，圆柱面的正面投影和侧面投影都是矩形。

如图 3-8（b）所示，圆柱的正面投影为矩形，其左右两边 $a'a_1'$ 和 $b'b_1'$ 是圆柱面最左和最右两条素线 AA_1 和 BB_1 的投影，也是圆柱面前半部分可见、后半部分不可见的分界线，即圆柱主视图的轮廓线。AA_1 和 BB_1 的水平投影积聚为点 $a(a_1)$、$b(b_1)$，它们的侧面投影与回转轴投影的点画线重合，由于圆柱面是光滑的，所以不再画线。

如图 3-8（b）所示，圆柱的侧面投影为矩形，$c''c_1''$ 和 $d''d_1''$ 是圆柱面最前和最后两条素线 CC_1 和 DD_1 的投影，也是圆柱面左半部分可见、右半部分不可见的分界线，即圆柱左视图的轮廓线。CC_1 和 DD_1 的水平投影积聚为点 $c(c_1)$、$d(d_1)$，它们的正面投影与回转轴投影的点画线重合，由于圆柱面是光滑的，所以不再画线。

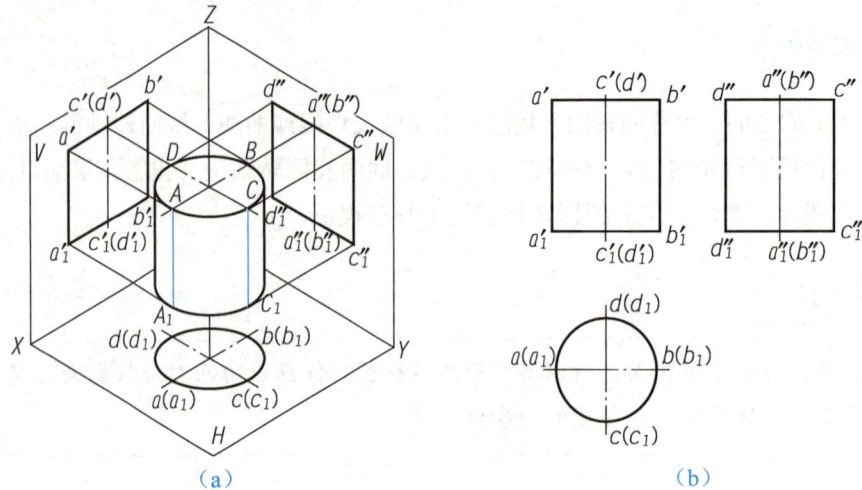

图 3-8 圆柱的投影

3）圆柱三视图的特点及作图步骤

圆柱三视图的特点如下。

（1）在与圆柱回转轴垂直的投影面上，圆柱的投影为圆。

（2）在与圆柱回转轴平行的两个投影面上，圆柱的投影为两个全等的矩形。

圆柱三视图的作图步骤如下。

（1）在三视图中画圆的中心线和圆柱的回转轴。

（2）作出投影为圆的视图。

（3）作出投影为矩形的另外两个视图。

4）圆柱表面上点的投影

圆柱表面上点的投影可借助圆柱表面投影的积聚性求得。

【例 3-3】如图 3-9 所示，已知圆柱面上点 M 和点 N 的正面投影为点 m' 和点 n'，求作点 M 和点 N 的其他两面投影。

分析：由于圆柱面的水平投影积聚为圆，则圆柱面上点的水平投影一定重合在圆上。

作图步骤：

（1）由于点 m' 可见，故点 M 必在圆柱面前半部分上，因此，由点 m' 可作出点 m，再由点 m' 和点 m 可作出点 m''，点 m'' 可见。

（2）点 n' 在圆柱正面投影的右轮廓线上，由点 n' 可直接作出点 n 和点 n''，点 n'' 不可见，所以标记为 (n'')。

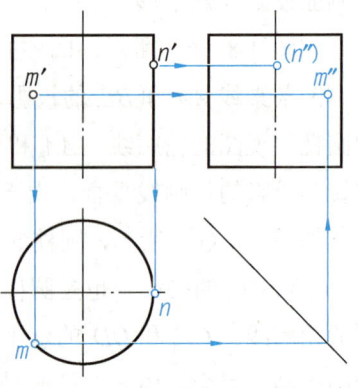

图 3-9 例 3-3 图

2. 圆锥

1）圆锥的形成

圆锥是由圆锥面和底面组成的。如图 3-10 所示，圆锥面可看成由一条直线 SA（母线）绕与其相交为一定角度的回转轴 SO 旋转而成。在圆锥面上通过圆锥顶点的任意直线称为圆锥面的素线。母线上任意一点的运动轨迹为圆。

2）圆锥的投影分析

如图 3-11（a）所示，圆锥的回转轴垂直于 H 面。圆锥的底面为水平面，其水平投影为圆，反映实形，正面投影和侧面投影都积聚为直线。圆锥面在三个投影面上的投影都没有积聚性，其水平投影与底面投影重合，正面投影和侧面投影都是等腰三角形。

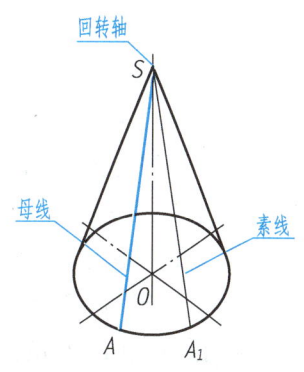

图 3-10 圆锥的形成

如图 3-11（b）所示，圆锥的正面投影为等腰三角形，其左右两腰 s'a'、s'b' 分别表示圆锥最左素线 SA、最右素线 SB 的投影，也是圆锥面前半部分可见、后半部分不可见的分界线，即圆锥主视图的轮廓线。SA、SB 的水平投影 sa、sb 与圆锥的横向对称中心线重合，SA、SB 的侧面投影 s″a″、s″b″ 与圆锥的回转轴重合，由于圆锥面是光滑曲面，所以都不画出。

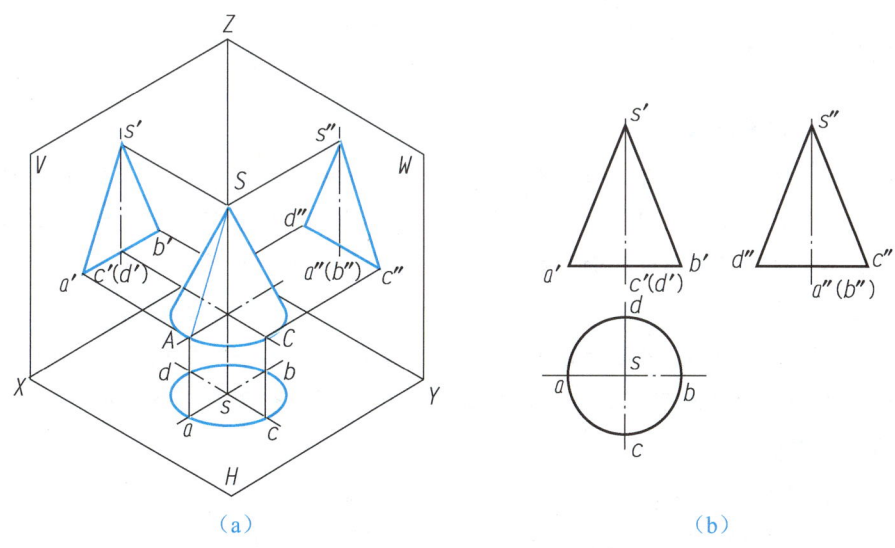

（a） （b）

图 3-11 圆锥的投影

举一反三

请读者按上述方法分析圆锥的侧面投影中等腰三角形的两腰 s″c″、s″d″。

3）圆锥三视图的特点及作图步骤

圆锥三视图的特点如下。

（1）在与圆锥回转轴垂直的投影面上，圆锥的投影为圆。

（2）在与圆锥回转轴平行的两个投影面上，圆锥的投影为两个全等的等腰三角形。

圆锥三视图的作图步骤如下。

（1）在三视图中画圆的中心线和圆锥的回转轴。

（2）作出底面的各个投影。先作出底面的水平投影（底面的实形），再作出底面的其他两面投影。

（3）作出圆锥顶点的各个投影。

（4）作出圆锥轮廓线。

4）圆锥表面上点的投影

圆锥底面具有积聚性，其上的点可直接作出；圆锥面没有积聚性，其上的点需要用辅助线法才能作出。根据辅助线作用的不同，辅助线法可分为 辅助素线法 和 辅助圆法 两种。其中，利用辅助素线法所作的辅助线是通过顶点的素线，利用辅助圆法所作的辅助线是与底面平行的圆。

【例3-4】如图3-12（a）所示，已知圆锥面上点 M 的正面投影点 m'，求作点 M 的另外两面投影。

分析： 由于点 M 的正面投影不可见，因此点 M 位于圆锥面后半部分，其水平投影和侧面投影都可见。由于圆锥面没有积聚性，因此必须利用辅助线法才能作出点 M 的另外两面投影。

辅助素线法作图步骤：

（1）如图3-12（b）所示，在主视图中用细实线连接三角形的顶点 s' 和点 m' 并延长，与底边相交于点 n'。由于点 M 的正面投影点 m' 不可见，因此点 N 位于圆锥底面的后半部分，即点 n' 不可见。根据圆锥底面的积聚性和点的投影规律，可直接作出点 N 的水平投影点 n。

（2）连接 sn。由于点 M 位于直线 SN 上，因此点 M 的水平投影点 m 也一定位于直线 sn 上。根据点的投影规律可依次作出点 M 的水平投影点 m 和侧面投影点 m''。

辅助圆法作图步骤：

（1）如图3-12（c）所示，过点 m' 作与三角形底边平行的直线，与三角形的两腰交于点 a' 和点 b'，直线 $a'b'$ 为一个与圆锥底面平行的小圆的正面投影。

（2）以 $a'b'$ 为直径在圆锥的水平投影上作底面圆的同心圆，点 M 的水平投影点 m 一定在该同心圆上。根据点的投影规律可依次作出点 M 的水平投影点 m 和侧面投影点 m''。

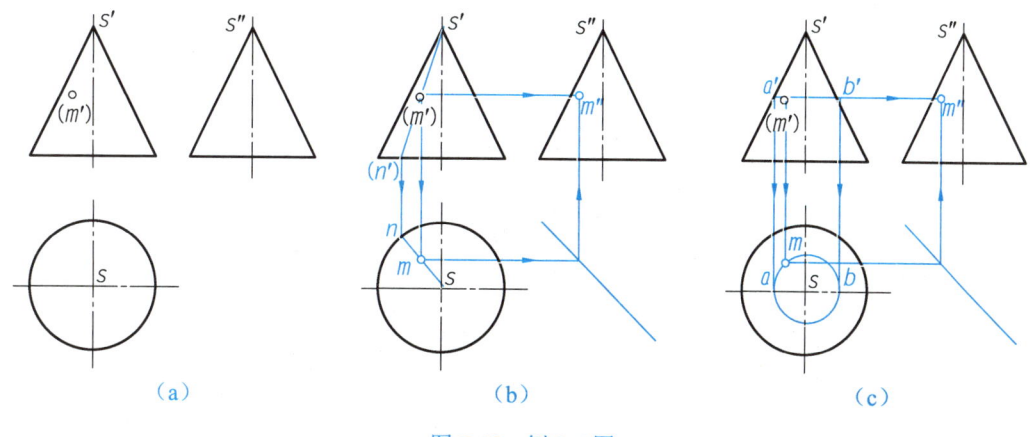

图 3-12 例 3-4 图

3. 圆台

如图 3-13 所示,圆台可看成由平行于底面的平面截去圆锥顶部而形成。圆台的三个视图中,一个是同心圆,另两个是等腰梯形。圆台的投影分析、三视图特点及作图步骤、表面上点的投影,可参照圆锥进行分析。

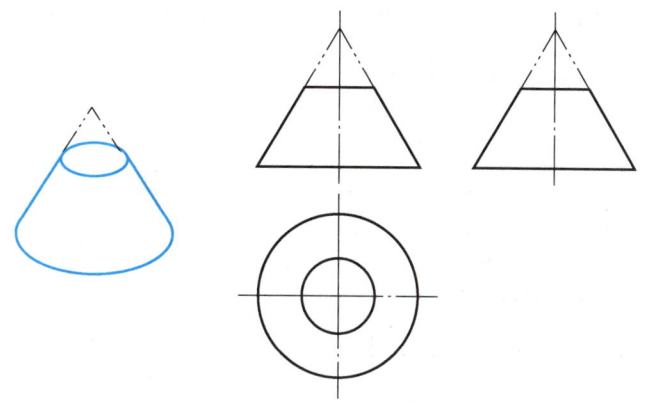

图 3-13 圆台的立体图和三视图

4. 圆球

1)圆球的形成

如图 3-14(a)所示,圆球可看成以半圆为母线,绕其直径旋转而成。母线上任意一点 M 的运动轨迹为大小不等的圆。

2)圆球的投影分析

圆球任何方向的投影都是等径的圆。如图 3-14(c)所示为圆球的三面投影,a、b'、c'' 分别表示三个不同方向上圆球轮廓线的投影。

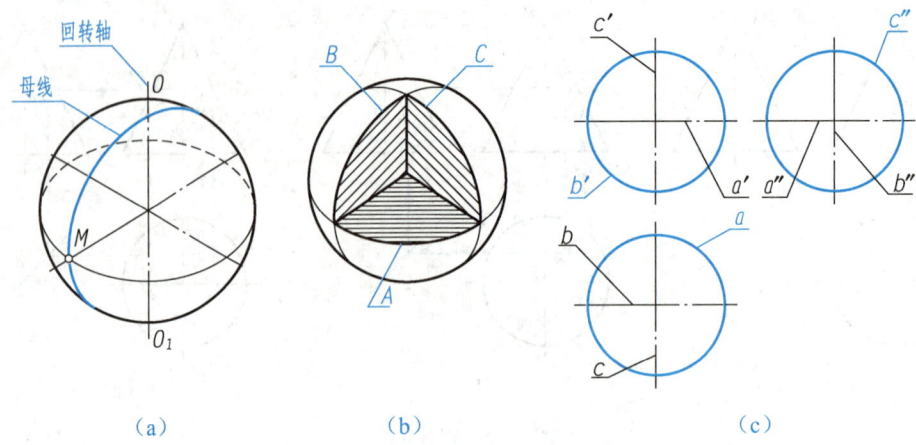

图 3-14 圆球的立体图和三视图

俯视图中的圆 a 是球面上半部分可见和下半部分不可见的分界线，也是如图 3-14（b）所示球面上下方向上轮廓圆 A 在俯视图中的投影，其在主视图和左视图中的投影 a'、a'' 与相应视图中圆的中心线重合，不再画线。

主视图中的圆 b' 是球面前半部分可见和后半部分不可见的分界线，也是如图 3-14（b）所示球面前后方向上轮廓圆 B 在主视图中的投影，其在俯视图和左视图中的投影 b、b'' 与相应视图中圆的中心线重合，不再画线。

举一反三

请读者自行分析左视图中的圆 c''。

3）圆球三视图的特点及作图步骤

圆球的三视图都是圆。作圆球的三视图时，应先画三视图中各圆的中心线，然后再画圆。

4）圆球表面上点的投影

虽然圆球表面没有积聚性，也不能引直线，但圆球被任意位置平面截切时，截切面与圆球表面的交线都是圆。因此，圆球表面上点的投影，可通过已知点在圆球表面上作平行投影面的辅助圆（纬圆）得到。

【例 3-5】如图 3-15（a）所示，已知点 M 的正面投影点 m'，点 N 的水平投影点 n，求作点 M、N 的其他两面投影。

作图步骤：

点 M 处在球面前半部分可见和后半部分不可见的分界线上，即在圆球正面投影的轮廓线上，由点 m' 可直接求得点 m、m''。点 N 处在球面上半部分可见和下半部分不可见的分界线上，即在圆球水平投影的轮廓线上，由点 n 可直接求得点 n'、n''，如图 3-15（b）所示。由于点 N 在球面的右半部分，所以点 n″ 不可见，其他点均可见。

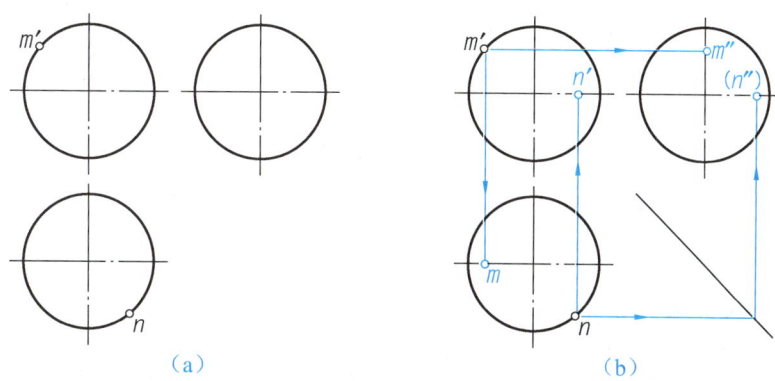

图 3-15　例 3-5 图

【例 3-6】如图 3-16（a）所示，已知圆球表面上点 M 的正面投影点 m′，求作点 M 的其他两面投影。

作图步骤：

如图 3-16（a）所示，过点 m′ 作水平辅助圆，该辅助圆正面投影积聚为直线 e′f′，水平投影为圆，其直径为 ef，由点 m′ 可作出点 m，再由点 m′、m 可作出点 m″。由于点 M 在左半和上半球面上，因此点 m、m″ 均可见。此题也可按图 3-16（b）和图 3-16（c）作图求解。

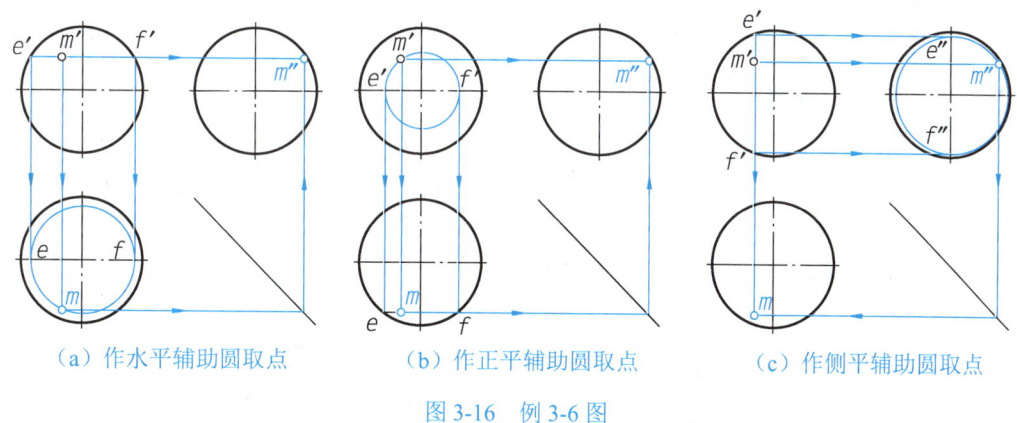

（a）作水平辅助圆取点　　（b）作正平辅助圆取点　　（c）作侧平辅助圆取点

图 3-16　例 3-6 图

5．圆环

1）圆环的形成

如图 3-17（a）所示，圆环可看成以圆为母线，绕与该圆平面共面，且在圆外的回转轴 OO_1 旋转而成。圆环的外环面由圆弧 $\overparen{ABC}$ 旋转而成，圆环的内环面由圆弧 $\overparen{ADC}$ 旋转而成。

2）圆环的投影分析

如图 3-17（b）所示，圆环回转轴垂直于正立投影面，在正面投影中，两个同心圆是前半圆环和后半圆环分界线（圆环最大圆和最小圆）的投影，也是圆环正面轮廓线的投影；点画线圆是母线圆心运动轨迹的投影。

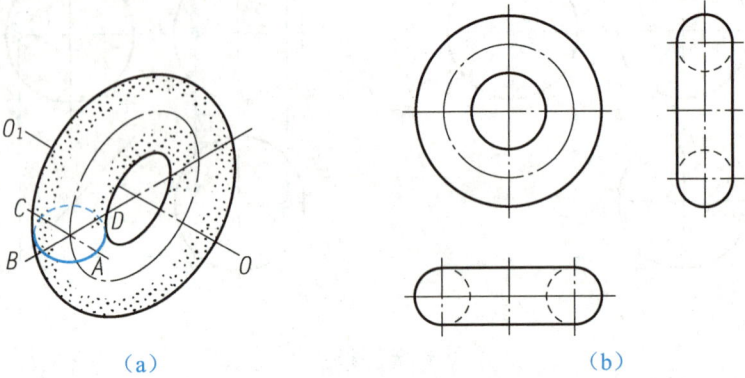

图 3-17　圆环的立体图和三视图

在水平投影中，两个小圆是圆环最左、最右素线圆的水平投影，由于内环面从上往下看时不可见，所以靠近回转轴的两个半圆用虚线表示；与两个小圆相切的轮廓线，是内外环面分界圆的投影。

举一反三

请读者自行分析圆环的侧面投影。

3.2　基本体的截交线

在机械制图中，常常存在平面与立体、立体与立体相交而产生的交线。平面与立体相交而产生的交线称为截交线，被平面截切后的立体称为截断体，该平面称为截平面，由截交线所围成的平面称为截断面，如图 3-18 所示。

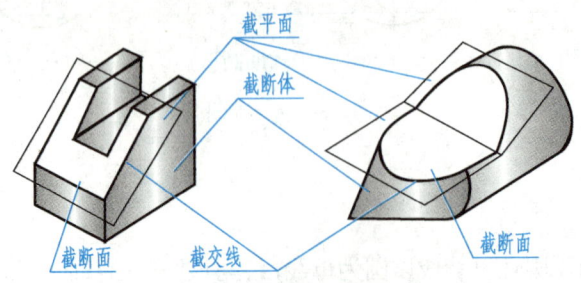

图 3-18　截交线、截断体、截平面、截断面

截交线的形状和大小取决于被截立体的形状和截平面与立体的相对位置。任意截交线都具有以下两个基本性质。

（1）封闭性：截交线是一个封闭的平面图形（平面折线、平面曲线或两者的组合）。

（2）共有性：截交线是截平面与立体表面的共有线，是共有点的集合。

因此，求作截交线就是求截平面与立体表面一系列的共有点。将求得的各点按顺序光滑连接，即可得到截交线。

3.2.1 平面立体的截交线

平面立体的截交线是封闭的平面多边形，该多边形的各边是截平面与平面立体表面的交线，多边形的各顶点是截平面与侧棱线（或底边）的交点，如图3-19（a）所示。因此，求平面立体截交线的投影，关键是找到这些交点，并将这些点的同面投影依次连接。

1. 棱柱的截交线

下面以正六棱柱被正垂面截切为例，介绍棱柱的截交线。

【例3-7】如图3-19（a）所示，已知正六棱柱被正垂面截切，补画其左视图。

分析：当正六棱柱被正垂面截切时，正垂面与正六棱柱的六个侧面相交，所以截交线是一个六边形，六边形的顶点为各侧棱线与正垂面的交点。截交线在水平投影面上的投影与棱柱的水平投影重合，在正立投影面上的投影积聚为直线，在侧立投影面上的投影是一个六边形。

作图步骤：

（1）画出被截切前正六棱柱的左视图，如图3-19（b）所示。

（2）在主视图和俯视图上分别找出正垂面与六棱柱各侧棱线的交点，并用相应数字或字母标注，然后根据点的两面投影，找出这些交点在侧立投影面中的投影点1″、2″、3″、4″、5″、6″，最后将各交点顺次连接起来，如图3-19（c）所示。

图3-19 动画

（3）检查左视图并画出遗漏的虚线，然后擦去被截切部分的投影线并加深其余图线，结果如图3-19（d）所示。需要注意的是，正六棱柱最右侧棱线的投影在左视图中被截断面挡住了，因此要用虚线画出被挡住部分的投影。

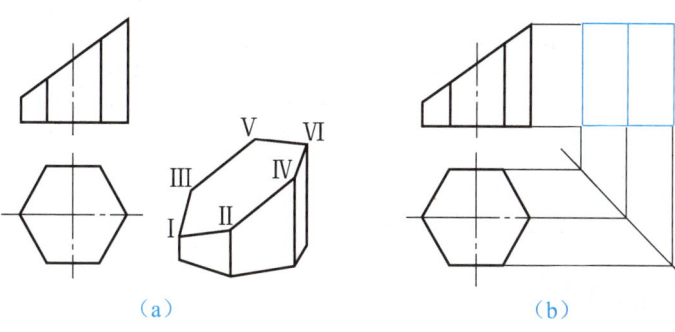

（a）　　　　　　　　　　（b）

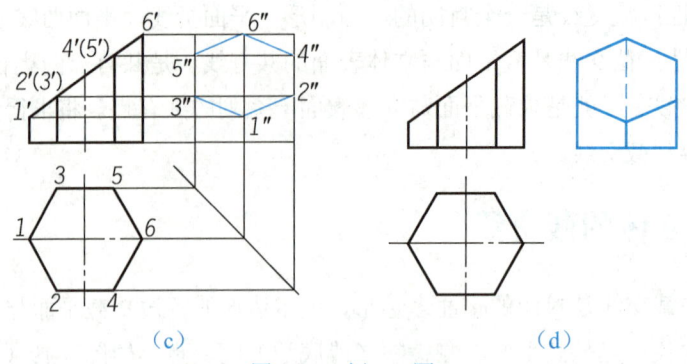

(c)   (d)

图 3-19 例 3-7 图

2. 棱锥的截交线

下面以带切口的正三棱锥为例，介绍棱锥的截交线。

【例 3-8】如图 3-20（a）所示为带切口的正三棱锥，已知其正面投影，求作该正三棱锥的其他两面投影。

分析：该正三棱锥的切口是由两个相交的截平面截切形成的。两个截平面中，一个是水平截面，一个是正垂截面，它们都垂直于正立投影面，因此切口的正面投影具有积聚性。水平截面与三棱锥的底面平行，因此它与侧面△SAB 和△SAC 的交线 DE、DF 分别平行于底边 AB 和 AC，水平截面的侧面投影积聚成一条直线。正垂截面分别与侧面△SAB 和△SAC 交于直线 GE、GF。由于两个截平面都垂直于正立投影面，所以两截平面的交线一定是正垂线，作出以上交线的投影即可得到所求投影。

作图步骤：

作图过程如图 3-20（b）和图 3-20（c）所示。

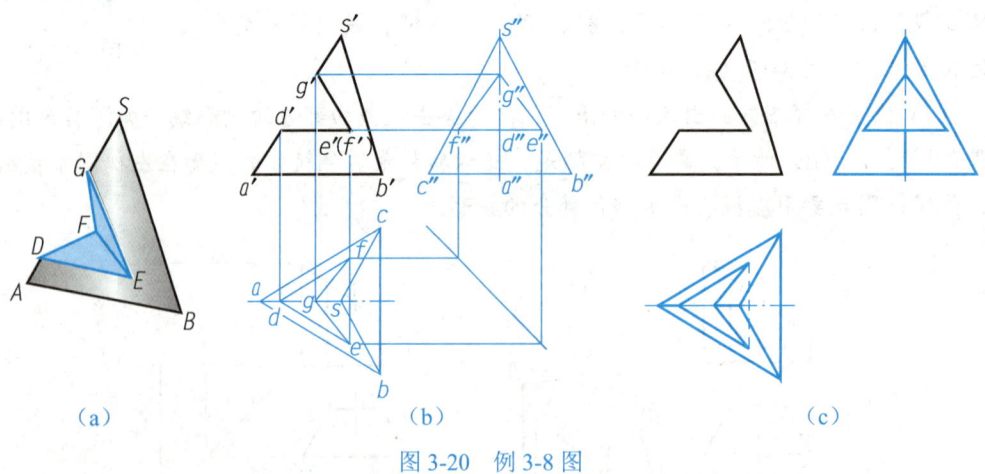

(a)   (b)   (c)

图 3-20 例 3-8 图

3.2.2 回转体的截交线

回转体的截交线一般是封闭的平面曲线，特殊情况下为平面多边形或平面曲线与直线的组合。截交线上任意一点都可看作是截平面与回转面素线（直线或曲线）的交点。因此，在回转面上作出适当数量的辅助线（素线或纬圆），求出它们与截平面交点的投影，然后依次连成光滑曲线，即可得到截交线的投影。

截交线上处于最左、最右、最前、最后、最高、最低的点及视图中轮廓线上的极限点称为特殊位置点。特殊位置点是限定截交线的范围，以及判断可见性的依据，也是作相贯线投影时应先求的点。

1. 圆柱的截交线

根据截平面与圆柱轴线的相对位置不同，圆柱截交线的形状也不同，如表 3-1 所示。

表 3-1　圆柱的截交线

截平面位置	截交线形状	立体图	投影图
平行于轴线	矩形	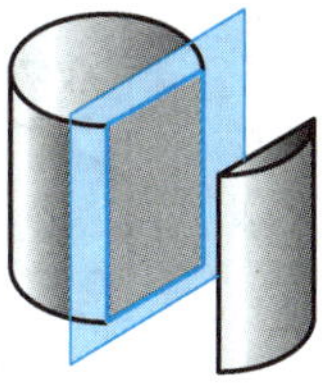	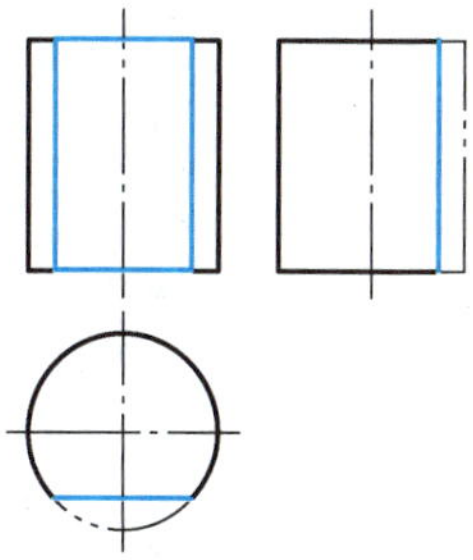
垂直于轴线	圆	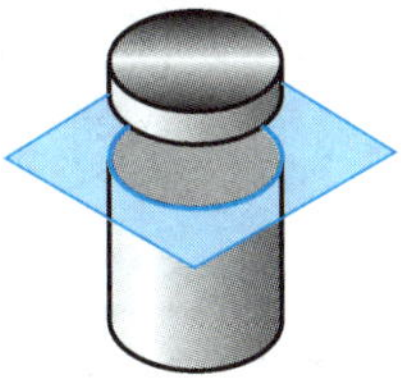	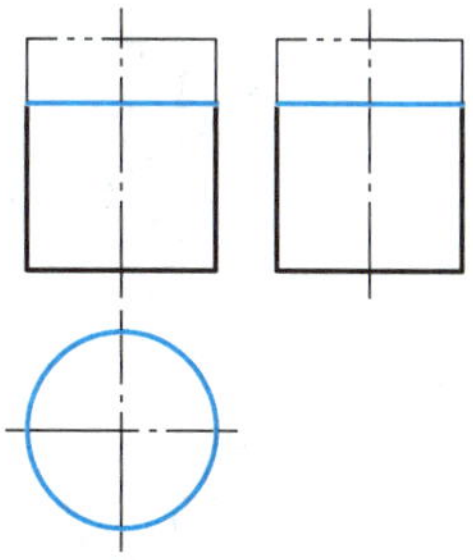
倾斜于轴线	椭圆	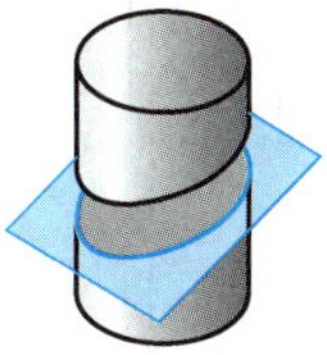	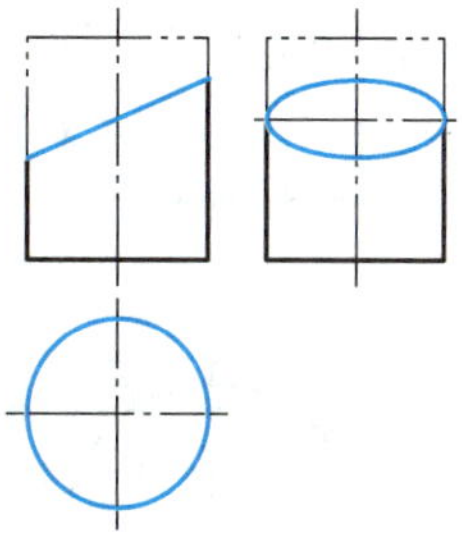

【例 3-9】如图 3-21（a）所示，圆柱被正垂面截切，求作其截交线的投影。

分析：截平面（正垂面）倾斜于圆柱的轴线，故截交线为椭圆。此椭圆的正面投影积聚为直线；水平投影积聚为圆，并与圆柱面的水平投影重合；侧面投影为椭圆类似形。

作图步骤：

（1）求作特殊位置点。椭圆长轴的两个端点Ⅰ、Ⅴ既分别是最低点、最高点，又分别是最左点和最右点，它们的正面投影在左右轮廓线上；椭圆短轴的两个端点Ⅲ、Ⅶ是最前点和最后点，它们的侧面投影在前后轮廓线上。Ⅰ、Ⅲ、Ⅴ，Ⅶ这4个点都是截交线椭圆上的特殊位置点，作图时，先定出它们的正面投影点1′、3′(7′)、5′，然后作出点1″、3″、7″、5″，如图3-21（b）所示。

（2）补充一般位置点。作图时，先在截交线的水平投影上定出点2、4、6、8（用等分圆得对称点），然后作出点2′(8′)、4′(6′)，最后再根据已知的两面投影，作出点2″、4″、6″、8″，如图3-21（c）所示。

（3）连成光滑曲线。按顺序将侧面投影点1″、2″、3″、……连成光滑曲线，擦去多余图线并加深其余图线，即可得到截交线的投影，如图3-21（d）所示。

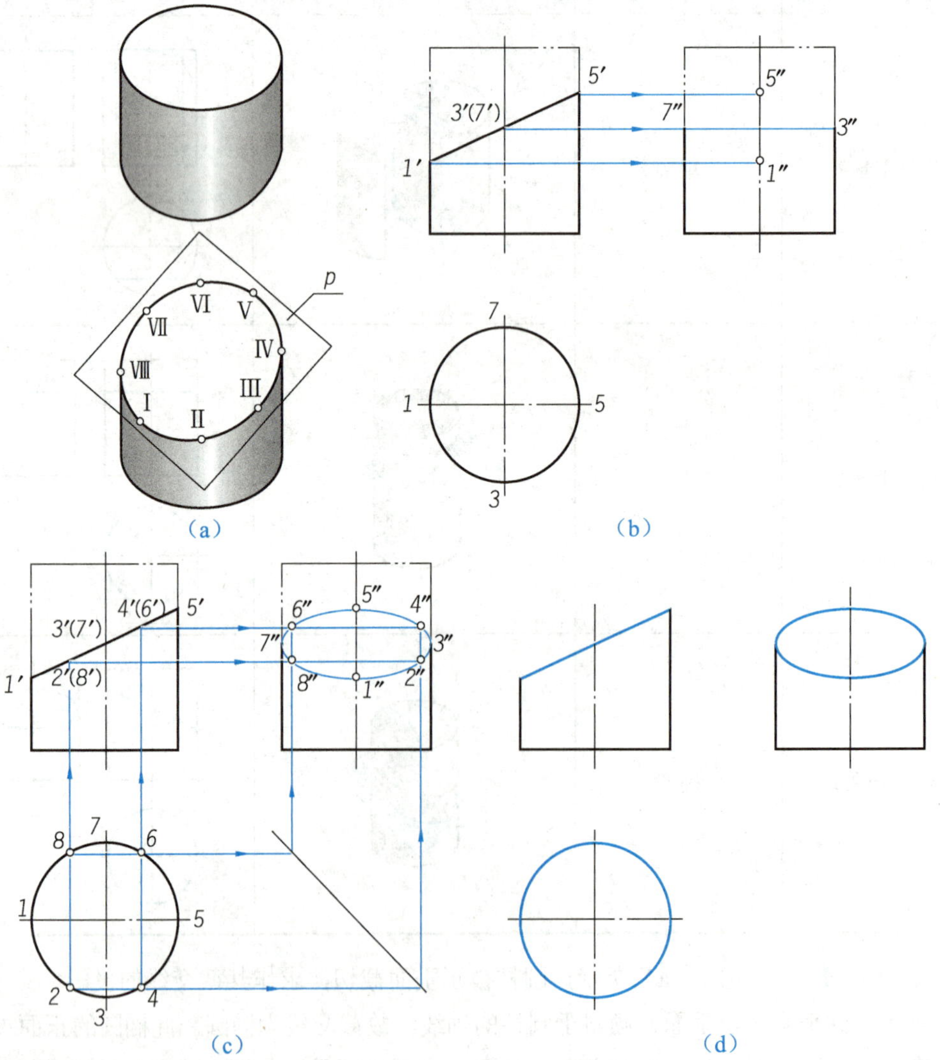

图3-21　例3-9图

> **点拨**
>
> 此题中，在求出长、短轴的4个特殊位置点后，也可采用四心圆法近似画出椭圆。

【例3-10】如图3-22（a）所示，已知带切口圆柱的主视图和俯视图，补画其左视图。

分析：如图3-22（a）所示，圆柱被两个侧平面和两个水平面截切。两个侧平面与圆柱的轴线平行，其截交线的侧面投影为矩形；两个水平面与圆柱的轴线垂直，其截交线的侧面投影为直线。

作图步骤：

按图3-22（b）所示作图，具体步骤如下。

（1）画出完整圆柱的左视图。

（2）在截交线的水平投影和正面投影上分别定出点 a(d)、b(c)、e 和点 a′(b′)、d′(c′)、e′，再根据已知的两面投影，作出点 a″、b″、c″、d″、e″。

（3）连成光滑曲线。按顺序将侧面投影点 a″、b″、c″、e″、d″ 连成光滑曲线，擦去多余图线并加深其余图线，即可得到该切口圆柱的左视图。

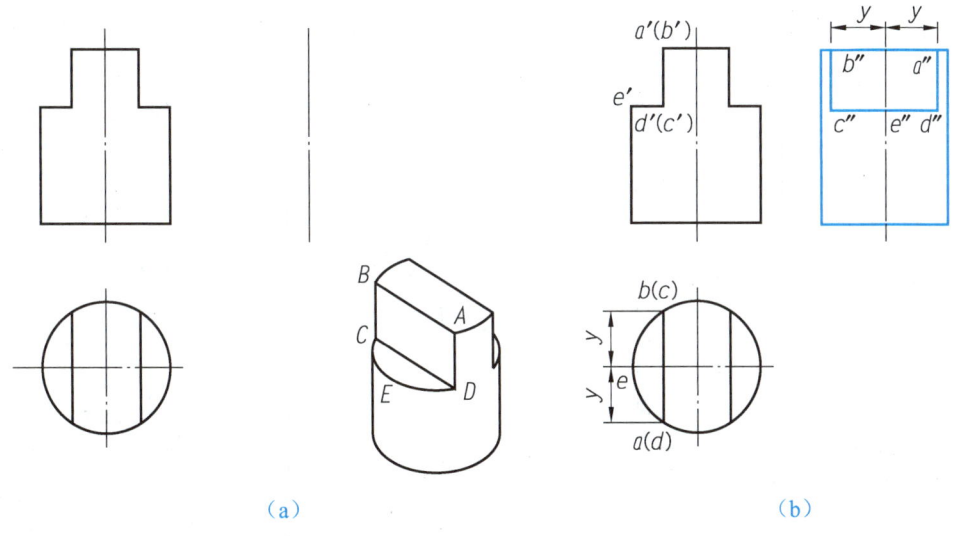

图3-22 例3-10图

2. 圆锥的截交线

根据截平面与圆锥轴线的相对位置不同，圆锥截交线的形状也不同，如表3-2所示。

表 3-2　圆锥的截交线

截平面位置	截交线形状	立体图	投影图
垂直于轴线	圆		
倾斜于轴线	椭圆		
平行于一条素线	抛物线		
平行于两条素线（平行于轴线）	双曲线		

表 3-2（续）

截平面位置	截交线形状	立体图	投影图
过锥顶	两相交直线		

【**例 3-11**】如图 3-23（a）所示，圆锥被正平面 P 截切，补画其主视图。

分析：圆锥被平行于轴线的正平面 P 截切，截交线为双曲线，此截交线的水平投影和侧面投影分别积聚为直线，正面投影为双曲线（实形）。

作图步骤：

（1）画出完整圆锥的主视图。

（2）求作特殊位置点。点 A 是截交线的最高点，由点 a″ 和点 a 可作出点 a′；点 B、C 分别为最左点和最右点，是底面和截平面 P 的交点，由点 b、c 可作出点 b′、c′，如图 3-23（b）所示。

（3）补充一般位置点。作平行于水平投影面的辅助圆，该圆的正面投影积聚为直线，水平投影为圆，且在水平投影上与截交线的已知投影交于点 d、e，由点 d、e 可作出点 d′、e′，如图 3-23（b）所示。

（4）连成光滑曲线。按顺序将正面投影点 b′、d′、a′、e′、c′ 连成光滑曲线，擦去多余图线并加深其余图线，结果如图 3-23（c）所示。

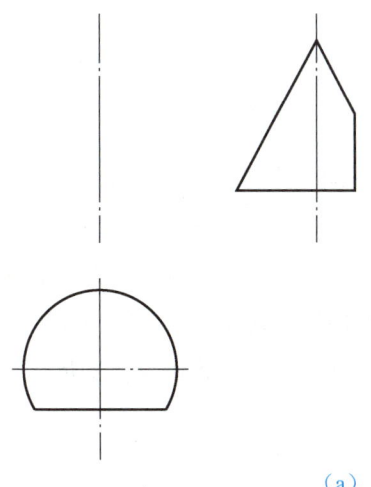
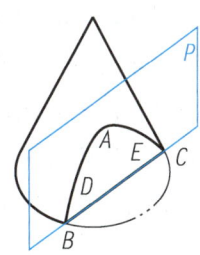

（a）

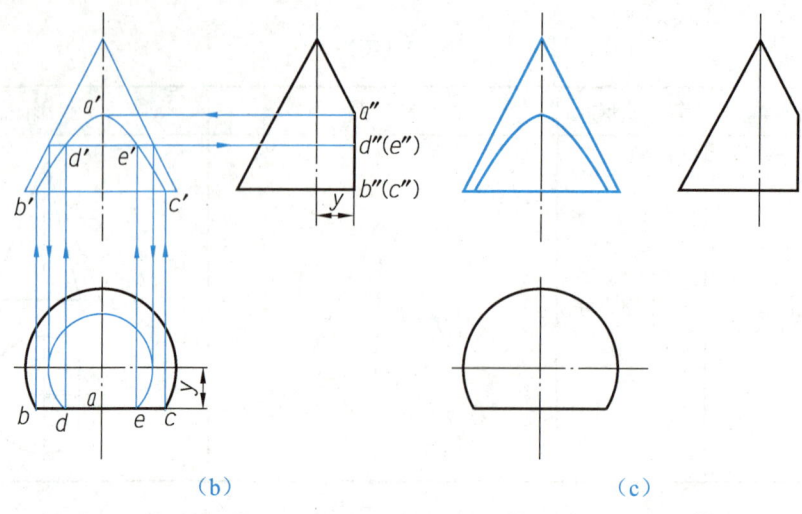

(b)　　　　　　　　　　　　　(c)

图 3-23　例 3-11 图

3. 圆球的截交线

圆球被任意方向的平面截切，其截交线都是圆。圆的大小取决于截平面与球心的距离。当截平面是投影面平行面时，截交线在该投影面上的投影为圆，在其他两个投影面上的投影都积聚为直线；当截平面是投影面垂直面时，截交线在该投影面的投影积聚为直线，在其他两个投影面上的投影均为椭圆，如图 3-24 所示。

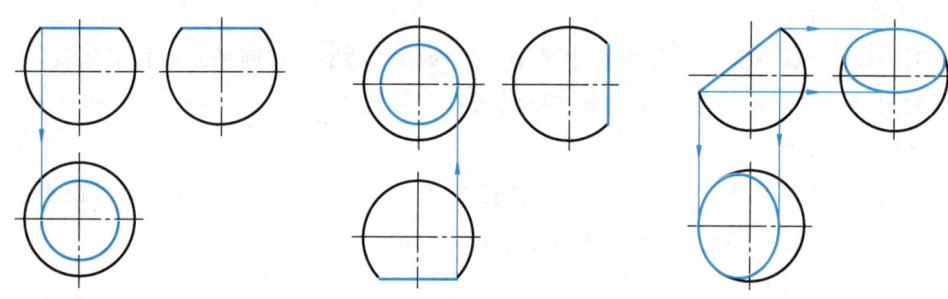

（a）截平面与水平投影面平行　　（b）截平面与正立投影面平行　　（c）截平面与正立投影面垂直

图 3-24　圆球截交线的投影

【例 3-12】如图 3-25（a）所示，已知切槽半圆球的主视图，补画其左视图和俯视图。

分析：切槽半圆球是半圆球被两个对称侧平面 P_1、P_2 和一个水平面 Q 截切而成的。切槽的两个侧平面 P_1、P_2 与半圆球表面的交线为两段等径圆弧，且平行于侧立投影面，其侧面投影反映实形，正面投影和水平投影分别积聚为直线；切槽的水平面 Q 和半圆球表面的交线为两段等径圆弧，且平行于水平投影面，其水平投影反映实形，正面投影和侧面投影分别积聚为直线。

作图步骤:

(1) 作出半圆球未截切前的左视图和俯视图,如图 3-25(b) 所示。

(2) 作切槽的投影。切槽的两个侧平面 P_1、P_2 与半圆球表面的交线在左视图中的投影为圆弧,半径为 R_1,切槽的水平面 Q 在左视图中积聚为直线(中间部分不可见,应画成虚线);切槽的两个侧平面 P_1、P_2 在俯视图中的投影积聚为两段相等且对称的直线,切槽的水平面 Q 与半圆球表面的交线在俯视图中的投影为两段半径相等且对称的圆弧,半径为 R_2,如图 3-25(c) 所示。

(3) 擦去多余图线并加深其余图线,切槽半圆球的三视图如图 3-25(d) 所示。

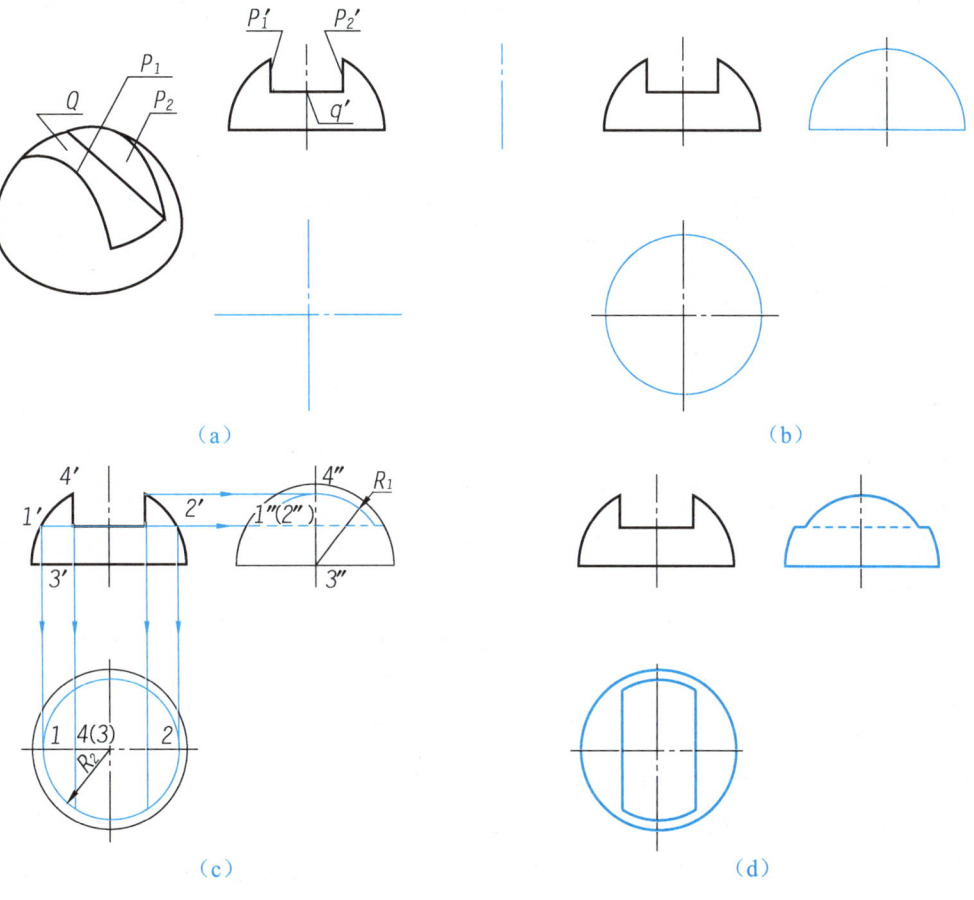

图 3-25 例 3-12 图

基本体的尺寸标注

3.3 两立体表面的相贯线

两立体相交称为相贯,其表面形成的交线称为相贯线。两立体的形状、大小及相对位置不同,相贯线形状也不同,但所有相贯线都具有以下性质。

（1）封闭性:相贯线一般是封闭的空间曲线,在特殊情况下也可能是平面曲线或直线。

（2）共有性:相贯线是两相交立体表面的共有线,相贯线上的点是两相交立体表面的共有点。

本节主要介绍常见回转体的相贯线。根据相贯线的性质,求回转体相贯线的实质,就是求两回转体表面上一系列共有点的集合。

3.3.1 相贯线的画法

求相贯线常采用表面取点法和辅助平面法。作图时,首先应根据两立体的相交情况分析相贯线的形状,然后依次求出特殊位置点和一般位置点的投影,接着判别其可见性,最后将各点用光滑曲线顺次连接。

1. 表面取点法

当相交两立体中的某一立体表面在某一投影面上的投影有积聚性时,其相贯线在该投影面上的投影一定与该立体表面的投影重合,根据这个表面的已知投影,就可用表面取点法求出相贯线在其他投影面上的投影。

【例 3-13】已知一个铅垂圆柱与一个侧垂圆柱正交后得到的立体如图 3-26（a）所示,采用表面取点法,求作该立体三视图中的相贯线。

分析：由图 3-26（a）所示的立体图可以看出,相贯线的水平投影与铅垂圆柱面的水平投影重合,侧面投影与侧垂圆柱的侧面投影重合,因此只需要作出相贯线的正面投影即可。

作图步骤：

（1）按照投影关系分别作出两圆柱的三视图,主视图中的相贯线先不作出。

（2）作特殊位置点的投影。在该立体上取特殊位置点 A、B、C、D。其中,点 A 和点 B 是两圆柱正面投影转向轮廓线的交点,其在各视图中的投影可直接作出；点 C 和点 D 是铅垂圆柱侧面投影的转向轮廓线和侧垂圆柱表面的交点,其在左视图、俯视图中的投影可直接作出,在主视图中的投影点 c'、d' 可根据点的投影规律作出,如图 3-26（b）所示。

（3）作一般位置点的投影。在铅垂圆柱的水平投影上取对称的两点 e、f,它们的侧面投影和水平投影都可根据点的投影规律作出,如图 3-26（c）所示。

图 3-26 动画

项目 3　掌握基本体的投影

（4）用光滑曲线顺次连接正面投影上各点的投影，即可得到相贯线的正面投影。

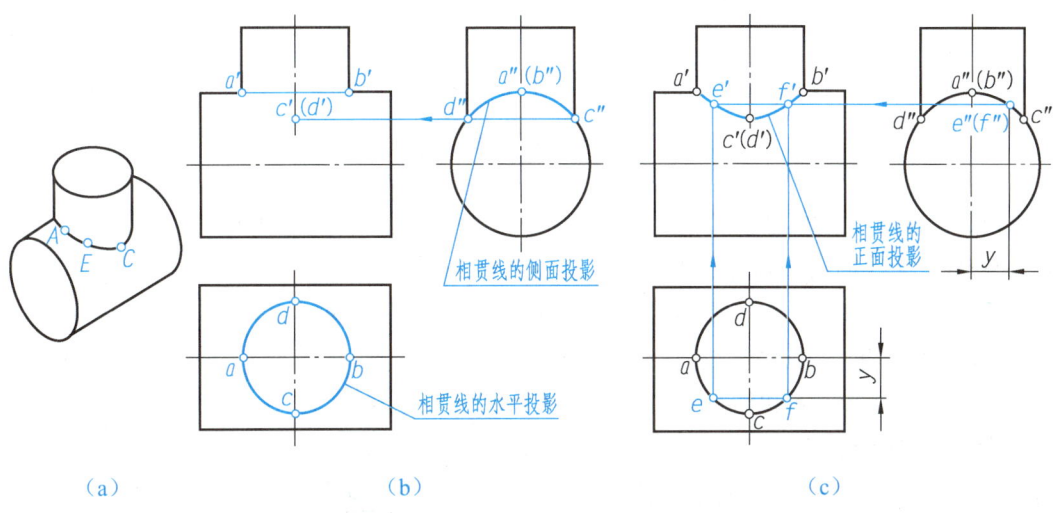

图 3-26　例 3-13 图

根据圆柱面可见性的不同，两圆柱正交的相贯形式可分为圆柱与圆柱相贯、圆柱与圆孔相贯、圆孔与圆孔相贯。其中，当圆孔与圆柱或圆孔相贯时，相贯线在物体的内部，内相贯线的投影由于不可见而画成虚线。两圆柱正交时相贯线的画法如表 3-3 所示。

表 3-3　两圆柱正交时相贯线的画法

圆柱与圆柱相贯	圆柱与圆孔相贯	圆孔与圆孔相贯

2. 辅助平面法

当单纯利用两相交立体表面投影的积聚性不易作出相贯线时，可采用辅助平面法作出相贯线。假想用一辅助平面在两回转体交线范围内截切两回转体，则辅助平面与两回转体表面都产生截交线，这两条截交线的交点既属于辅助平面，又属于两回转体表面，是三面的共有点，即相贯线上的点。

为了作图方便，选择辅助平面的原则为选择特殊位置辅助平面（一般为投影面平行面），使得截交线的投影为直线或圆。

【例 3-14】如图 3-27 所示为圆柱与圆台相贯的三视图，采用辅助平面法求作相贯线的投影。

分析： 由图 3-27 可以看出，圆台的轴线为铅垂线，圆柱的轴线为侧垂线，两轴线正交且都平行于正立投影面，因此相贯线前后对称，其正面投影重合。由于圆柱的侧面投影为圆，相贯线的侧面投影重合在该圆上，因此只需要求作相贯线的水平投影和正面投影即可。

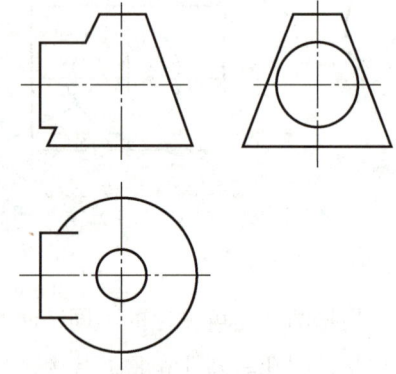

图 3-27 圆柱与圆台相贯的三视图

作图步骤：

（1）作特殊位置点的投影。如图 3-28（a）所示，点 a''、b'' 是相贯线上最高点 A 和最低点 B 的侧面投影，它们是两回转体特殊位置素线的交点，因此可直接作出其水平投影点 a、b 和正面投影点 a'、b'；点 c''、d'' 是相贯线上最前点 C 和最后点 D 的侧面投影，过圆柱轴线作水平面 P 为辅助平面，由此可作出平面 P 与圆台表面截交圆的水平投影，该圆与圆柱面水平投影的外形轮廓线交于 c、d 两点，根据投影关系可作出点 $c'(d')$。

（2）作一般位置点的投影。如图 3-28（b）所示，作水平面 Q 为辅助平面，分别在主视图和左视图中作出其投影 q' 和 q''，投影 q'' 与圆柱侧面交于点 e''、f''；由主视图中投影 q' 与圆台表面的交点，可作出俯视图中辅助平面 Q 与圆台截交线的水平投影圆，根据投影规律，可作出点 e、f 及点 $e'(f')$。采用同样的方法作另外一个水平面 R 为辅助平面，分别作出其投影 r' 和 r''，然后作出该平面上一般位置点 G 和点 H 在各投影面上的投影。

（3）用光滑曲线依次连接各点。在主视图中，由于相贯线前后对称且重合，因此只需要用实线画出可见的前半部分曲线。在俯视图中，以点 c、d 为分界，上半圆柱面上相贯线的投影可见，故将曲线 $ceafd$ 画成实线；下半圆柱面上相贯线的投影不可见，故将曲线 $cgbhd$ 画成虚线，如图 3-28（c）所示。

（4）检查图形并擦去多余图线，然后加深其余图线，结果如图 3-28（d）所示。

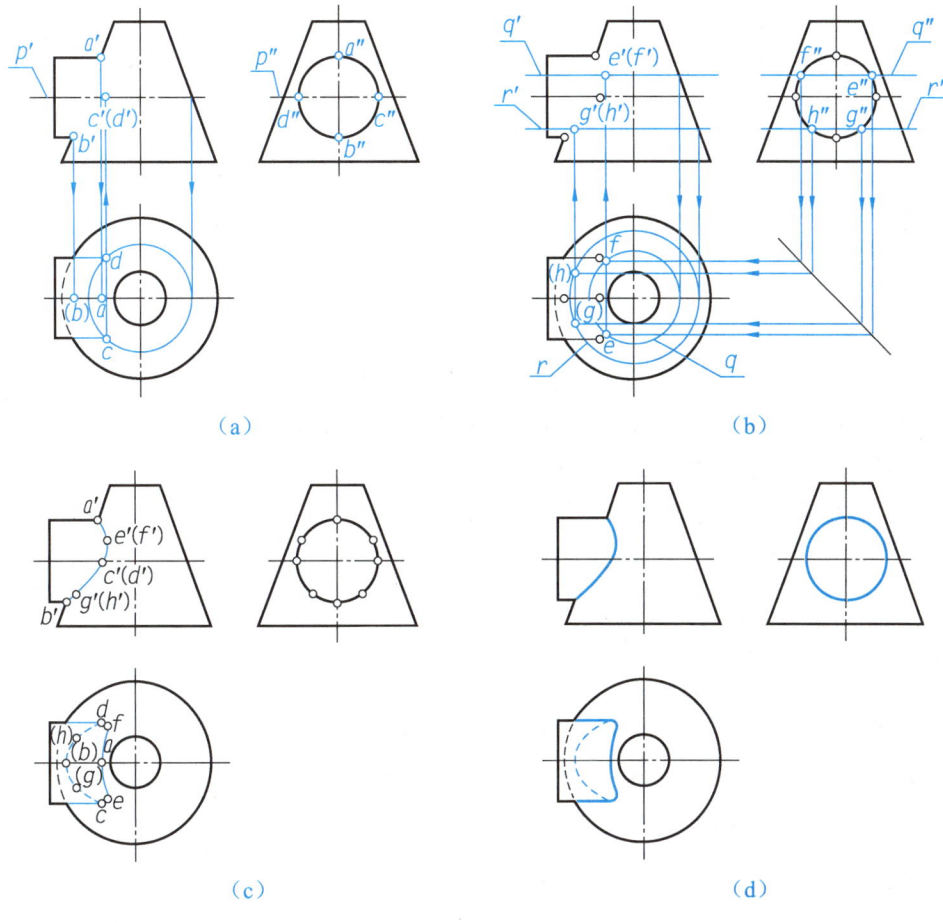

图 3-28　例 3-14 图

3.3.2　相贯线的简化画法

为了简化作图，国家标准规定，允许采用简化画法作出相贯线的投影，即以圆弧代替非圆曲线（相贯线）。

对于相交的两个不等径圆柱，当它们的轴线垂直相交，且轴线均平行于正立投影面时，其相贯线的正面投影以大圆柱的半径为半径作圆弧即可，具体作图步骤如下。

（1）判断相贯线的弯曲方向，相贯线应向着大圆柱的轴线方向弯曲。

（2）量取大圆柱的半径 R，如图 3-29（a）所示。

（3）分别以点 1 和点 2 为圆心、R 为半径作圆弧并相交于点 O，如图 3-29（b）所示。

（4）以点 O 为圆心、R 为半径作圆弧，该圆弧即两正交圆柱的相贯线，如图 3-29（c）所示。

图 3-29 动画

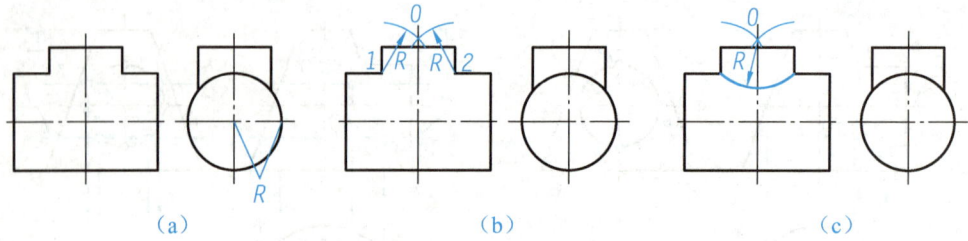

图 3-29　两正交圆柱相贯线的简化画法

> **注 意**
>
> 在相贯线的简化画法中，需要注意以下事项。
> （1）用圆弧代替相贯线要量取大圆柱的半径。
> （2）相贯线向着大圆柱的轴线方向弯曲。
> （3）相贯线的圆心在小圆柱的轴线上。

3.3.3　相贯线的变化趋势

当正交两圆柱的直径大小发生变化时，其相贯线的形状和弯曲方向也会发生变化，如图 3-30 所示。当直径不相等的两个圆柱正交时，相贯线为曲线，其在非积聚性投影中的弯曲方向总是向着大圆柱的轴线；当直径相等的两个圆柱正交时，相贯线为椭圆，其在非积聚性投影中为 45°斜线。

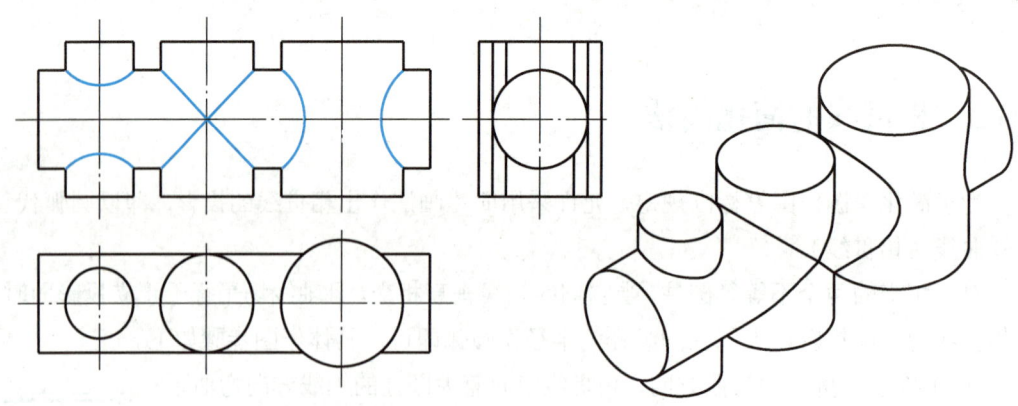

图 3-30　相贯线的形状和弯曲方向

3.3.4　相贯线的特殊情况

一般情况下，相贯线为封闭的空间曲线，但在特殊情况下，也可能是平面曲线（圆或椭圆）或直线。

1. 相贯线为平面曲线

1）两回转体同轴时的相贯线

当两回转体具有公共轴线时，其相贯线为垂直于轴线的圆。相贯线在与轴线平行的投影面上的投影为垂直于轴线的直线，在与轴线垂直的投影面上的投影为反映实形的圆，如图 3-31 所示。

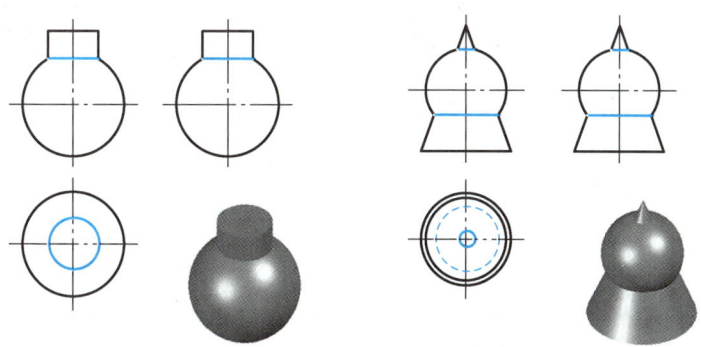

（a）圆柱与圆球同轴相交　　　　（b）圆锥与圆球同轴相交

图 3-31　两回转体同轴时的相贯线

2）两回转体正交时的相贯线

当两等径圆柱（或圆柱与圆锥）正交时，其相贯线为椭圆，该相贯线在两相交轴线所平行的投影面上的投影积聚为直线，在其他投影面上的投影为类似形（圆或椭圆），如图 3-32 所示。

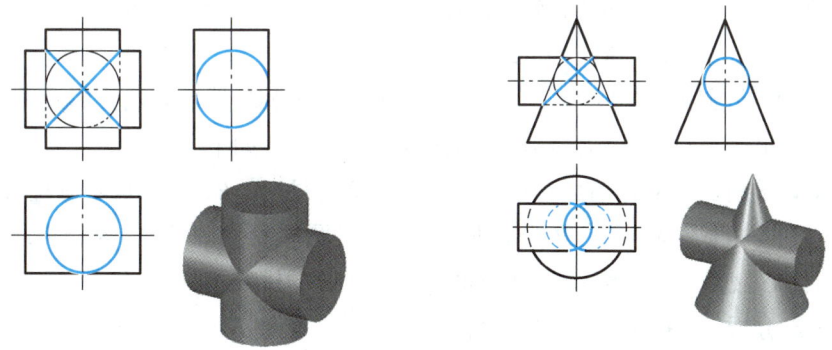

（a）两等径圆柱正交　　　　（b）圆柱与圆锥正交

图 3-32　两回转体正交时的相贯线

2. 相贯线为直线

当两相交圆柱的轴线平行时，相贯线为直线，如图 3-33（a）所示。当两圆锥共顶时，相贯线也是直线，如图 3-33（b）所示。

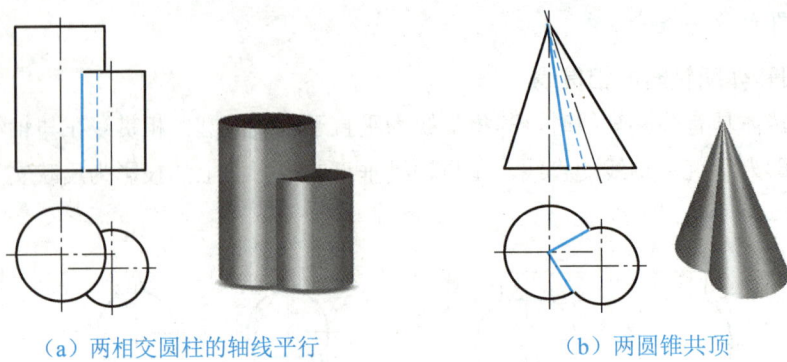

(a) 两相交圆柱的轴线平行　　　　　　(b) 两圆锥共顶

图 3-33　相贯线为直线

3.4　综合相交

一些由多个基本几何体构成的立体，其表面交线比较复杂，既有相贯线又有截交线，形成综合相交。画图时，必须注意分析形体，找出存在交线的各个表面，运用截交线和相贯线的基本作图方法，逐个作出各交线的投影。

【例 3-15】补画如图 3-34（a）所示立体中截交线和相贯线的正面投影及侧面投影。

分析： 如图 3-34（a）所示，形体分析和投影分析过程如下。

（1）形体分析。该立体前后对称，由 3 个空心圆柱 A、B、C 构成；圆柱 A、B 同轴相贯，圆柱 C 的轴线与圆柱 A、B 的轴线正交，并且圆柱 C 和圆柱 A、B 相贯；圆柱 B 的端面 P 与圆柱 C 截交；竖直圆柱孔 D 与水平圆柱孔 E 的轴线相交。

（2）投影分析。圆柱 A、C 的相贯线是空间曲线；圆柱 B、C 的相贯线也是空间曲线；圆柱 B 的端面 P 与圆柱 C 之间的截交线是两直线。由于圆柱 C 的水平投影有积聚性，因此，这些交线的水平投影都是已知的。圆柱孔 D 与圆柱孔 E 的直径相同，轴线相交，交线为两个不完整的椭圆曲线，由于圆柱孔 D 的水平投影和圆柱孔 E 的侧面投影都有积聚性，因此，此交线的水平投影和侧面投影都是已知的。

作图步骤：

（1）作端面 P 和圆柱 C 之间的截交线。如图 3-34（b）所示，端面 P 和圆柱 C 之间的截交线 Ⅰ Ⅱ 和 Ⅲ Ⅳ 是两条垂直于水平投影面的直线，由它们的水平投影点 1(2)、3(4) 可作出侧面投影点(1″)、(2″)、(3″)、(4″)和正面投影点1′(3′)、2′(4′)。

（2）作圆柱 A、C 和 B、C 间的相贯线，其中，点Ⅰ、Ⅱ、Ⅲ、Ⅳ既是它们相贯线上的点，也是端面 P 和圆柱 C 之间截交线上的点，上一步骤中已作出。如图 3-34（c）所示，根据圆柱 C 水平投影的积聚性，可直接作出圆柱 A、C 和 B、C 间相贯线的水平投影点 6、7、8、5，再根据圆柱 A、B 侧面投影的积聚性，可直接作出圆柱 A、C 和 B、C 间相贯线的侧面投影点 6″、7″、8″、(5″)，最后再作出它们的正面投影点 6′(8′)、7′、5′。

（3）作出内表面之间的相贯线。从以上分析可知内表面之间的截交线为两个不完整的椭圆曲线，其水平投影和侧面投影都是已知的，其正面投影为两直线，可直接作出，如图 3-34（d）所示。

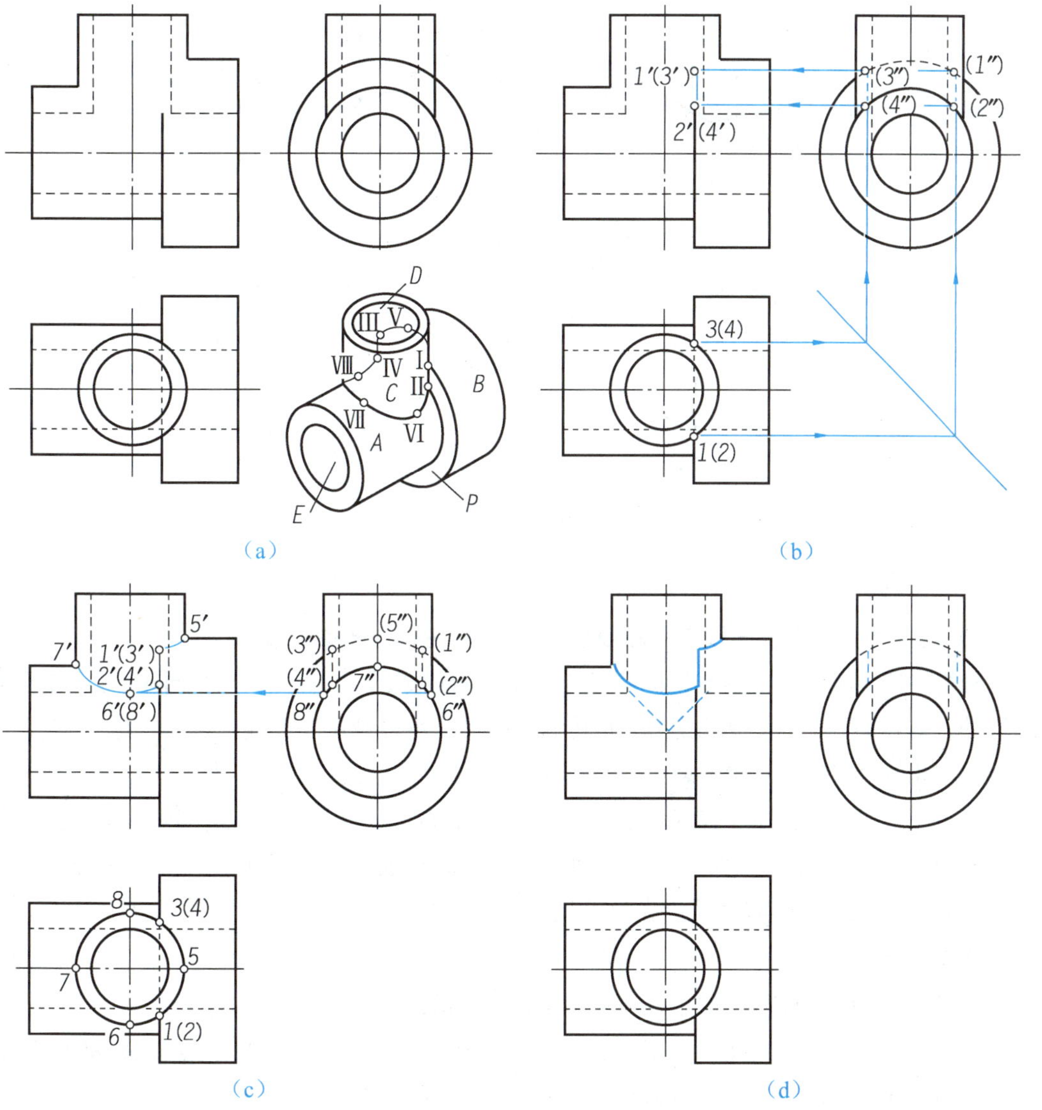

图 3-34　例 3-15 图

项目实施 绘制顶尖的三视图

1. 实例介绍

如图 3-35 所示为顶尖，点 M、点 N 在顶尖的表面上，请绘制顶尖的俯视图和左视图及点 M、点 N 在各视图中的投影；当顶尖被如图 3-36 所示的平面 P、Q 截切时，请绘制截交线在三视图中的投影。

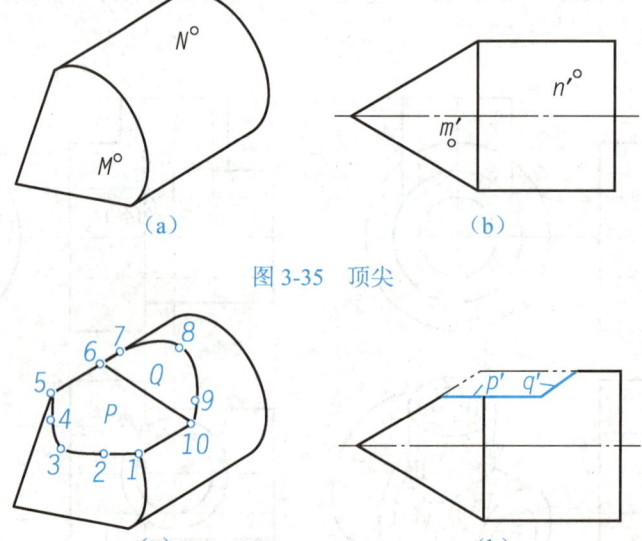

图 3-35 顶尖

图 3-36 截切后的顶尖

2. 实施步骤

1) 绘制顶尖的俯视图和左视图及点 M、点 N 在各视图中的投影

分析： 顶尖可看作是由同轴的圆柱与圆锥组合而成的。已知点 M 位于圆锥上，由于圆锥面的投影没有积聚性，因此点 M 的其他两面投影可以利用辅助线法求出；因为点 M 的正面投影点 m' 可见且位于轴线下方，所以点 M 位于前半圆锥面的下部，其水平投影不可见，侧面投影可见。已知点 N 位于圆柱上，则点 N 的其他两面投影可借助圆柱面投影的积聚性求出，因为点 N 的正面投影点 n' 可见且位于轴线的上方，因此点 N 位于前半个圆柱面的上部，其水平投影和侧面投影都可见。

作图步骤：

（1）根据投影规律作出顶尖的俯视图和左视图，如图 3-37（a）所示。

（2）过点 m' 作 $s'a'$，再由 $s'a'$ 作出 $s''a''$，然后由点 m' 作出点 m''，最后由点 m' 和点 m'' 作出点 m，点 m 为不可见点，所以标记为 (m)，如图 3-37（b）所示。

（3）由点 n′ 作出点 n″，然后由点 n′ 和点 n″ 可作出点 n，如图 3-37（c）所示。

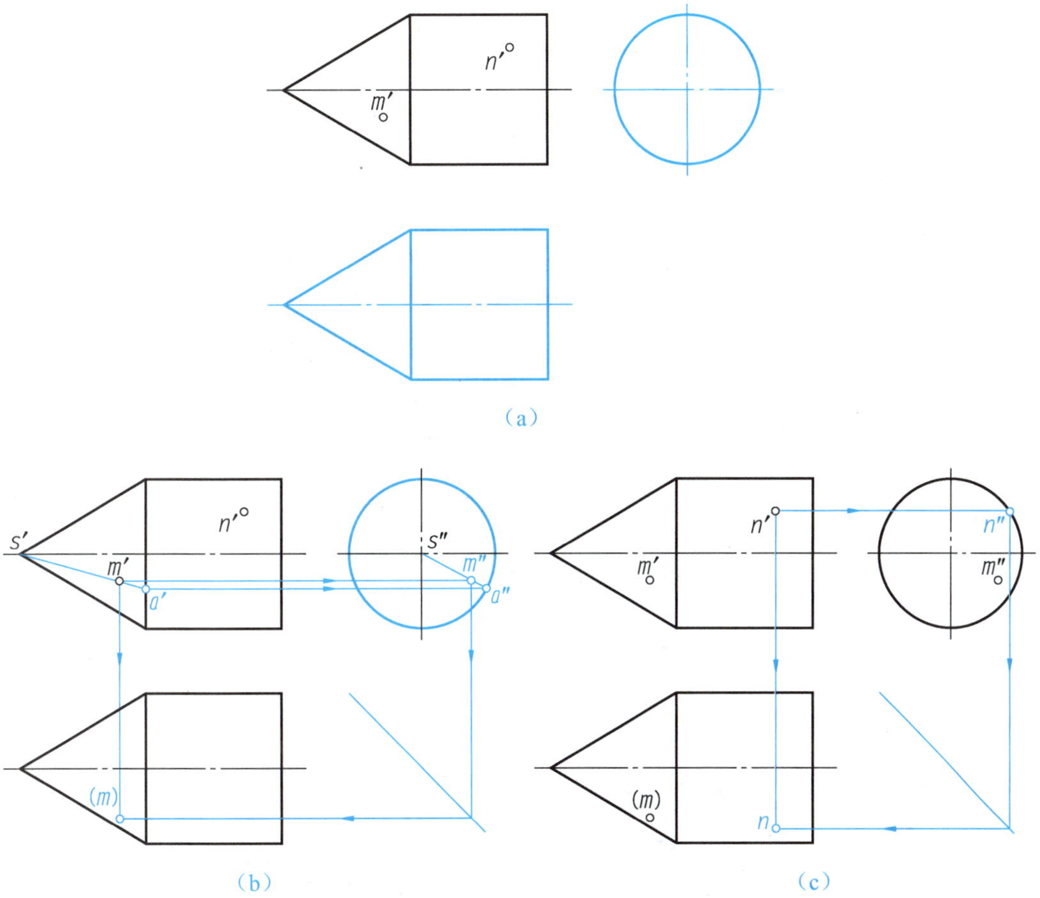

图 3-37　绘制顶尖的俯视图和左视图及点 M、点 N 在各视图中的投影

2）绘制截交线在三视图中的投影

分析：顶尖被两个相交的截平面 P 和 Q 切去一部分后，其表面出现三组截交线和一条截平面 P 与 Q 的交线。由于截平面 P 平行于轴线，故它与圆锥的截交线为双曲线，与圆柱的交线为两条平行直线。由于截平面 Q 与圆柱斜交，故它与圆柱的截交线为一段椭圆弧。三组截交线的侧面投影分别积聚在截平面 P 和圆柱面的投影上，正面投影分别积聚在截平面 P、Q 的投影（直线）上，因此，只需要求作三组截交线的水平投影即可。

作图步骤：

（1）求作特殊位置点。如图 3-38（a）所示，定出截平面与立体表面共有点的正面投影点 3′、1′(5′)、10′(6′)、8′。由点 3′ 可直接作出双曲线最左点的水平投影点 3；由点 1′(5′) 可先作出点 1″、5″，然后再根据已知的两面投影作出点 1、5；由点 10′(6′) 可先作出点 10″、6″，然后再根据已知的两面投影作出点 10、6；由点 8′ 可直接作出点 8、8″。

（2）补充一般位置点。如图3-38（b）所示，在侧面投影上作辅助圆可求得点2'(4')的侧面投影点2″、4″，再根据已知的两面投影作出点2、4；由点9'(7')可作出点9″、7″，再根据已知的两面投影作出点9、7。

（3）将各点的同名投影依次光滑连接并补画虚线，最后擦去多余图线并加深其余图线，结果如图3-38（c）所示。

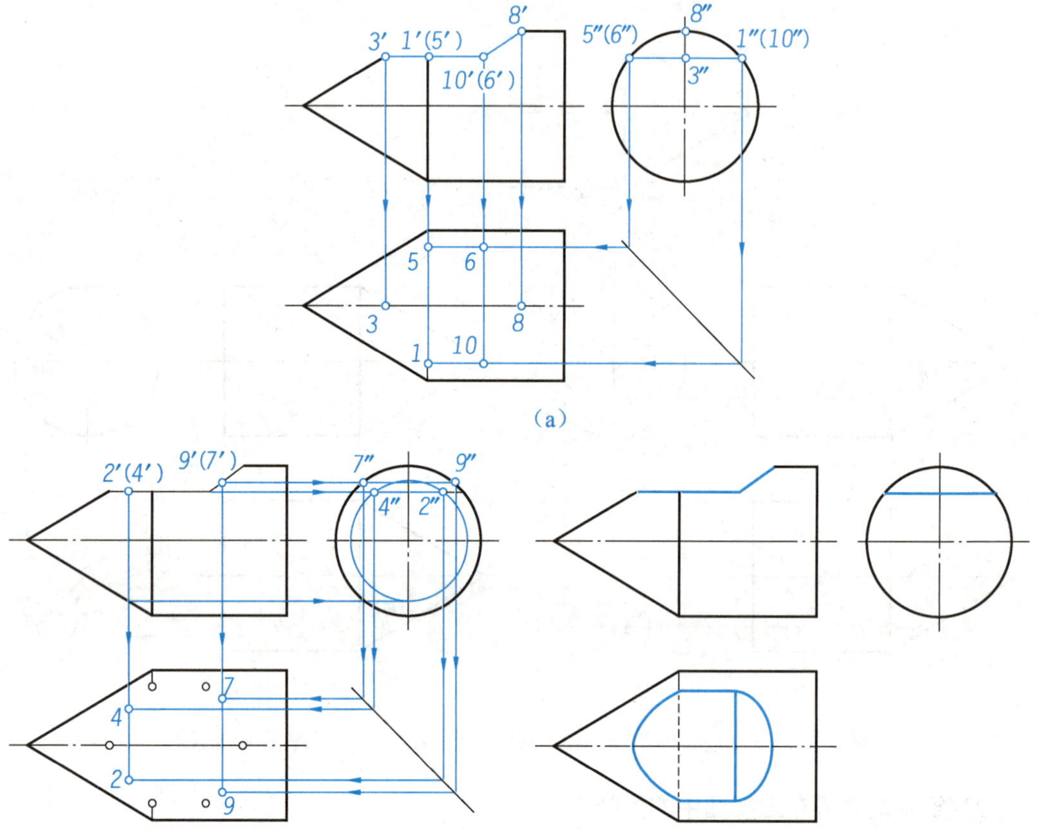

图3-38 绘制截交线在三视图中的投影

匠心筑梦

从业多年，王钦峰认真钻研，勇于创新，干一行、爱一行、钻一行、精一行，成为了企业发展、产业升级主战场上的"排头兵"。

王钦峰刚进入职场时，为了尽快提升技术水平，他主动利用业余时间跟着师傅学习各类技术。在不到一年时间里，他就成为了公司里的"多面手"。随着公司业务的拓展和客户对加工工艺要求的不断提高，受限于自身理论知识的欠缺，王钦峰很难看懂标注复杂的工艺图纸，为此，他买来《机械制造工艺学》《机械制图》等专业书籍

项目 3　掌握基本体的投影

认真研读，并利用业余时间自学机械专业专科课程。仅仅 3 年多的时间，王钦峰就自学了几十本专业理论书籍，写出 6 万多字的学习笔记。

凭着这股不断钻研的冲劲，多年来，他相继完成 40 多项工艺革新，设计 20 多种专用设备和量具，获得 33 项国家专利，先后获得全国五一劳动奖章、全国劳动模范等荣誉。

（资料来源：匡雪、张明文，《王钦峰：创新无止境》，检察日报，2023 年 7 月 17 日）

项目评价

指导教师根据学生的实际学习情况进行评价，学生配合指导教师共同完成如表 3-4 所示的学习成果评价表。

表 3-4　学习成果评价表

班级		学号		
姓名		指导教师		
项目名称	掌握基本体的投影			
日期				
评价项目	评价内容	评价方式	满分/分	评分/分
知识（40%）	熟悉基本体的形体及其投影	理论测试	10	
	熟悉基本体的截交线的画法		10	
	熟悉两立体表面相贯线的画法		10	
	掌握综合相交的分析方法和作图方法		10	
技能（40%）	正确绘制基本体的三视图	实践检验	20	
	正确绘制截交线和相贯线		20	
素养（20%）	积极参加教学活动，遵守课堂纪律	综合评价	5	
	主动学习，团结协作		5	
	认真负责，按时完成课堂任务		5	
	守正创新，知行合一		5	
合计			100	
自我评价				
指导教师评价				

95

项目 4

掌握组合体及轴测图的画法

📖 项目导读

任何机械零件，从形体角度来分析，都可以看成是由一些基本体经过叠加或切割等方式组合而成的。这种由两个或两个以上的基本体通过叠加或切割组合而成的形体称为组合体。用正投影法绘制的组合体的三视图能够确切表达组合体的形状和尺寸，但缺乏立体感，必须具有一定读图基础才能看懂。为此，制图中常用轴测图作为辅助图样，来直观表达物体的空间形状。本项目以组合体为基础，重点讲解组合体的组合形式、三视图画法、尺寸标注和识读方法，最后介绍轴测图的画法。

🎯 项目目标

知识目标

- ◇ 了解组合体的形体分析。
- ◇ 掌握形体分析法和线面分析法。
- ◇ 掌握组合体三视图的画法及尺寸标注，能够合理选择尺寸基准。
- ◇ 掌握组合体三视图的识读方法。
- ◇ 掌握正等轴测图与斜二等轴测图的画法。

技能目标

- ◇ 能够正确补画组合体所缺视图或视图中漏画的图线。
- ◇ 能够熟练绘制简单空间立体的正等轴测图和斜二等轴测图。

素质目标

- ◇ 培养自主分析问题、解决问题的能力。
- ◇ 培养空间想象能力和抽象思维能力。
- ◇ 养成科学严谨的作图习惯。

班级＿＿＿＿＿＿　　姓名＿＿＿＿＿＿　　学号＿＿＿＿＿＿

项目工单　绘制组合体的三视图

【项目描述】

根据组合体三视图的基础知识，分析并绘制其三视图，同时进行尺寸标注。

如图 4-1 所示为组合体的立体图与左视图，请根据本项目内容，补全该组合体的三视图并进行尺寸标注。

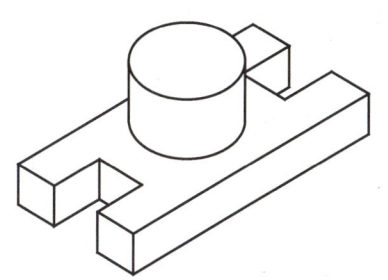 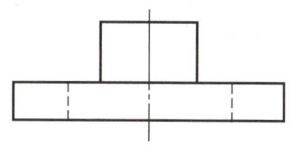

图 4-1　组合体的立体图与左视图

【寻找队友】

学生以 3~5 人为一组，各小组选出组长，组长组织组员分工合作，共同学习。

【获取信息】

在绘制组合体的三视图之前，需要熟悉组合体三视图的绘制和识读方法，了解轴测图的形成过程与绘制方法。请各小组组长组织组员查阅并学习相关资料，回答下列问题。

引导问题 1：组合体的组合形式可分为＿＿＿＿＿＿、＿＿＿＿＿＿和＿＿＿＿＿＿3 种。

引导问题 2：绘制组合体的三视图之前，应先利用＿＿＿＿＿＿确定该组合体的组合形式，以及各基本体间的＿＿＿＿＿＿、＿＿＿＿＿＿等。

引导问题 3：绘制切割式组合体的三视图时以＿＿＿＿＿＿为主，但需要辅以＿＿＿＿＿＿。

引导问题 4：三视图只能表达物体的＿＿＿＿＿＿，要表达它的真实大小，还需要在各视图上标出对应尺寸，所标注的尺寸应＿＿＿＿＿＿、＿＿＿＿＿＿、＿＿＿＿＿＿、＿＿＿＿＿＿。

引导问题 5：机械图样的绘制是将空间组合体用＿＿＿＿＿＿表达在平面图纸上，机械图样的识读则是根据给定的视图，通过＿＿＿＿＿＿想象出组合体的空间形状。

引导问题 6：识读组合体的关键是要抓住其＿＿＿＿＿＿。＿＿＿＿＿＿通常能较多地反映组合体各部分的形体特征，所以读图时一般从＿＿＿＿＿＿读起。

引导问题 7：用＿＿＿＿＿＿将空间立体连同确定其位置的空间直角坐标系一起，沿着不平行于任一坐标平面的方向，投射在单一投影面上所得到的具有立体感的图形，称为＿＿＿＿＿＿，简称＿＿＿＿＿＿。

班级_____   姓名_____   学号_____

引导问题 8：根据投射方向与轴测投影面是否垂直，轴测图可分为_____和_____两类。在机械图样中应用较为广泛的是_____和_____。

引导问题 9：实际绘制正等轴测图时，为使作图方便，通常采用简化的轴向伸缩系数，即_____。

【制订方案】

各小组通过了解组合体的相关知识，进行工作规划，并针对工作规划展开讨论，制订实施方案。指导教师对各小组的实施方案进行指导和评价。各小组根据指导教师的评价对实施方案进行调整，确定最终实施方案。

【学以致用】

各小组根据最终实施方案，在图 4-2 中补全组合体的三视图并进行尺寸标注。

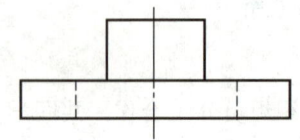

图 4-2　补全组合体的三视图并进行尺寸标注

4.1 组合体的形体分析

组合体是由机械零件抽象而成的几何模型。在进行组合体的形体分析时，要先将组合体分解成若干个基本体，再分析各基本体的组合形式和表面连接关系等，从而对组合体形成完整的认识。

4.1.1 组合体的组合形式

组合体的组合形式可分为叠加式、切割式、综合式 3 种。其中，叠加式组合体可看成是由若干个基本体叠加形成的；切割式组合体可看成是在一个基本体上切割掉某些部分而形成的；综合式组合体是由若干基本体叠加并进行切割而形成的，如图 4-3 所示。

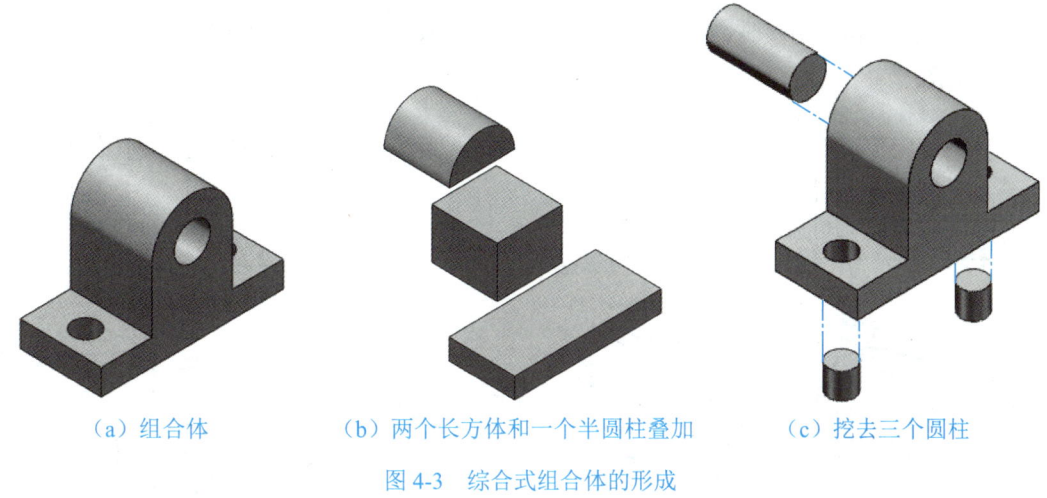

（a）组合体　　　（b）两个长方体和一个半圆柱叠加　　　（c）挖去三个圆柱

图 4-3　综合式组合体的形成

4.1.2 组合体的表面连接关系

经过叠加或切割后，组合体中的邻接表面可能产生平齐、不平齐、相切和相交等表面连接关系。

1. 两邻接表面平齐

当两基本体叠加时，若同一方向上的表面处在同一个平面上，则称这两个表面平齐（又称共面），此时，两平齐面之间不画分界线，如图 4-4 所示。

2. 两邻接表面不平齐

当两基本体叠加时，若同一方向上的表面处在不同的平面上，则称该表面不平齐（又称相错），此时，两不平齐面之间要画分界线，如图 4-5 所示。

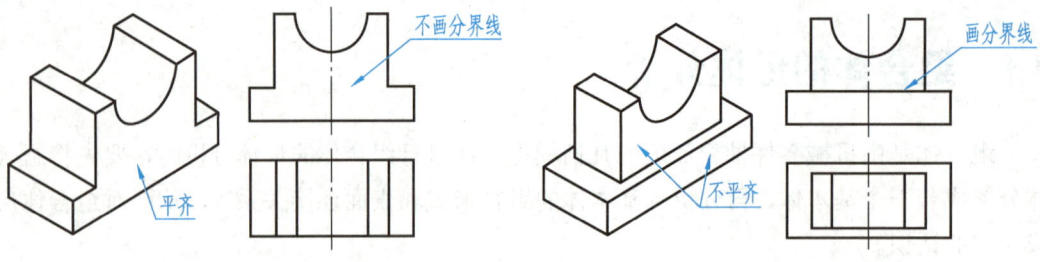

图 4-4　两邻接表面平齐　　　　　图 4-5　两邻接表面不平齐

3. 两邻接表面相切

当两基本体表面相切时，两邻接表面形成光滑过渡，其结合处不存在分界线，因此，投影图上一般不画分界线，如图 4-6 所示。

4. 两邻接表面相交

当两基本体表面相交时，两邻接表面结合处产生交线，该交线应在投影图中画出，如图 4-7 所示。

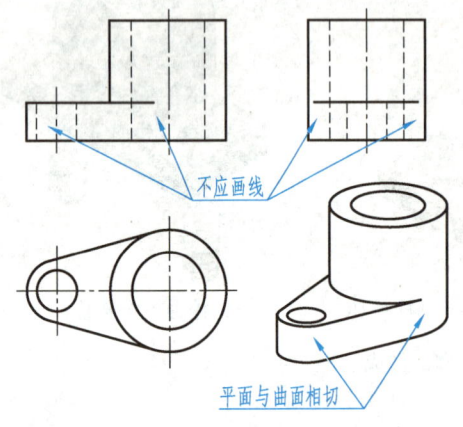 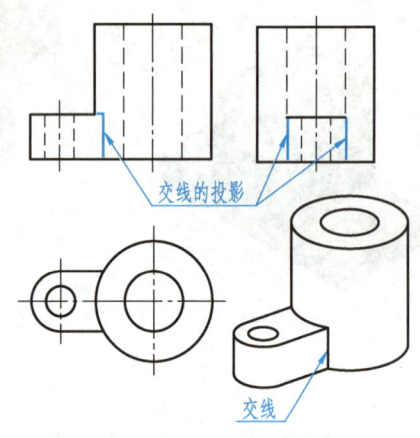

图 4-6　两邻接表面相切　　　　　图 4-7　两邻接表面相交

4.1.3　形体分析法

在绘制和识读组合体视图和标注尺寸时，经常采用形体分析法。形体分析法是一种"先分解、后综合"的方法，该方法通常把一个复杂的问题分解为几个简单的问题来处理，它是正确绘制和识读组合体视图及标注尺寸最基本、最有效的方法。

形体分析法的实施步骤如下。

（1）假想将组合体分解成若干个组成部分（基本体）。

（2）分析各组成部分（基本体）的形体特征、相对位置、组合形式及表面连接关系。

（3）综合归纳，从而对组合体有全方位的认识。

如图 4-8（a）所示为支座的立体图，可将其看成由底板、肋板、大圆筒和小圆筒 4 部分组成。其中，底板上有 4 个圆柱孔，左边有圆角；肋板为扁平的三棱柱；两个圆筒均为在圆柱上挖去小圆柱形成的。从该立体图中可以较清楚地看出各基本体的形体特征和相对位置。

如图 4-8（b）所示为支座的三视图，从中可以更清晰地看出各基本体的组合形式和表面连接关系。底板与大圆筒的底面平齐，底板的前、后面与大圆筒相切，不画分界线；小圆筒与大圆筒的外表面相贯，且这两个圆筒中间的通孔也相贯，需要画相贯线；肋板位于底板之上，并与大圆筒的表面相交，需要画交线。

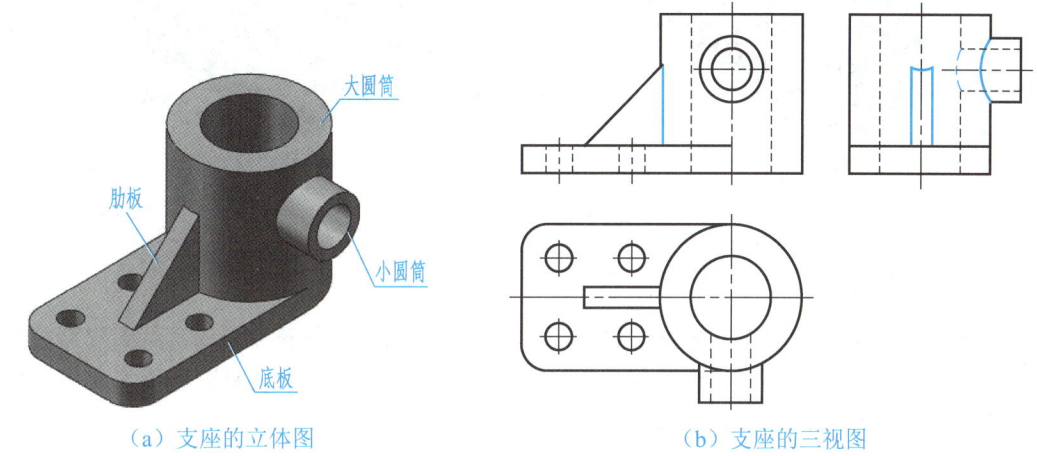

（a）支座的立体图　　　　　　　　（b）支座的三视图

图 4-8　支座的形体分析

4.2　组合体三视图的画法

两个或两个以上基本体通过叠加或切割可以形成组合体，反之，组合体也可以分解为若干个基本体，所以在绘制组合体的三视图之前，应先利用形体分析法确定该组合体的组合形式，以及各基本体间的相对位置、表面连接关系等，然后按照组合体的形成过程逐一画出各基本体的三视图。

绘制组合体的三视图时，需要遵循以下两个画图顺序。

（1）组成组合体的各基本体的绘制顺序：一般按组合体的形成过程先绘制基础形体的三视图，再逐个绘制其他叠加体或切割体的三视图。

（2）同一形体三个视图的绘制顺序：一般先绘制形体特征最明显的视图，或有积聚性的视图，然后再绘制其他两个视图。

4.2.1　叠加式组合体三视图的画法

绘制叠加式组合体的三视图常用形体分析法，即首先对物体进行形体分析，假想将物体分解为几个组成部分（基本体），弄清楚各部分的形体特征、相对位置、表面连接关系，逐个画出各部分的投影，最后进行综合整理得到组合体视图。

下面以如图 4-9 所示的轴承座为例，讲解叠加式组合体三视图的绘制方法和步骤。

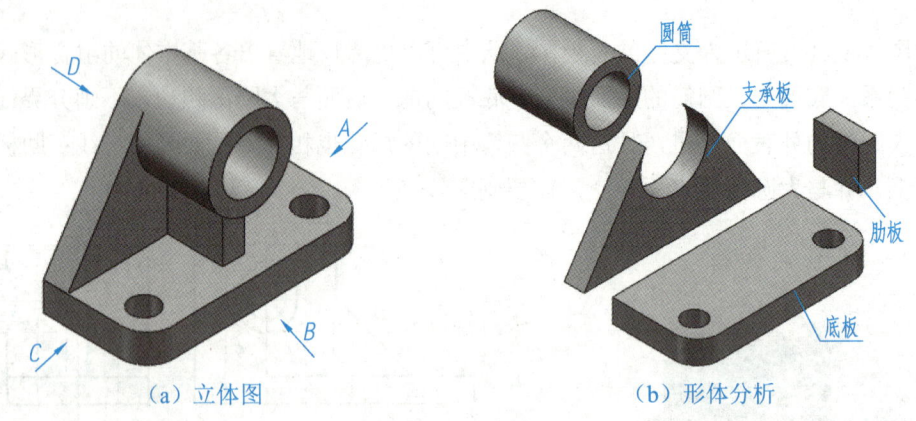

(a) 立体图　　　　　　　　　　　　　(b) 形体分析

图 4-9　轴承座

1. 形体分析

如图 4-9 所示的轴承座由底板、圆筒、支承板和肋板 4 部分叠加而成。其中，支承板的左、右侧面与圆筒的外圆柱面相切，肋板在底板上且与圆筒的外圆柱面相交，底板的后端面与支承板、圆筒的后端面平齐，底板上有两个圆柱通孔。

2. 视图选择

为了清晰、完整地表达组合体的形体特征，应合理选择组合体的视图。选择组合体的视图时，应先将组合体放平、摆正，使其主要表面或主要轴线平行或垂直于投影面，然后选择能较好地反映组合体形体特征和各组成部分相对位置的方向作为主视图的投射方向，同时还需要兼顾另外两个视图的可见性，使得视图整体上表达清晰且识读方便。

将如图 4-9 所示的轴承座放平、摆正后，可分别从 A、B、C、D 四个方向进行投射，其投影图如图 4-10 所示。由于 A、B 或 C 方向的投影能更清楚地反映轴承座的实形，且虚线数量较少，因此图 4-10（a）、图 4-10（b）和图 4-10（c）都可作为主视图，现选择图 4-10（b）作为主视图。

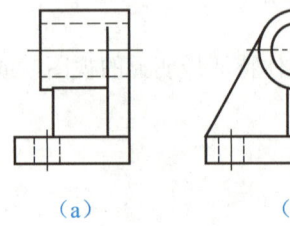　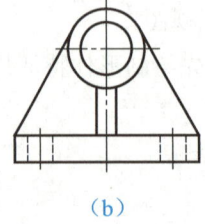　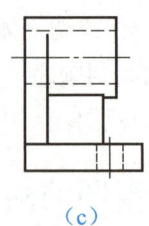　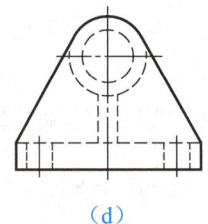

(a)　　　　　　(b)　　　　　　(c)　　　　　　(d)

图 4-10　轴承座四个方向的投影

3. 选比例、定图幅

视图确定后，应根据组合体的大小和复杂程度，选择国家标准规定的作图比例和图幅尺寸。一般情况下，尽可能选用 1∶1 的作图比例。确定图幅尺寸时，除了考虑绘图面积外，还要预留标注尺寸和绘制标题栏的空间。

4. 布置视图并绘制底稿

布置组合体的视图时，应根据各个视图的最大轮廓尺寸合理选择各视图在图纸上的位置，并在各视图间留出标注尺寸所需要的空间。视图位置确定后，可先在图纸上画出确定各视图位置的主要基准线，然后再用 H 或 2H 铅笔绘制底稿。组合体底面的积聚直线、大端面的积聚直线、对称图形的中心线及回转体的轴线等可作为三视图的主要基准线。

如图 4-11 所示，绘制轴承座的三视图时，可先在图纸的合适位置画出轴承座的左右对称中心线、底板，以确定基准线及各视图的位置，再根据各基本体的形体特征及相对位置，逐一画出其三视图。

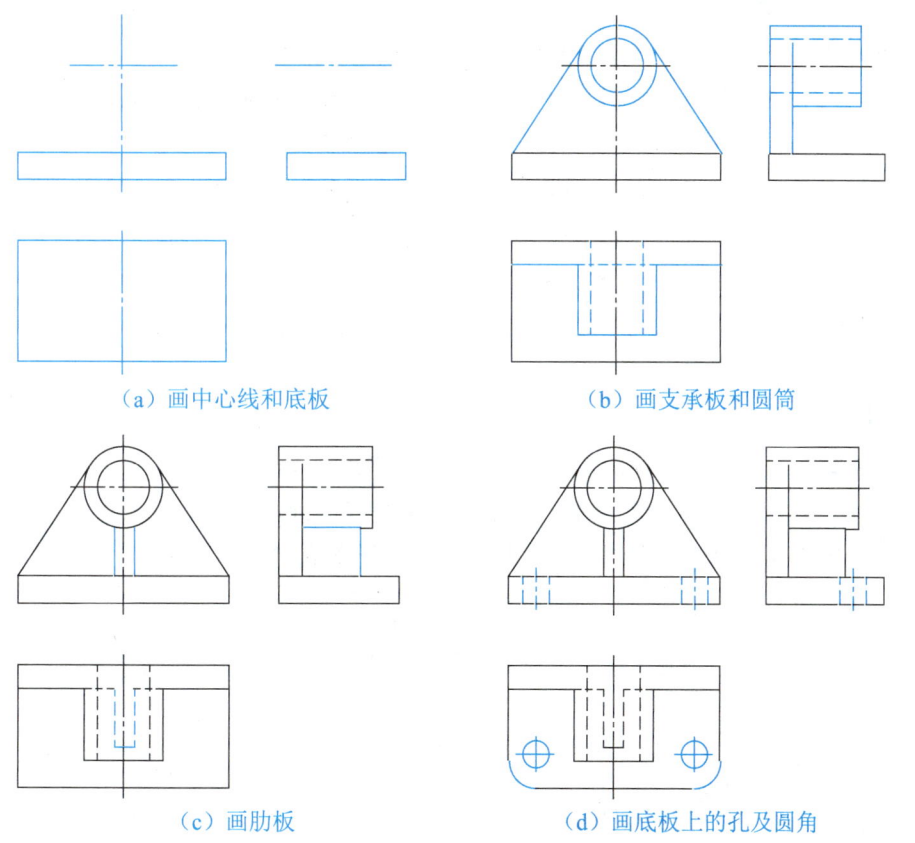

（a）画中心线和底板　　　　（b）画支承板和圆筒

（c）画肋板　　　　（d）画底板上的孔及圆角

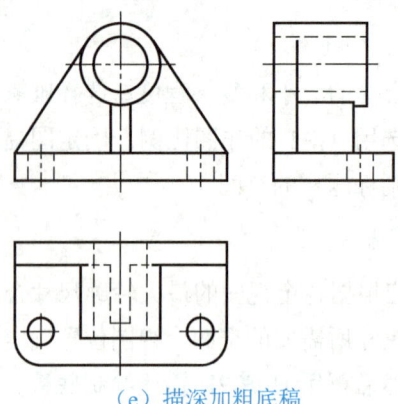

图 4-11 动画

(e) 描深加粗底稿

图 4-11 轴承座三视图的画法

> **注 意**
>
> 绘制底稿时需要注意以下几点。
> (1) 合理布局，画出三视图的基准线。
> (2) 一般应从最能反映形体特征的视图入手，先画主要部分，后画次要部分；先画可见部分，后画不可见部分；先画圆或圆弧，后画直线。
> (3) 正确确定组合体各组成部分的相对位置，画三个视图时应按照"三等"规律配合绘制，以免出现漏画和错画等情况。切记不要先把一个视图画完后再画另一个视图，否则不仅会降低绘图速度，还容易出错。
> (4) 所画图线颜色越浅越好，以能看清楚为宜，以便检查时修改。

5．检查、修改底稿

底稿绘制完成后，应对各基本体逐个进行仔细检查，即核对各组成部分的相对位置、投影关系是否正确，重点检查两基本体结合处是否多画或漏画图线及图线的虚实是否正确，确认正确无误后擦去多余的线条，并保持图面干净整洁。

6．描深加粗底稿

一般以先细后粗、先曲后直、先水平后垂直再斜线、从上至下、从左至右的顺序描深加粗底稿。

7．检查校对

全面检查、校对，填写标题栏。

4.2.2 切割式组合体三视图的画法

绘制切割式组合体的三视图时仍以形体分析法为主，但需要辅以线面分析法。线面分析法主要是针对切割部分利用直线、平面的投影特性作出其投影。切割式组合体三视图的画法如下。

（1）分析未切割基本体的形体特征，并利用线面分析法逐个分析各切割部分的形体特征及它们的相对位置。

（2）绘制切割式组合体的三视图，通常先绘制出未切割基础形体的三视图，再在该视图的基础上利用线面分析法逐个画出各切割部分的投影。

（3）进行综合整理和检查，得到切割式组合体三视图的完整图样。

下面以如图 4-12（a）所示的切割式组合体为例，介绍切割式组合体三视图的画法。

（1）形体分析。如图 4-12（a）所示，该组合体未切割时的基础形体是长方体，在长方体的基础上切割掉形体 1、2、3 后形成了切割式组合体。

（2）作图方法与步骤。首先，画出长方体的三视图；然后，根据"先主后次、先特征视图后其他视图"的原则逐个画出各切割部分的投影；最后，进行综合整理、检查并完成三视图的绘制，如图 4-12（b）～（f）所示。

图 4-12 动画

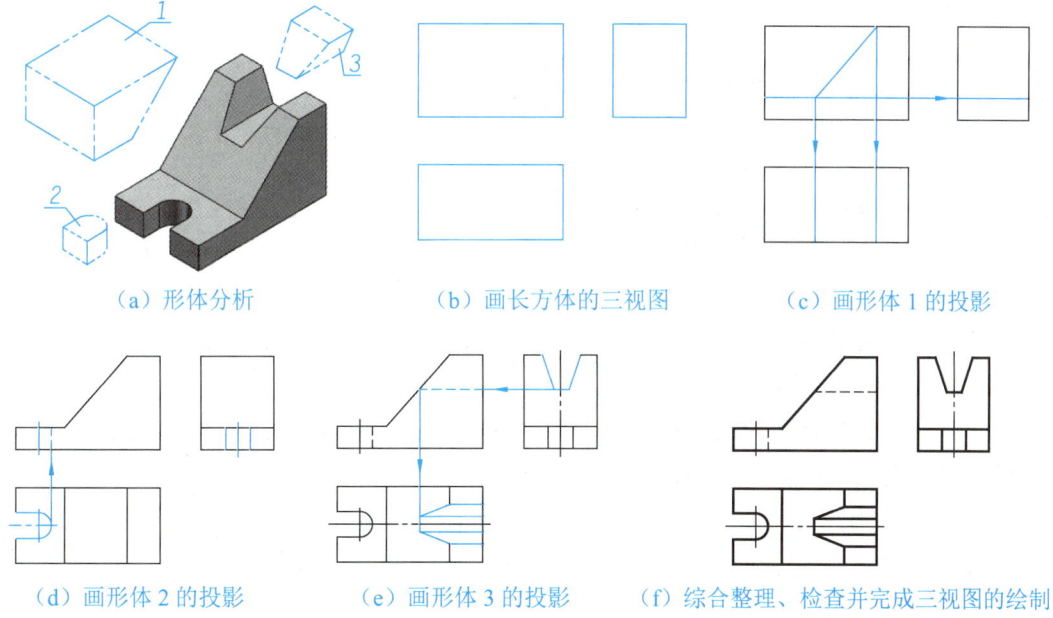

图 4-12 切割式组合体三视图的画法

点　拨

在画每个切割部分的三视图时，应先画反映形体特征或有积聚性的视图，然后再按照投影关系画出其他两个视图。如图 4-12（c）所示，应先画切口的主视图，然后画切口的俯视图和左视图；又如图 4-12（e）所示，应先画左视图，然后画主视图和俯视图。

4.3 组合体的尺寸标注

三视图只能表达物体的形状，要表达它的真实大小，还需要在各视图上标出对应尺寸，所标注的尺寸应正确、完整、清晰、合理。

- 正确：所标注的尺寸数值正确，注法符合国家标准中尺寸注法的规定。
- 完整：尺寸必须标注齐全，不允许有遗漏或重复。如果尺寸遗漏，将导致零件无法加工；如果尺寸重复，若尺寸互相矛盾，则会导致零件无法加工，若尺寸互相不矛盾，则使尺寸标注混乱，不利于图样的识读。
- 清晰：尺寸的布置应整齐清晰，便于图样的识读。
- 合理：所标注的尺寸既能保证设计要求，又能使加工、测量、装配方便。

4.3.1 一般步骤

标注组合体的尺寸时，应基于组合体形体分析的结果，首先标注出各基本体的定形尺寸和各基本体之间的定位尺寸，然后标注出组合体的总体尺寸（总长、总宽和总高等外形尺寸），并进行必要的尺寸调整。

点 拨

如图 4-13 所示为支座两相邻视图的尺寸标注。其中，底板的长 70、宽 40，以及圆柱直径 $\phi30$、圆柱孔直径 $\phi10$、圆角半径 $R5$ 为定形尺寸；确定圆柱孔位置的尺寸 50 为定位尺寸；总高 31 为总体尺寸。在进行组合体的尺寸标注时，应避免出现封闭尺寸链，例如，总高 31 与原有的 25、6 组成了封闭尺寸链，此时应减去一个同方向上的定形尺寸 25，如果需要标注，可在尺寸上加上括号，作为参考尺寸。

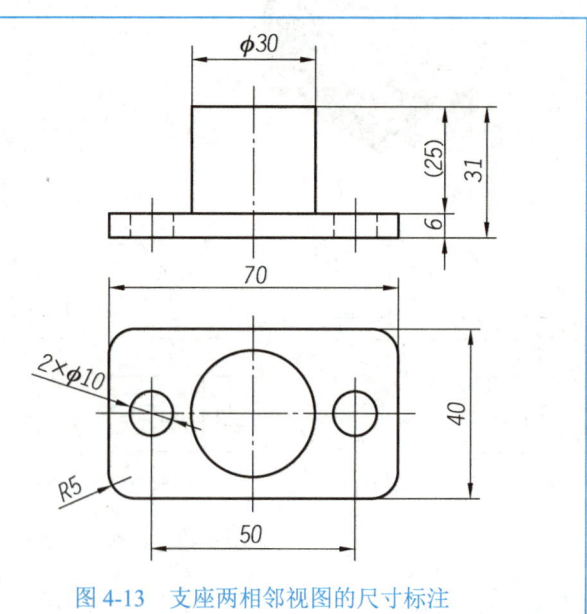

图 4-13 支座两相邻视图的尺寸标注

下面以如图 4-11（e）所示的轴承座的三视图为例，讲解组合体尺寸标注的一般步骤。

（1）形体分析。轴承座由底板、圆筒、支承板、肋板 4 部分组成，分析各组成部分的形体特征，初步明确需要标注的尺寸。

（2）确定长度、宽度、高度方向的尺寸基准。根据形体分析的结果，在轴承座的三视图中,左右对称面为长度方向尺寸基准;底板的底面为高度方向尺寸基准;底板与支承板的后端面为宽度方向尺寸基准,如图4-14(a)所示。选定尺寸基准后,各方向的主要尺寸应从相应的尺寸基准处进行标注。

(3)标注定形尺寸和定位尺寸。按组合体的形成过程,逐个标注各组成部分的定形尺寸和定位尺寸,如图4-14(a)~(d)所示。例如,标注底板时,应标注长度32、宽度18、高度4、圆角半径R4、圆孔直径φ4等定形尺寸,以及13、24等用于确定圆孔中心位置的定位尺寸;标注圆筒时,应标注外径φ12、内径φ8、长度14等定形尺寸,以及圆筒的轴线高度17等定位尺寸。

图4-14 动画

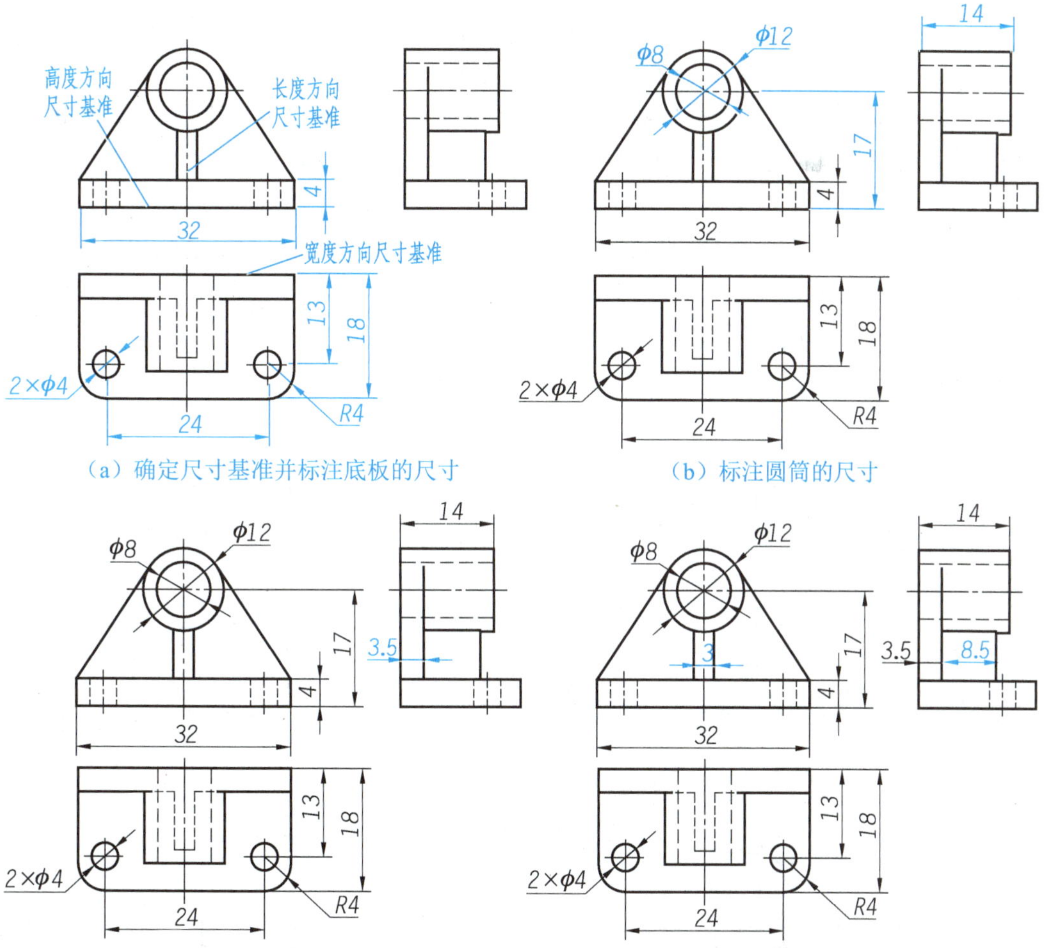

图4-14 轴承座三视图的尺寸标注

(a)确定尺寸基准并标注底板的尺寸

(b)标注圆筒的尺寸

(c)标注支承板的尺寸

(d)标注肋板的尺寸

(4)标注总体尺寸。如图4-14(d)所示,底板的长度尺寸32就是轴承座的总长;底板的宽度尺寸18就是轴承座的总宽;轴承座的总高为圆筒的轴线高度17再加上圆筒的半径(即17+6=23)。在这种情况下,总高是不直接标出来的,即当组合体的一端或两端为回转体时，由于标注出了定形尺寸或定位尺寸，因此，一般不再以轮廓线为界直接标注其总体尺寸，而是标注出中心距或中心高。

4.3.2 注意事项

标注组合体三视图的尺寸时，除了要完整、清晰地标出定形尺寸、定位尺寸和总体尺寸外，尺寸的布局还要恰当，便于识读，以防出现误解或混淆，注意事项具体如下。

（1）组成组合体的各基本体的定形尺寸和定位尺寸，要尽量集中标注在一个或两个相邻视图上，以便于识读。如图 4-14（a）所示，底板上两圆孔的定形尺寸 $2×\phi 4$ 和定位尺寸 13、24 就集中标注在俯视图上。

（2）尺寸应标注在表达形体特征最明显的视图上，并尽量不要标注在虚线上。如图 4-14（b）所示，圆筒的孔径$\phi 8$ 就标注在主视图上。

（3）对称结构的尺寸一般应对称标注（标注全长）。如图 4-14（d）所示，肋板的宽度 3、底板上两圆孔的定位尺寸 24 和底板的长度 32 均是以轴承座的对称中心线为基准对称标注的。

（4）尺寸应尽量标注在视图外，且同一方向连续的几个尺寸应尽量标注在同一位置线上。在排列尺寸时，应使大尺寸在外、小尺寸在内，避免尺寸线和其他尺寸的尺寸界线相交，以保持图面清晰，同时应避免出现封闭尺寸链。

（5）截交线、相贯线的尺寸不能直接标注，如图 4-15 所示。

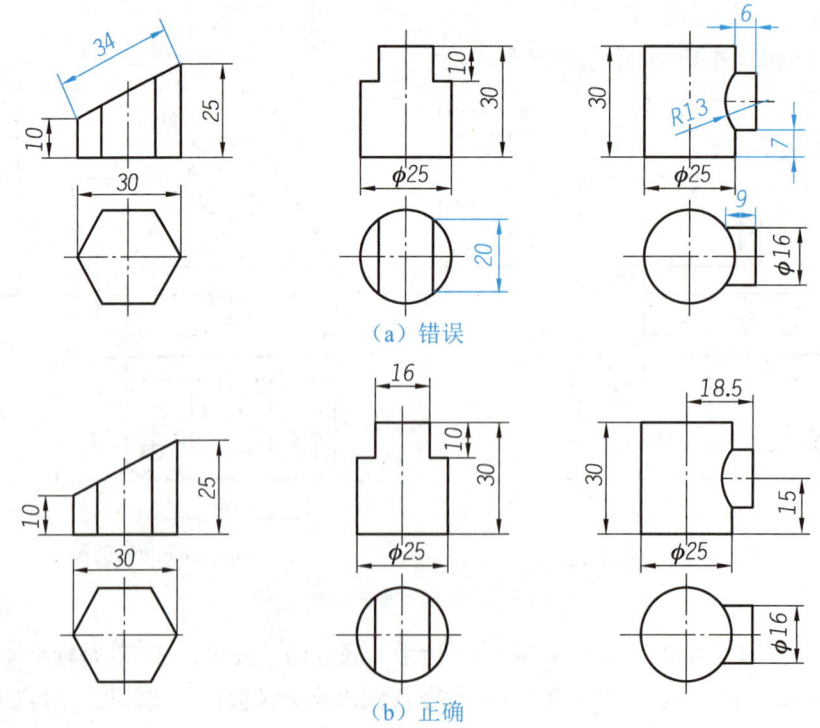

图 4-15 截交线、相贯线的尺寸标注

项目4　掌握组合体及轴测图的画法

在标注尺寸时，除了要注意上述事项外，所标注的尺寸还要便于测量和加工。

如图4-16所示为组合体常见结构的尺寸标注，读者可在标注类似结构的尺寸时参考。

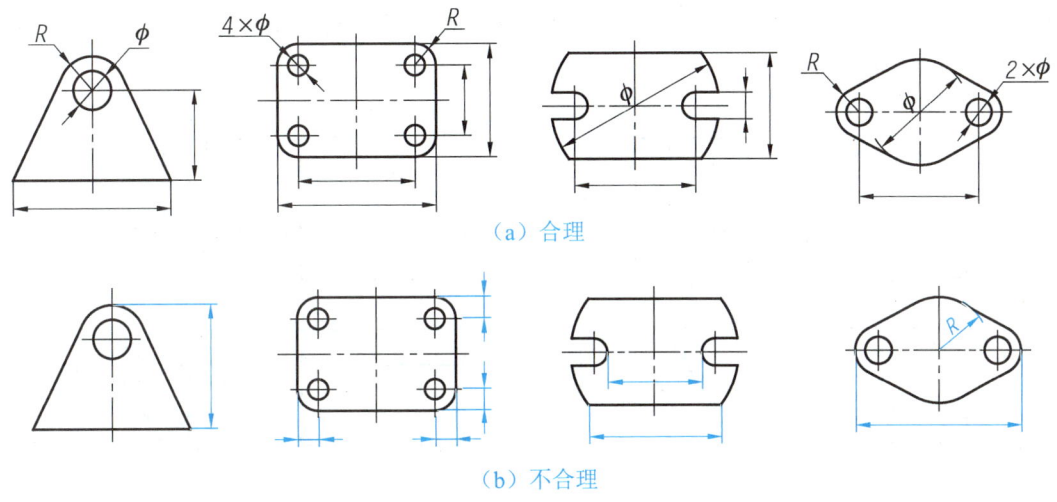

图4-16　组合体常见结构的尺寸标注

4.4 组合体三视图的识读

机械图样的绘制是将空间组合体用正投影法表达在平面图纸上，机械图样的识读则是根据给定的视图，通过投影分析想象出组合体的空间形状，它是绘制机械图样的逆过程。

4.4.1 识读组合体三视图的基本要领

1. 从反映形体特征的视图读起

识读组合体的关键是要抓住其形体特征。主视图通常能较多地反映组合体各部分的形体特征，所以识读时一般从主视图读起。由于组合体各部分的形体特征不一定全集中在主视图上，因此还需要找出最能反映各部分形体特征的视图，从而将各部分的形状判断清楚。

2. 将几个视图联系起来

组合体的形体特征一般是通过几个视图共同表达的，每个视图只能反映组合体在一个方向上的形体特征，因此，仅由一个或两个视图往往不能唯一表达组合体的空间形状，故识读时需要将几个视图联系起来。如图4-17所示，虽然两个组合体的左视图、俯视图完全相同，但组合体的空间形状却不相同。

3. 利用虚线分析组成部分的位置

利用虚线"不可见"的特点有助于图样的识读，尤其对判定组合体的形体特征、表面或交线的位置（处于组合体的"中部"或"后部"）非常有用。

如图 4-17（a）所示，主视图中的三角形为实线，说明从前向后看时该直角三棱柱的轮廓线均可见，故该直角三棱柱是在基础形体上叠加而成的；如图 4-17（b）所示，主视图中的三角形为虚线，说明从前向后看时该直角三棱柱的轮廓线均不可见，故该直角三棱柱是在基础形体上切割而成的。

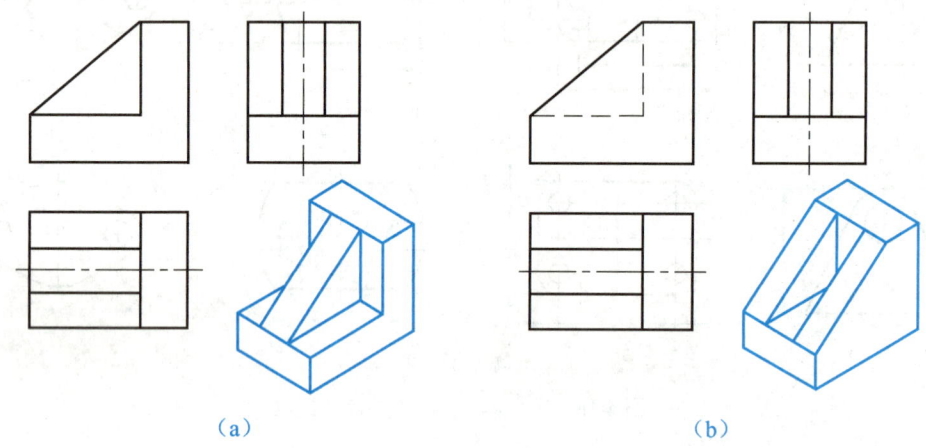

（a） （b）

图 4-17 两个不同空间形状组合体的左视图、俯视图完全相同

4.4.2 识读组合体三视图的基本方法

识读组合体三视图的基本方法有形体分析法和线面分析法两种。

1. 形体分析法

用形体分析法识读组合体三视图的基本思路是"分部分想形状，合起来想整体"，具体如下。

（1）从能够反映组合体主要形体特征的视图入手，以轮廓线所构成的封闭线框为基本单位，将主视图分为几个相对独立的部分（线框），每个独立的部分（线框）基本上可以对应某基本体的一个投影。

（2）针对每个线框，按照投影规律找出它们在其他视图上对应的投影，并通过综合分析想象出该线框所代表的基本体的形状和细节。

（3）分析各基本体之间的相对位置，综合想象出整个组合体的空间形状。

项目 4　掌握组合体及轴测图的画法

【例 4-1】如图 4-18 所示为某组合体的主视图和俯视图，想象该组合体的空间形状，并补画左视图。

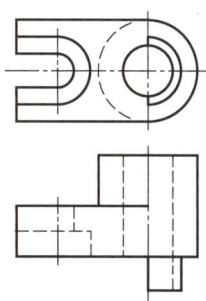

图 4-18　某组合体的主视图和俯视图

作图步骤：

（1）划分线框，进行形体分析。利用"长对正"的投影规律，并结合俯视图中各线框的位置，可将主视图分为 1′、2′、3′ 三部分，如图 4-19（a）所示。

（2）对照投影，想象形状。1′ 的基本体是圆柱，2′ 的基本体是长方体，3′ 的基本体是半圆柱，三者的位置关系如图 4-19（a）中的立体图所示。

（3）画出各基本体的左视图。按照各基本体的位置关系，依次画出对应的左视图，如图 4-19（a）中的左视图所示。

（4）结合虚线，想象细节。由俯视图中的虚线及主视图中对应的圆可知，基本体 Ⅰ 和 Ⅲ 上钻了一个通孔；再由主视图及俯视图中的虚线可知，基本体 Ⅱ 的左侧切割掉一个阶梯槽，如图 4-19（b）中的立体图所示。

（5）补画细节，检查图形，根据分析结果补画左视图中的细节，如图 4-19（b）中的左视图所示。

图 4-19 动画

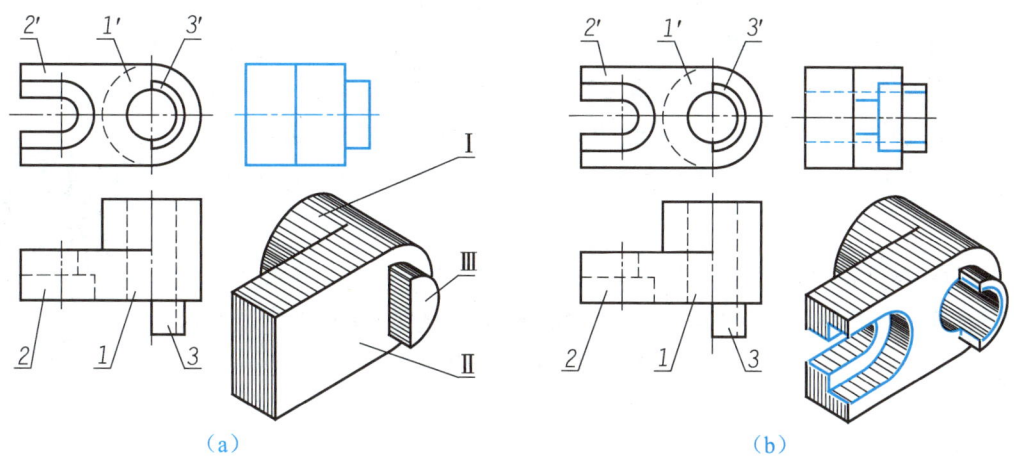

图 4-19　例 4-1 图

2. 线面分析法

当组合体不易被分解为几个独立的部分时，可采用形体分析和线面分析相结合的方法来识读。线面分析法多用于切割式组合体三视图的识读，具体方法如下。

（1）根据给定视图想象未切割组合体的基础形体。

（2）将视图分解为几个线框，并以线框为基础，应用线面分析法逐个分析各线框的投影，即根据直线、平面的投影特性去判断直线、平面的空间位置，从而想象出组合体每一部分的切割情况。

（3）根据各切割部分的切割情况及相对位置，综合归纳、整理，想象出整个组合体的空间形状。

（4）线面分析法常用于分析视图中较难识读的线框，它是形体分析法的补充。

【例 4-2】如图 4-20 所示为某组合体的主视图和俯视图，想象该组合体的空间形状，并补画左视图。

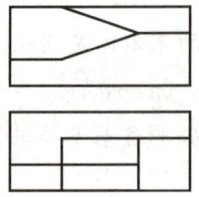

图 4-20　某组合体的主视图和俯视图

作图步骤：

（1）形体分析。由主视图和俯视图可以看出，该组合体的基础形体是一个长方体，如图 4-21（a）所示。

（2）分析线框 1 和线框 2。俯视图中所示的线框 1 和 2 对应主视图中的线段 1′ 和 2′，由此可知这两个平面应为水平面，其在长方体中的位置如图 4-21（b）所示。

（3）分析斜线 3′ 和 4′。主视图中的斜线 3′ 和 4′ 对应俯视图中的矩形线框 3 和 4，由此可知这两个平面应为正垂面，其在长方体中的位置如图 4-21（c）所示。

（4）分析线框 5′ 和 6′。主视图中的线框 5′ 和 6′ 对应俯视图中的线段 5 和 6，由此可知这两个平面应为正平面，其在长方体中的位置如图 4-21（d）所示。

（5）综合想象，并补画左视图。综上分析可知，该组合体是一个长方体被 6 个平面切割后形成的，是楼梯的一个简化模型。得出其空间形状后，根据分析过程，逐步画出其左视图，结果如图 4-21（d）所示。

图 4-21 动画

项目 4　掌握组合体及轴测图的画法

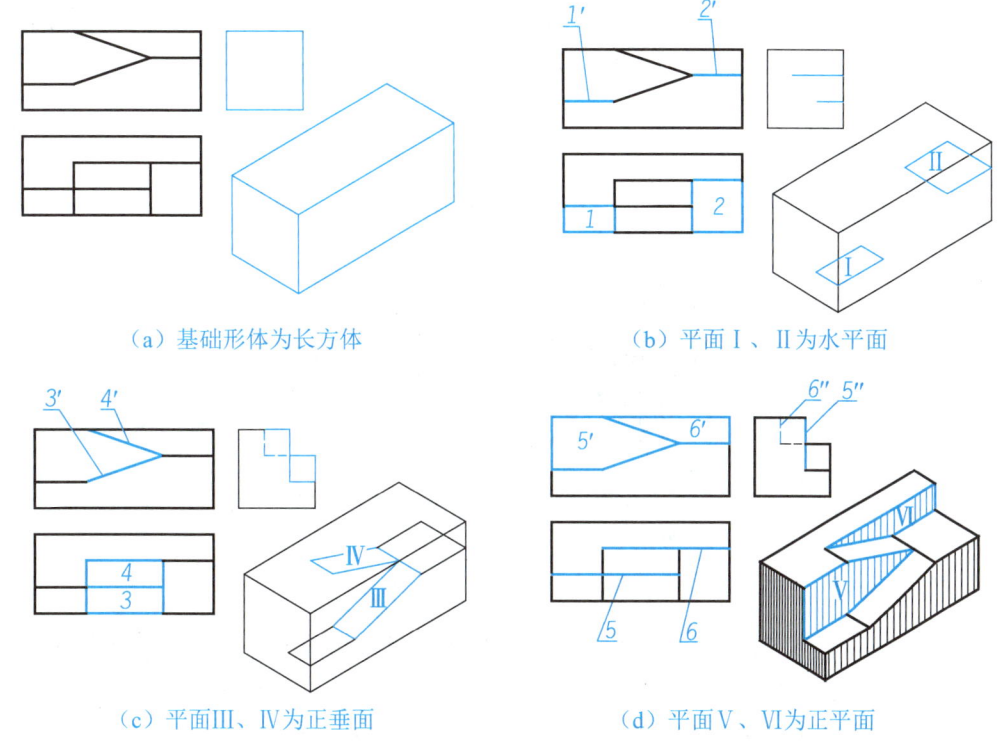

(a) 基础形体为长方体　　　(b) 平面Ⅰ、Ⅱ为水平面

(c) 平面Ⅲ、Ⅳ为正垂面　　　(d) 平面Ⅴ、Ⅵ为正平面

图 4-21　例 4-2 图

4.5　轴测图的画法

4.5.1　轴测图的形成与种类

用平行投影法将空间立体连同确定其位置的空间直角坐标系一起，沿着不平行于任一坐标平面的方向，投射在单一投影面上所得到的具有立体感的图形，称为轴测投影图，简称轴测图，如图 4-22 所示。其中，轴测图所在的平面 P 称为轴测投影面，空间直角坐标系的 OX、OY、OZ 轴在轴测投影面上的投影称为轴测投影轴，简称轴测轴，两个轴测轴之间的夹角 $\angle X_1O_1Y_1$、$\angle Y_1O_1Z_1$、$\angle Z_1O_1X_1$ 称为轴间角。轴测轴上某线段的长度与其在空间

直角坐标轴上的实长之比称为该轴测轴的 轴向伸缩系数，O_1X_1、O_1Y_1、O_1Z_1 轴的轴向伸缩系数分别用 p、q、r 表示，即 $p = O_1A_1/OA$，$q = O_1B_1/OB$，$r = O_1C_1/OC$。

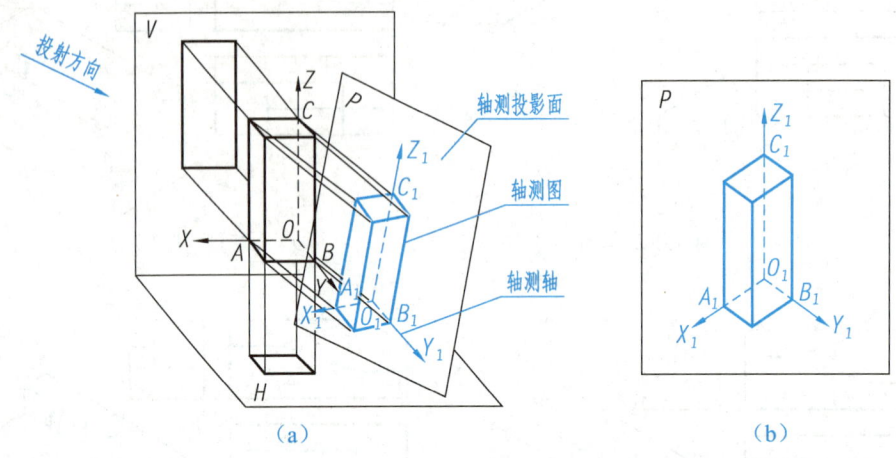

图 4-22　轴测图的形成

根据投射方向与轴测投影面是否垂直，轴测图可分为正轴测图和斜轴测图两类。

➤ **正轴测图**：空间立体三个方向上的平面及三条坐标轴均与投影面倾斜，且投射线与投影面垂直时，投影所得到的图形，如图 4-23 所示。

➤ **斜轴测图**：空间立体的某一平面及两条坐标轴与投影面平行，且投射线与投影面倾斜时，投影所得到的图形，如图 4-24 所示。

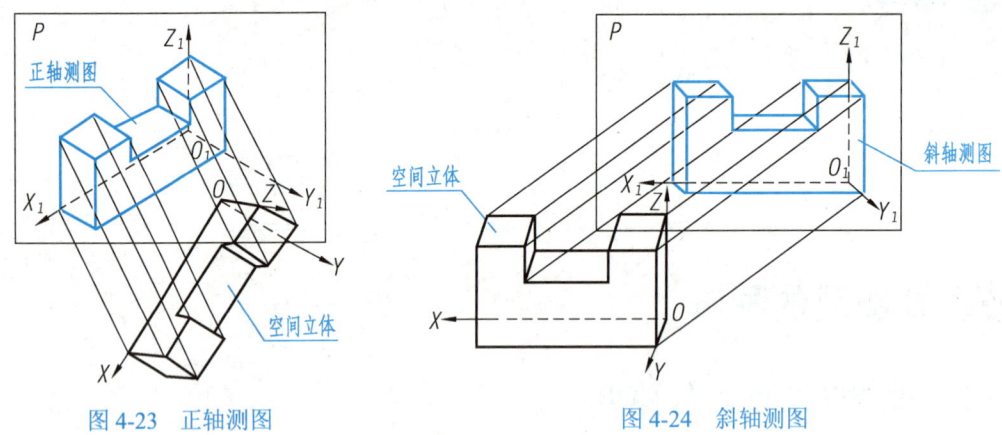

图 4-23　正轴测图　　　　　　　　图 4-24　斜轴测图

根据轴向伸缩系数的不同，轴测图又可分为不同种类。其中，三个轴向伸缩系数都相等的轴测图称为等轴测图，简称等测；两个轴向伸缩系数相等的轴测图称为二等轴测图，简称二测。在机械图样中应用较为广泛的是正等轴测图（正等测）和斜二等轴测图（斜二测）。

4.5.2 正等轴测图的画法

正等轴测图及其主要参数如图4-25所示。正等轴测图中的三个轴间角相等,均为120°。其中,O_1X_1轴表示长度,O_1Y_1轴表示宽度,O_1Z_1轴表示高度,且规定O_1Z_1轴为铅垂线,如图4-25(b)所示。三个轴向伸缩系数相等,即$p=q=r=0.82$,实际作图时,为使作图方便,通常采用简化的轴向伸缩系数,即$p=q=r=1$(标注在括号内),如图4-25(c)所示。

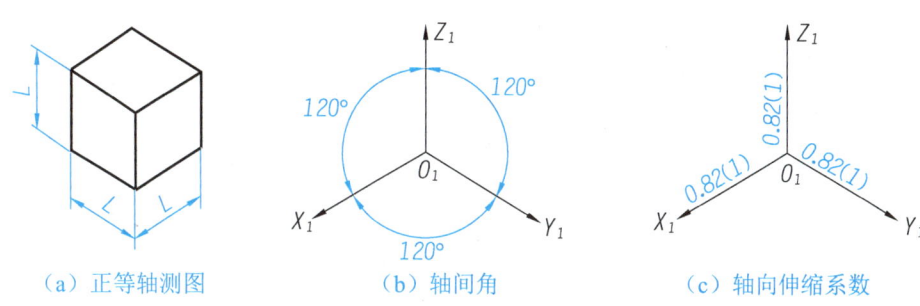

(a)正等轴测图　　　　　(b)轴间角　　　　　(c)轴向伸缩系数

图4-25　正等轴测图及其主要参数

1. 平面立体正等轴测图的画法

平面立体是由点、直线和平面组成的。绘制平面立体的正等轴测图时,应先根据其形体特征选择合适的投射方向并确定坐标轴,建立空间直角坐标系,然后作出该平面立体上各点的轴测投影,最后依次连接各点,即可完成作图。

【例4-3】已知正六棱柱的三视图,如图4-26(a)所示,画出其正等轴测图。

分析: 要画正六棱柱的正等轴测图,首先要确定坐标轴,然后找到正六棱柱上底面对应顶点的轴测投影,再补全其他顶点的轴测投影,接着过各轴测投影点作长度相等的垂线,最后连接垂线各端点并擦去不可见轮廓线。

作图步骤:

(1)在三视图中确定坐标轴,如图4-26(a)所示。

(2)画正六棱柱的上底面。先画出轴测轴,然后在O_1X_1轴上量取$O_1A_1=oa$,得到点A_1,采用同样的方法可确定点B_1、C_1、D_1;过点C_1、D_1作O_1X_1的平行线,然后在该平行线上截取尺寸$L/2$,确定正六边形的其他顶点,最后依次连接各顶点,如图4-26(b)所示。

(3)画正六棱柱的侧棱线。从各顶点向下引O_1Z_1轴的平行线(不可见的侧棱线可省略不画),其长度为正六棱柱的实际高度,如图4-26(c)所示。

(4)画正六棱柱的下底面。依次连接侧棱线的各端点(不可见的底边可省略不画),最后检查图形,确认无误后擦去多余的图线并加深其余图线,即可得到正六棱柱的正等轴测图,结果如图4-26(d)所示。

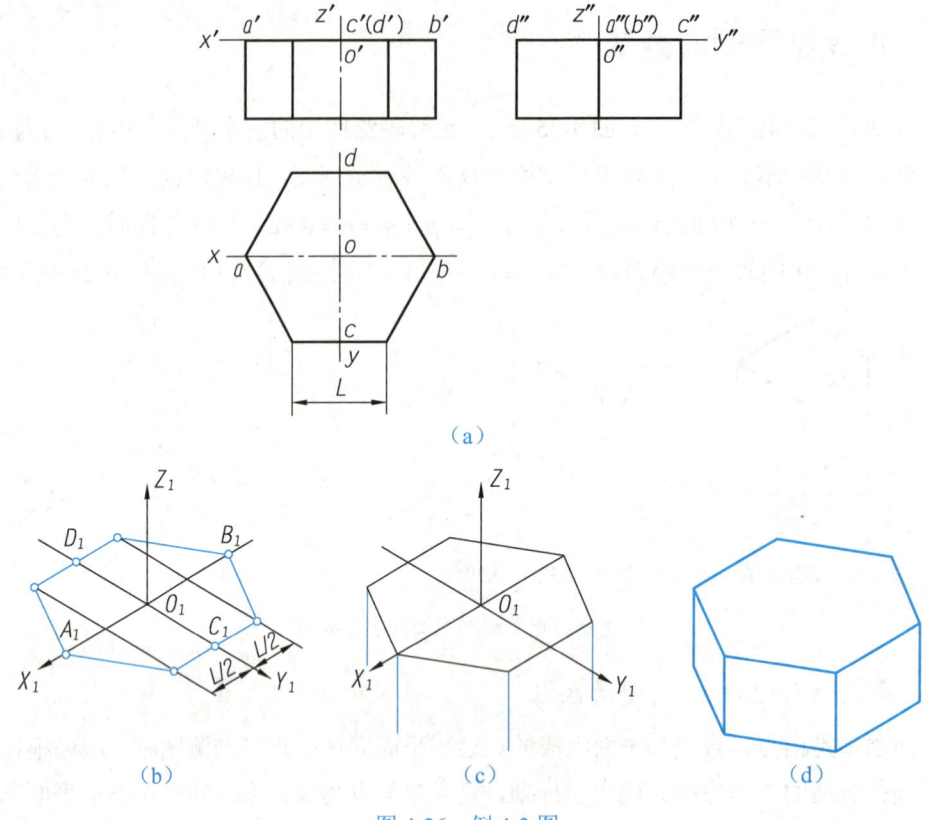

图 4-26 例 4-3 图

【例 4-4】已知如图 4-27（a）所示的三视图，画出其正等轴测图。

分析：根据三视图想象平面立体的空间形状，该平面立体是由长方体上方叠加一个四棱台形成的。

作图步骤：

（1）在三视图中确定坐标轴，如图 4-27（a）所示。

（2）绘制长方体的正等轴测图。先作出轴测轴；已知长方体的长为 a，宽为 b，在 O_1X_1 轴正负方向上分别量取 $a/2$ 并取点，在 O_1Y_1 轴正负方向上分别量取 $b/2$ 并取点，过此 4 个点分别作坐标轴的平行线得到平行四边形，该平行四边形即为长方体上底面的轴测投影；过该平行四边形各顶点向下作 O_1Z_1 轴的平行线，在平行线上量取长方体的实际高度 h_1 并取点，用直线依次连接这 4 个点，即可得到长方体的正等轴测图，如图 4-27（b）所示。

（3）绘制四棱台的正等轴测图。首先，在 O_1X_1 轴正负方向上分别量取 $a_1/2$ 并取点，在 O_1Y_1 轴正负方向上分别量取 $b_1/2$ 并取点，过此 4 个点分别作坐标轴的平行线得到平行四边形，该平行四边形即为四棱台下底面的轴测投影，如图 4-27（c）所示；然后，在 O_1Z_1 轴正方向上量取四棱台的实际高度 h_2 并取点，按上述方法可得到边长分别为 a_2 和 b_2 的平行四边形，该平行四边形即为四棱台上底面的轴测投影；最后，连接四棱台各顶点，即可得到四棱台的正等轴测图，如图 4-27（d）所示。

图 4-27 动画

（4）检查图形，确认无误后擦去多余的图线并加深其余图线，即可得到平面立体的正等轴测图，如图 4-27（e）所示。

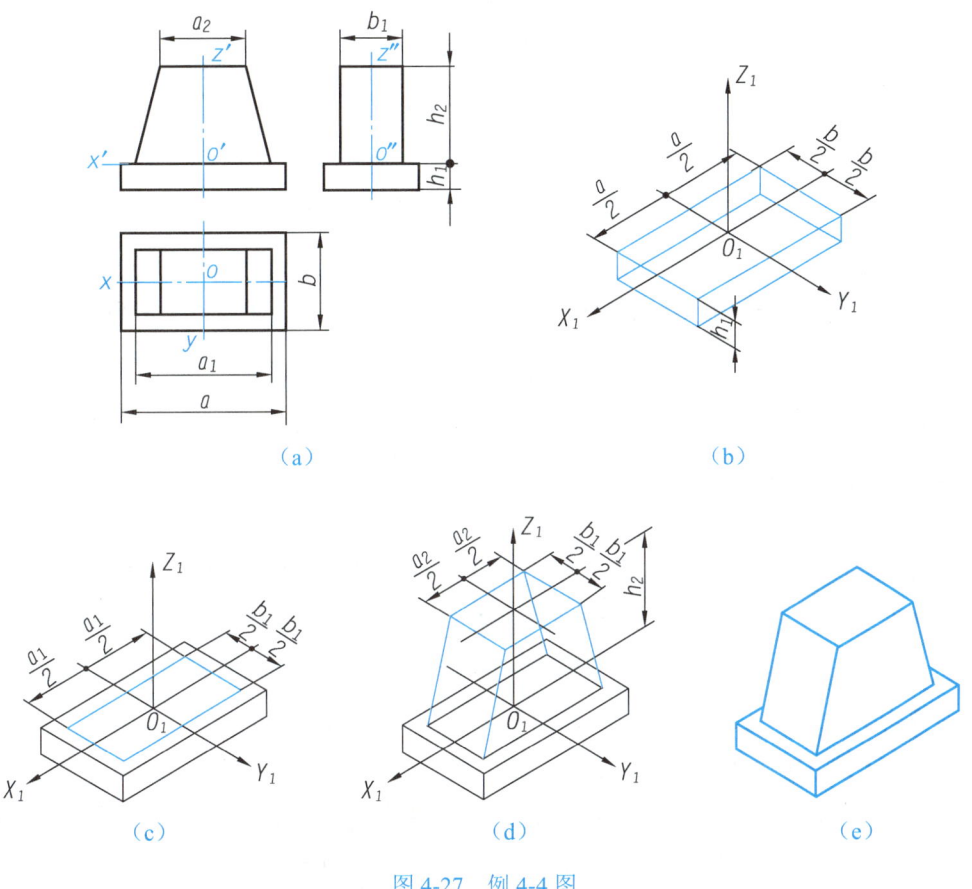

图 4-27　例 4-4 图

2. 回转体正等轴测图的画法

在正等轴测图中，由于空间三投影面相对于轴测投影面都是倾斜的，且倾角相等，所以分别平行于三投影面的圆，在轴测图中的投影均为大小相等、方向不同的椭圆。椭圆的方向取决于其长、短轴的方向，如图 4-28 所示。

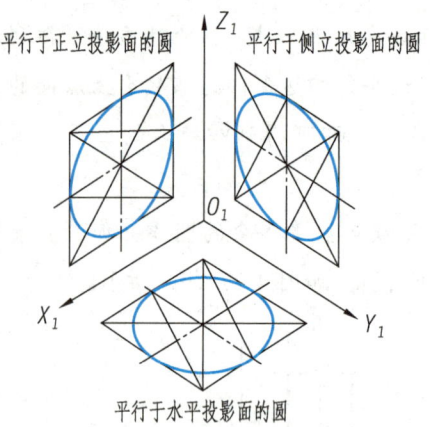

图 4-28　三投影面中圆的正等轴测图

点　拨

实际作图时，一般不要求准确地画出椭圆曲线，只需要采用四心圆法画出近似椭圆即可。

【例 4-5】已知水平位置圆的正面投影，画出它的正等轴测图。

作图步骤：

(1) 作圆的外接正方形 $abcd$，如图 4-29 (a) 所示；作轴测轴 O_1X_1、O_1Y_1，在 O_1X_1 轴与 O_1Y_1 轴正负方向上分别量取圆的半径 r，得到切点 A_1、B_1、C_1、D_1，然后过这些点作轴测轴的平行线，即可得到外切正方形的轴测菱形，如图 4-29 (b) 所示。

(2) 连接轴测菱形的对角线，然后将短对角线的顶点 2 与对边的中点 C_1、B_1 连接起来，分别与长对角线交于点 3 和点 4，如图 4-29 (c) 所示。

(3) 分别以短对角线的顶点 1、2 为圆心，以 R_2（即 B_12）为半径作 $\widehat{C_1B_1}$ 和 $\widehat{D_1A_1}$，接着以点 3 和点 4 为圆心，以 R_1（即 C_13）为半径作 $\widehat{C_1D_1}$ 和 $\widehat{B_1A_1}$，这四段圆弧连成的近似椭圆即为该水平位置圆的正等轴测图，如图 4-29 (d) 所示。

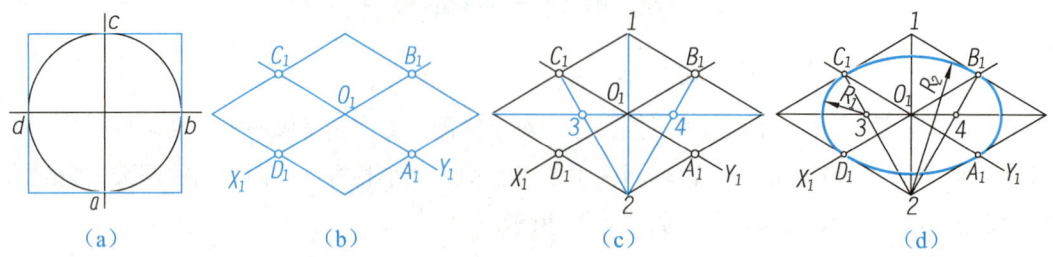

图 4-29　例 4-5 图

【例 4-6】画出如图 4-30（a）所示圆柱的正等轴测图。

分析：首先利用四心圆法画出上底面的正等轴测图（椭圆），将该椭圆各段圆弧的圆心沿 O_1Z_1 轴向下移动一个圆柱高的距离，得到下底面的正等轴测图（椭圆）中各段圆弧的圆心位置；然后判断可见性，画出下底面可见部分的轮廓；最后作出两椭圆的公切线。

作图步骤：

具体的作图步骤如图 4-30（b）～（d）所示。

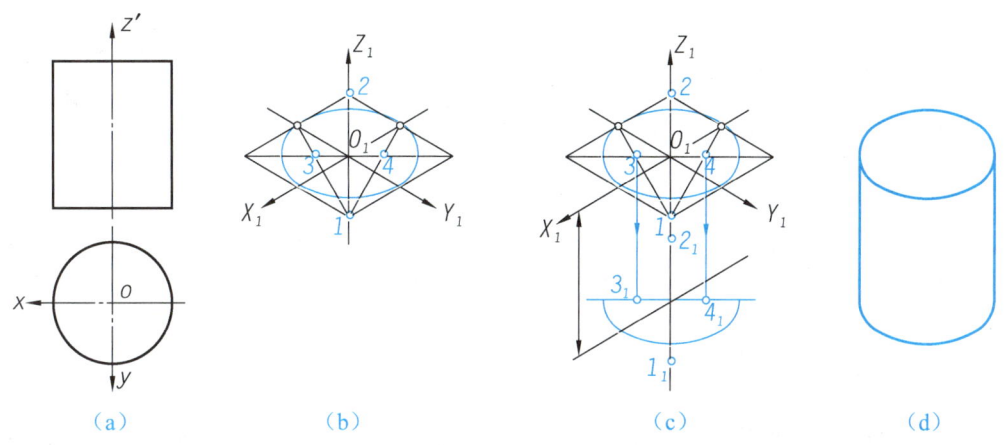

图 4-30　例 4-6 图

3. 圆角正等轴测图的画法

对于一些具有圆角（1/4 圆柱面）结构的立体的正等轴测图，圆角部分可通过作各切点的垂线来绘制。

【例 4-7】画出如图 4-31（a）所示立体的正等轴测图。

分析：由立体的两面视图可知，该立体是由长方体截切两个圆角形成的。画图时，应先绘制长方体的正等轴测图，再绘制圆角的正等轴测图。

作图步骤：

（1）作出长方体的正等轴测图，接着在其上底面上量取圆角的 4 个切点 1、2、3、4，如图 4-31（b）所示。

（2）分别过各切点作其所在底边的垂线，其交点分别为点 O_1、O_2，如图 4-31（c）所示，然后以点 O_1 为圆心、$O_1$1 为半径作圆弧连接切点 1、2，接着以点 O_2 为圆心、$O_2$3 为半径作圆弧连接切点 3、4，即可得到上底面圆角的正等轴测图，如图 4-31（d）所示。

（3）将圆心点 O_1、O_2 及切点 1、2、3、4 沿竖直方向向下移动 h（立体的高度），即可得到下底面两圆弧的圆心和切点，按照相同的方法可以画出下底面圆角的正等轴测图，如图 4-31（e）所示。

(4) 擦去多余图线并加深其余图线，结果如图 4-31（f）所示。

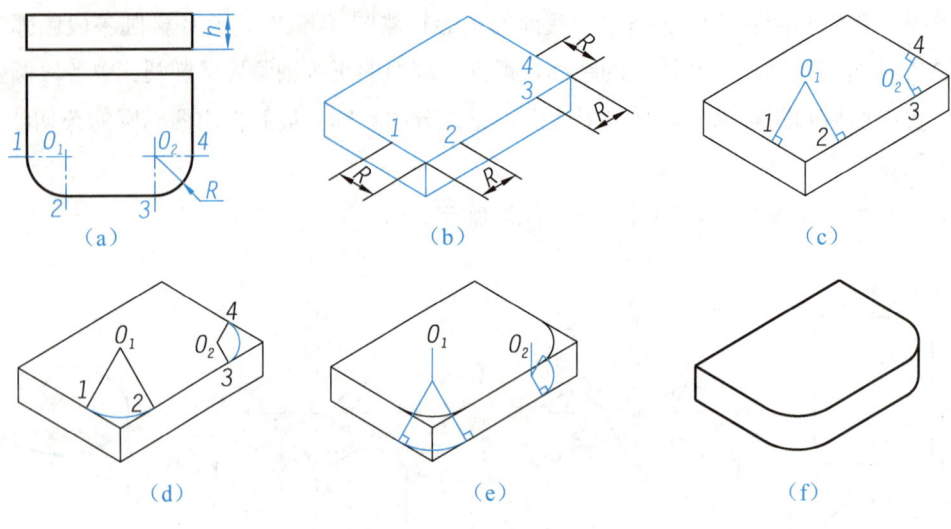

图 4-31 例 4-7 图

4.5.3 斜二等轴测图的画法

当空间立体上的坐标平面 XOZ 平行于轴测投影面，且将 OZ 轴置于铅垂位置时，用斜投影法将空间立体连同其坐标系一起向正立投影面投射，得到的轴测图称为斜二等轴测图。斜二等轴测图及其主要参数如图 4-32 所示。

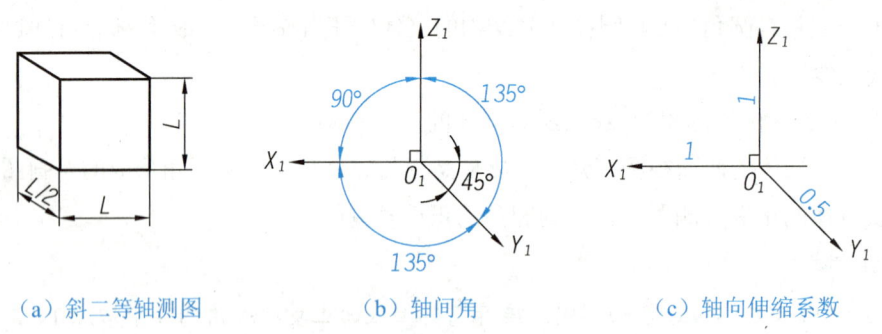

（a）斜二等轴测图　　　　（b）轴间角　　　　（c）轴向伸缩系数

图 4-32 斜二等轴测图及其主要参数

在斜二等轴测图中，由于空间立体上的坐标平面 XOZ 与轴测投影面平行，因此空间立体上平行于 XOZ 坐标平面的直线和图形在轴测投影面上均反映实长和实形。斜二等轴测图常用于绘制有较多圆或圆弧的立体。

【例 4-8】画出如图 4-33（a）所示组合体的斜二等轴测图。

分析：该组合体由四周有 4 个通孔的圆柱和一个圆筒叠加而成。作图时，可根据该组合体的形成过程逐个画出各部分。为作图方便，可将坐标原点设在圆柱前端面的中心处。

作图步骤：

（1）在视图中确定坐标轴，并在合适的位置画出轴测轴，然后在 $X_1O_1Z_1$ 平面上按 1∶1 的比例画出圆柱的前端面，如图 4-33（b）所示。

（2）取 $p=r=1$，$q=0.5$，即 O_1X_1、O_1Z_1 轴方向上的投影取实长，而 O_1Y_1 轴方向上的投影取实长的一半。由于圆柱前、后端面的距离为 L，故可将点 O_1 沿 O_1Y_1 轴向后移动 $L/2$，然后以该点为中心，按 1∶1 的比例绘制圆柱的后端面，最后在两个大圆之间绘制公切线并擦去不可见部分，如图 4-33（c）所示。

（3）依据类似方法绘制组合体前方的圆柱筒，如图 4-33（d）所示。

（4）擦去多余图线并加深其余图线，完成作图，如图 4-33（e）所示。

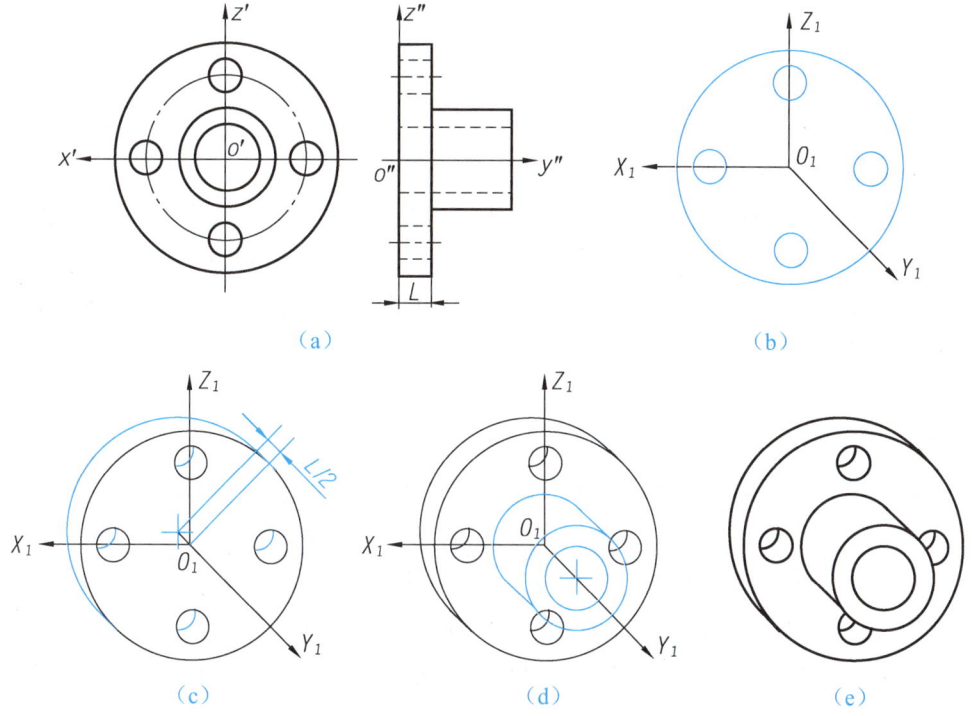

图 4-33　例 4-8 图

图 4-33 动画

项目实施 绘制组合体的三视图

1. 实例介绍

支座是一种常用的机械零件,主要用于安装和固定其他零部件。如图 4-34 所示为支座的主视图与左视图,试补画支座的俯视图,并想象支座的空间形状。

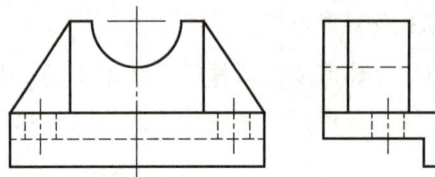

图 4-34 支座的主视图与左视图

2. 实施步骤

1)绘制支座的俯视图

由支座的主视图与左视图可知,其底板是在一个大长方体上切割掉一个小的长方体和两个圆柱后形成的,肋板为两个三棱柱,支承板是在一个长方体上切割掉一个半圆柱后形成的。绘制支座俯视图时,首先画出主要基准线;然后根据底板、肋板、支承板的形体特征及它们之间的相对位置,并结合支座的主视图与左视图,补画俯视图细节;最后全面检查图形,擦去多余图线并加深其余图线。

作图步骤:

(1)绘制俯视图的基准线。绘制支座俯视图的对称中心线、轮廓线等基准线,如图 4-35(a)所示。

(2)绘制底板的水平投影,如图 4-35(b)所示。

(3)绘制支承板和肋板的水平投影,如图 4-35(c)所示。

(4)检查修改,擦去多余图线并加深其余图线,如图 4-35(d)所示。

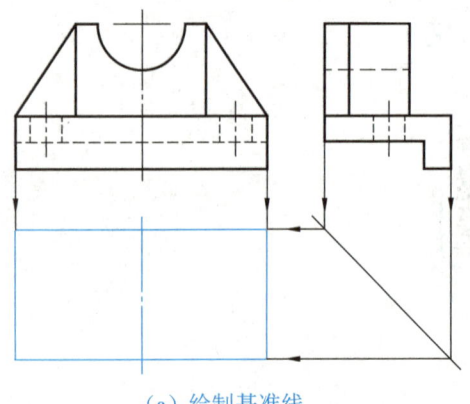

(a)绘制基准线

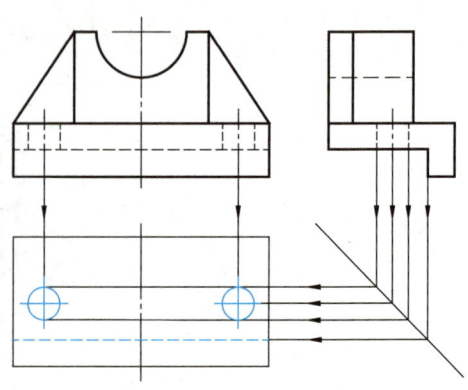

(b)绘制底板

项目 4　掌握组合体及轴测图的画法

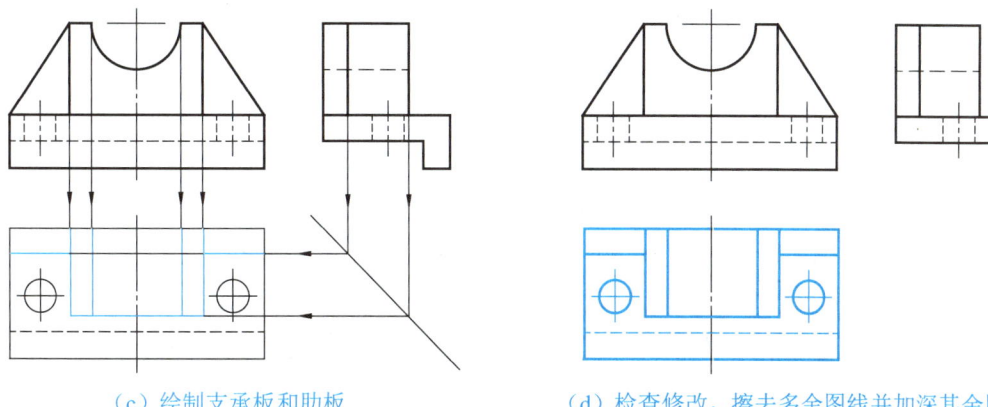

（c）绘制支承板和肋板　　　　　　　　（d）检查修改，擦去多余图线并加深其余图线

图 4-35　绘制支座的俯视图

2）想象支座的空间形状

（1）划分线框，进行形体分析。由图 4-36（a）可知，主视图能较多地反映该支座各部分的形体特征，因此识读时可从主视图入手进行形体分析。经分析可将支座划分为Ⅰ、Ⅱ、Ⅲ、Ⅳ四个线框，分别为支座的支承板、两个肋板与底板。

（2）对照投影，想象形状。根据形体分析结果，分别找出Ⅰ、Ⅱ、Ⅲ、Ⅳ四部分对应的另外两面投影，从而想象出各部分的形状，如图 4-36（b）～（d）所示。

（3）综合想象支座的空间形状。在分析清楚各部分形状的基础上，再根据组合体的三视图，找出各部分的相对位置，从而综合想象支座的空间形状，如图 4-37 所示。

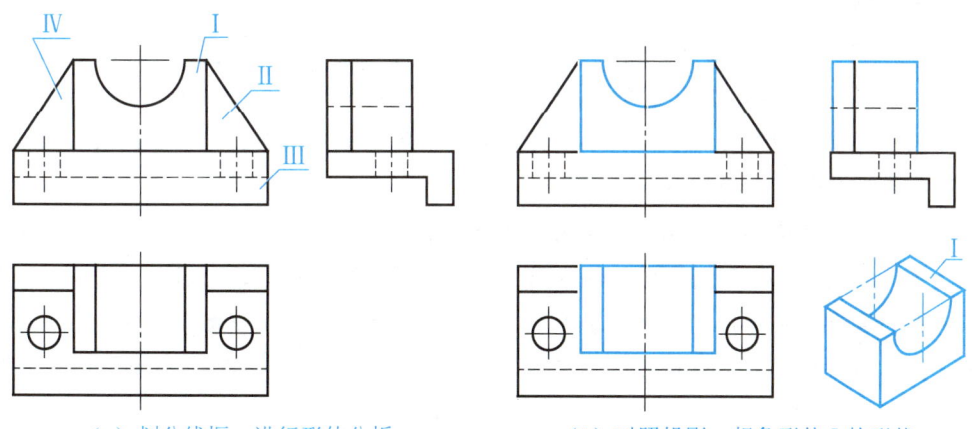

（a）划分线框，进行形体分析　　　　　　（b）对照投影，想象形体Ⅰ的形状

123

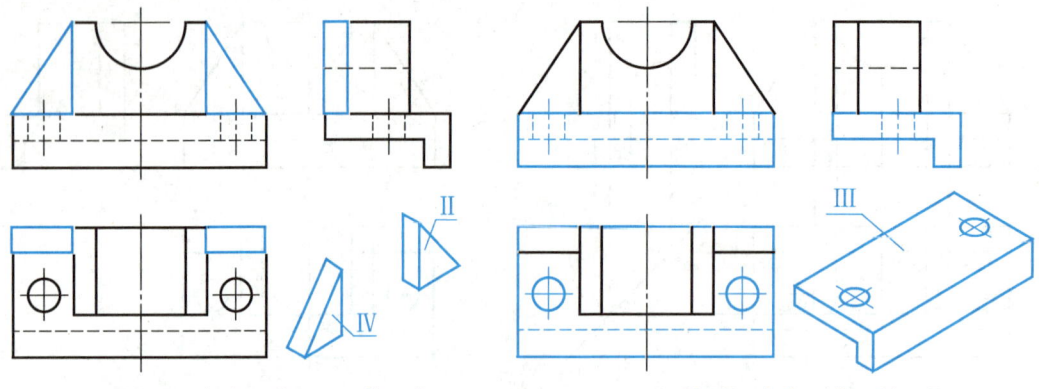

(a)对照投影，想象形体Ⅱ、Ⅳ的形状　　　　（b)对照投影，想象形体Ⅲ的形状

图 4-36　利用形体分析法想象各形体的形状

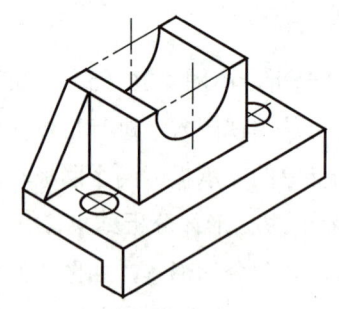

图 4-37　综合想象支座的空间形状

匠心筑梦

2023 年 7 月，武侯区总工会主办的区级二类赛——2023 年成都百万职工劳动和技能比赛武侯区制图员比赛顺利举办。本次比赛吸引了全区范围内从事机械制图相关工作的多家单位职工报名参加。

比赛分为理论比赛和现场实操两个竞赛环节，考评参赛选手在机械设计、机械原理、机械制造技术知识及绘图软件应用技巧等方面的综合能力。比赛中，选手们按照任务书的要求现场操作完成典型零件测绘、零件质量检测、职业素养等方面的操作任务。比赛过程中，各参赛选手用娴熟的技艺雕琢着手中的"精品"，以最佳的状态展示新时代工匠的风采。

本次比赛激发了大家的制图热情，弘扬了工匠精神，增进了机械制图从业人员间的沟通交流，充分发掘工业设计技能人才，以赛促学、以赛促练、学练结合，为加速培养一批知识型、技能型、创新型的劳动技能人才队伍打下了坚实基础。

（资料来源：骆希，《成都武侯：多地区制图员齐聚　一展工匠风采》，
人民网，2023 年 7 月 19 日）

项目评价

指导教师根据学生的实际学习情况进行评价,学生配合指导教师共同完成如表 4-1 所示的学习成果评价表。

表 4-1 学习成果评价表

班级		学号	
姓名		指导教师	
项目名称	掌握组合体及轴测图的画法		
日期			
评价项目	评价内容	评价方式	满分/分	评分/分
---	---	---	---	---
知识 (40%)	了解组合体的形体分析	理论测试	8	
	掌握组合体三视图的画法		8	
	掌握组合体的尺寸标注		8	
	掌握组合体三视图的识读		8	
	掌握轴测图的画法		8	
技能 (40%)	能够正确绘制组合体的三视图	实践检验	15	
	能够正确识读组合体的三视图		15	
	能够正确绘制空间立体的正等轴测图和斜二等轴测图		10	
素养 (20%)	积极参加教学活动,遵守课堂纪律	综合评价	5	
	主动学习,团结协作		5	
	认真负责,按时完成课堂任务		5	
	守正创新,知行合一		5	
合计			100	
自我评价				
指导教师评价				

项目 5

掌握机械图样的画法

 项目导读

在实际生产中，当机件的内外结构形状都比较复杂时，仅用三视图往往不能清楚、完整地表达机件。为此，国家标准《技术制图》和《机械制图》中除提出了视图、剖视图、断面图等基本表示方法外，还提出了局部放大图、简化画法等其他表示方法。综合使用这些表示方法绘制机械图样，能够清楚、完整地表达机件的内外结构形状。本项目以这些表示方法为基础，着重介绍各种基本表示方法的使用场合、画法与标注，最后介绍这些表示方法的综合应用。

 项目目标

知识目标

- ◆ 掌握基本视图的形成与配置。
- ◆ 掌握向视图、局部视图和斜视图的画法与标注。
- ◆ 掌握剖视图的画法与标注。
- ◆ 熟悉断面图的画法与标注。
- ◆ 了解局部放大图和简化画法的相关知识。

技能目标

- ◆ 能够识读并正确绘制机件的视图、剖视图和断面图。
- ◆ 能够综合使用常用的表示方法进行简单机械图样的识读与绘制。

素质目标

- ◆ 养成善于思考、善于钻研的学习习惯。
- ◆ 培养精益求精、追求卓越的工匠精神。

班级_____ 姓名_____ 学号_____

项目工单 绘制机件的机械图样

【项目描述】

如图 5-1 所示为某机件的立体图及主视图，请根据本项目内容，对其进行形体分析，并选择合适的表示方法（视图、剖视图与断面图）绘制其机械图样，要求能够清楚、完整地表示该机件的内外结构形状（无须标注尺寸）。

 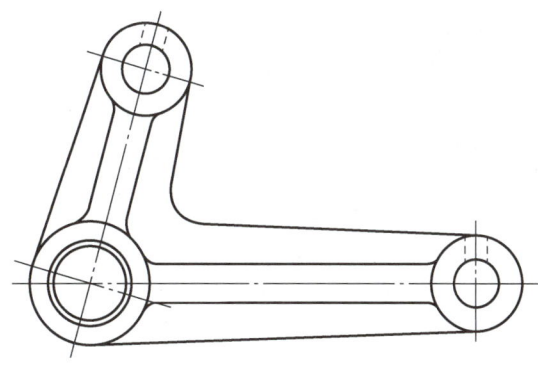

图 5-1 某机件的立体图及主视图

【寻找队友】

学生以 3～5 人为一组，各小组选出组长，组长组织组员分工合作，共同学习。

【获取信息】

在绘制机件的机械图样之前，需要熟悉视图、剖视图和断面图的形成及画法，了解局部放大图、简化画法等表示方法。请各小组组长组织组员查阅并学习相关资料，回答下列问题。

引导问题 1：用_____将机件向投影面投影所得到的图形称为视图。视图可分为_____、_____、_____和_____4 种。

引导问题 2：在机件表达完整、清楚的前提下，视图的数量越_____越好。实际画图时，若无特殊情况，一般优先选用_____、_____和_____。

引导问题 3：向视图是_____配置的基本视图，局部视图是将机件的_____向基本投影面投影所得到的视图，斜视图是将机件向_____任何基本投影面的平面投影所得到的视图。

引导问题 4：斜视图通常都是_____视图，即只需要画出机件上倾斜部分的实形，其余部分不需要画出，并在视图的合适位置用_____或_____断开。

引导问题 5：国家标准规定被剖切到的面上要画出_____，并且不同的材料要用_____。

引导问题 6：同一机件的各个剖面区域的剖面线应当_____。

班级_____   姓名_____   学号_____

引导问题 7：根据机件被剖切范围的不同，剖视图可分为_____、_____和_____。

引导问题 8：根据绘制位置不同，断面图可分为_____和_____。

引导问题 9：局部放大图中标注的比例是该图与机件_____之比，与原图比例_____。

引导问题 10：在不引起误解的情况下，对称机件的视图可只画_____，但需要在对称中心线的两端面分别画出_____的平行细实线。

【制订方案】

各小组通过熟悉机械图样的画法，进行工作规划，并针对工作规划展开讨论，制订实施方案。指导教师对各小组的实施方案进行指导和评价。各小组根据指导教师的评价对实施方案进行调整，确定最终实施方案。

【学以致用】

各小组根据最终实施方案，在图 5-2 中绘制该机件的机械图样。

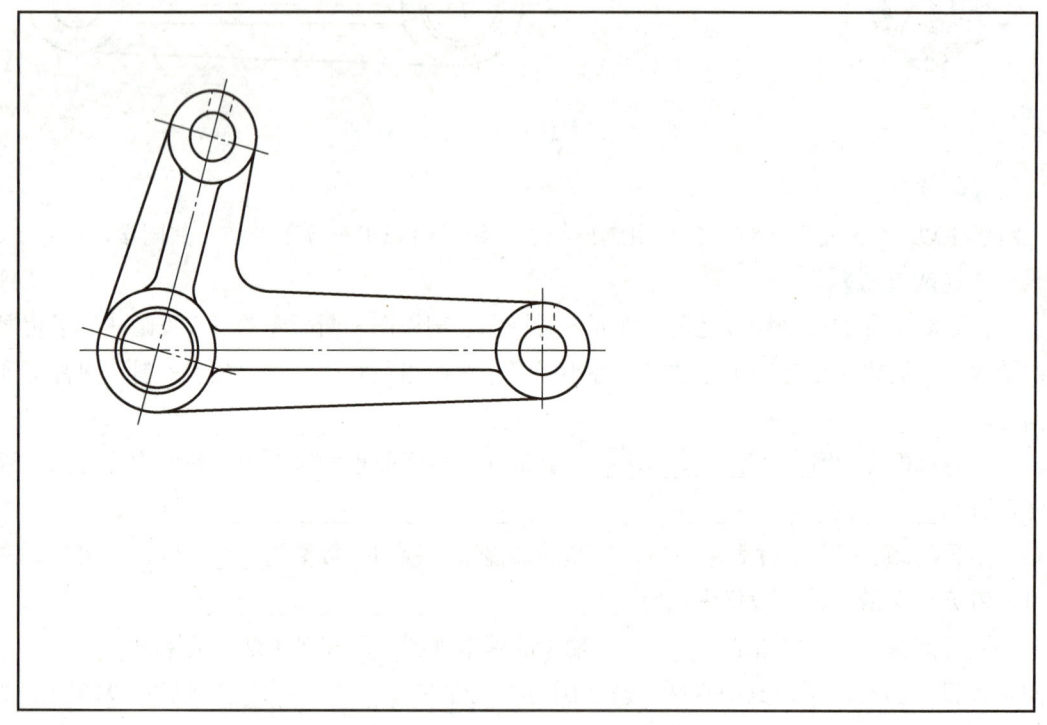

图 5-2　绘制机件的机械图样

128

5.1 视 图

根据 GB/T 17451—1998《技术制图 图样画法 视图》和 GB/T 4458.1—2002《机械制图 图样画法 视图》的规定,用正投影法将机件向投影面投影所得到的图形称为视图。视图主要用来表达机件的外部结构形状,一般只画出机件的可见部分,必要时才用虚线画出其不可见部分。视图可分为基本视图、向视图、局部视图和斜视图 4 种。

5.1.1 基本视图

当机件的形状比较复杂,且三视图不能准确、完整、清晰地表达其外部结构形状时,需要在原有的三个投影面的基础上再添加三个投影面,形成一个六面体。该六面体的六个面称为基本投影面。将机件置于六面体中并向这六个基本投影面投影,得到的六个视图称为基本视图,如图 5-3(a)所示。

六个基本视图的配置关系:原有三视图位置不变,右视图(由右向左投影)在主视图的正左方,仰视图(由下向上投影)在主视图的正上方,后视图(由后向前投影)在左视图的正右方,如图 5-3(b)所示。在同一张图纸上,当机件的各视图按照基本视图的位置配置时,一律不标注视图的名称。

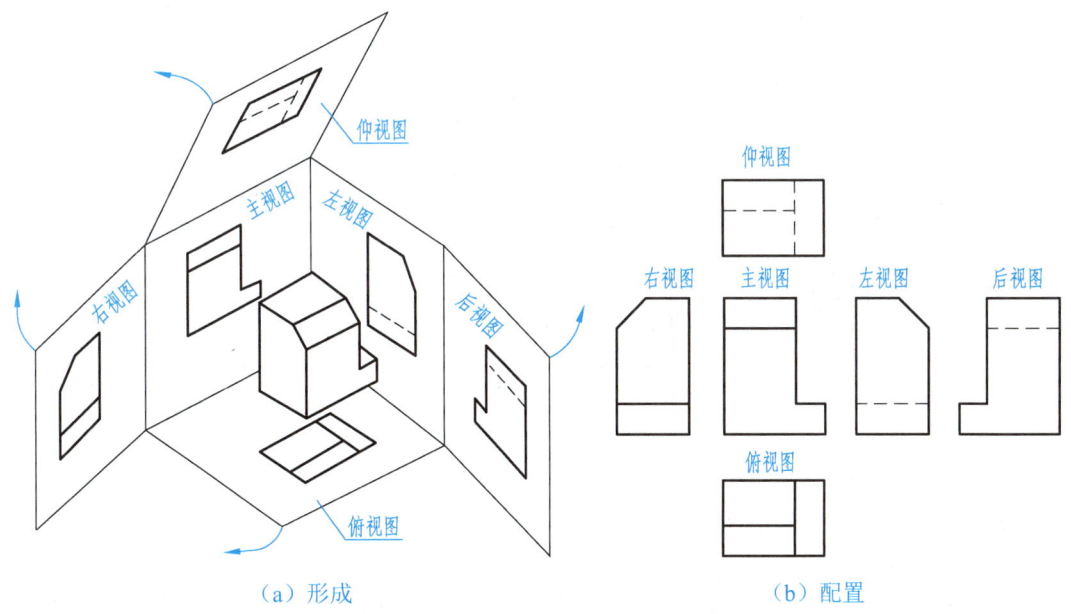

(a)形成　　　　　　　　　　　　　(b)配置

图 5-3 基本视图

由图 5-3 可知,六个基本视图之间有以下关系。

(1)基本视图之间仍然保持"长对正、高齐平、宽相等"的投影规律。

（2）六个基本视图按投影关系配置后，除后视图外，各视图靠近主视图的一侧均表示机件的后面，远离主视图的一侧均表示机件的前面。后视图靠近左视图的一侧表示机件的右面，远离左视图的一侧表示机件的左面。

> **点 拨**
>
> （1）虽然国家标准中规定了六个基本视图，但是不等于每个机件都必须用六个基本视图表达。在机件表达完整、清楚的前提下，视图的数量越少越好。实际画图时，若无特殊情况，一般优先选用主视图、俯视图和左视图。
>
> （2）视图中的虚线一般用来表达机件不可见的内外结构形状，如果这些结构形状在其他视图中已表达清楚，则该视图中的虚线可省略不画，否则这些虚线必须画出。

5.1.2 向视图

可以自由配置的视图称为向视图，它是基本视图的另一种表示方法。若为了合理利用图幅，各视图不能按投影关系配置，则可以使用向视图。绘制向视图时，需要在其正上方标注视图的名称"×"（×为大写拉丁字母），然后在对应的基本视图附近用箭头标出投射方向并注写同样的字母，如图5-4所示。

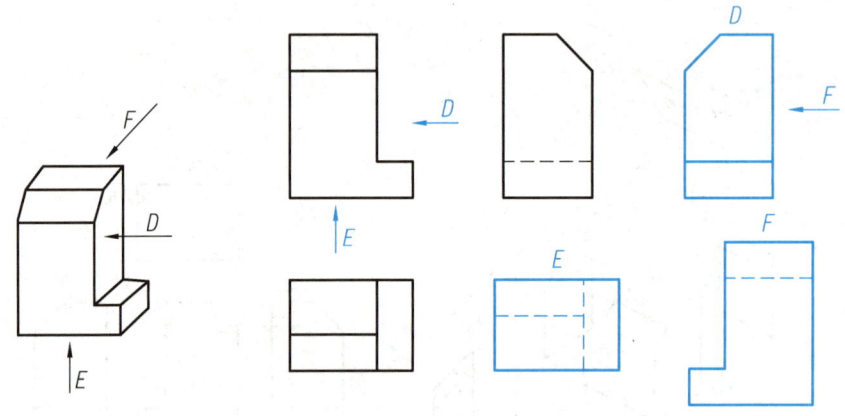

图5-4 向视图

> **注 意**
>
> 向视图必须是机件的一个完整视图，不能只绘制局部图形。此外，向视图是移位配置的基本视图，是用正投影法获得的，不可以旋转配置。

5.1.3 局部视图

将机件的某一部分向基本投影面投影所得到的视图称为局部视图。如图 5-5 所示,机件在选定主视图和俯视图后,只有 A、B 两个方向上箭头所指的凸起部分的结构尚未表达清楚。为此,可采用 A、B 两个局部视图进行补充表达。这样既简化作图,又使机械图样清晰易懂。

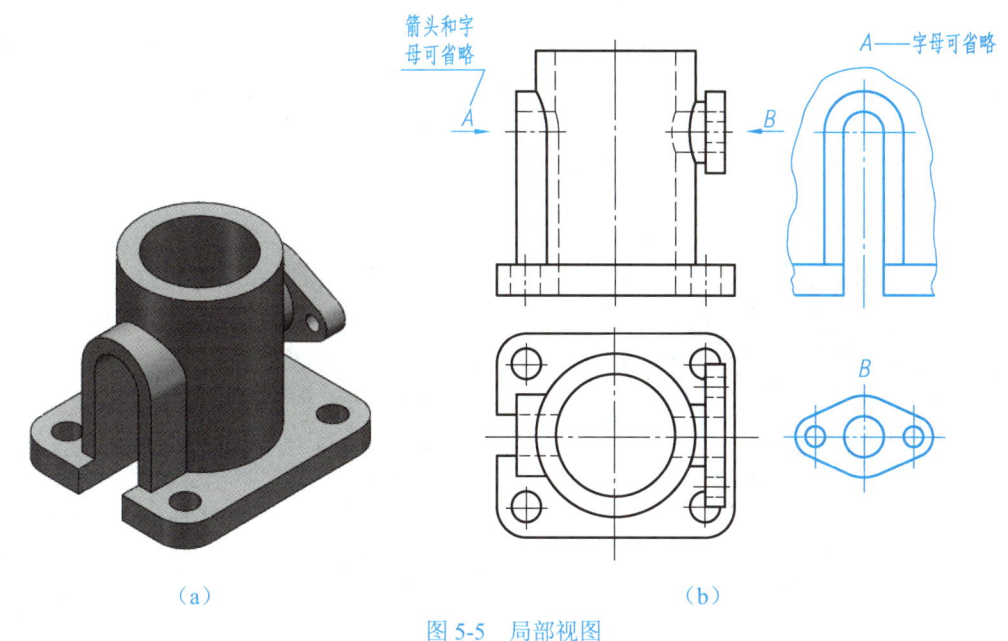

图 5-5 局部视图

> **注 意**
>
> 绘制局部视图时,应注意以下几种情况。
>
> (1) 局部视图一般需要标注投射方向和视图名称,但当其按基本视图位置配置,且中间又没有其他图形隔开时,则不必标注,如图 5-5 (b) 所示的字母 A 及对应的箭头均可省略。
>
> (2) 局部视图也可按向视图的形式配置在合适位置,此时需要在局部视图的上方用大写拉丁字母标注视图的名称"×",在相应的视图附近用箭头标出投射方向,并注写同样的字母,如图 5-5 (b) 所示的局部视图 B。
>
> (3) 局部视图断裂处的边界线用波浪线或双折线表示,如图 5-5 (b) 所示的局部视图 A。但当所表达的局部结构是完整的,且外形轮廓线呈封闭状态时,波浪线可省略不画,如图 5-5 (b) 所示的局部视图 B。

5.1.4 斜视图

将机件向不平行于任何基本投影面的平面投影所得到的视图称为斜视图,如图5-6(a)所示。因为斜视图主要用于表达机件上倾斜部分的实形,所以斜视图通常都是局部视图,即只需要画出机件上倾斜部分的实形,其余部分不需要画出,并在视图的合适位置用波浪线或双折线断开,如图5-6(b)所示。

斜视图的配置与标注通常遵循向视图的相关规定,必要时允许将斜视图旋转配置。将斜视图旋转配置时,应在其上方画出旋转符号"⌒×"(表示顺时针旋转)或"×⌒"(表示逆时针旋转)。其中,表示该视图名称的大写拉丁字母"×"应靠近旋转符号的箭头端,旋转符号的箭头方向由旋转方向确定,如图5-6(c)所示。

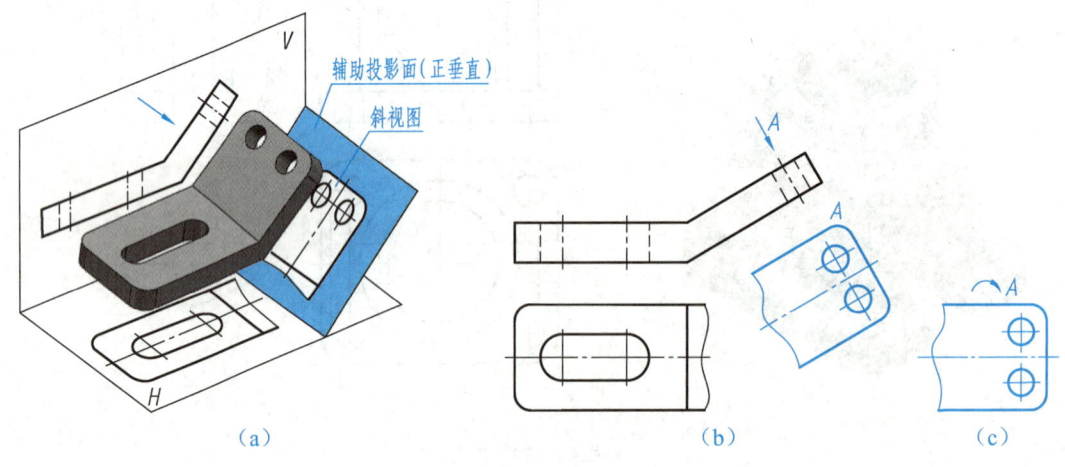

图5-6 斜视图

【例5-1】如图5-7(a)所示,判断A、B、C三个视图的种类,分析图中的错误,并画出正确图形。

判断与分析步骤:

(1)从图5-7(a)中可以看出,视图A是斜视图,有未旋转配置和旋转配置两个视图;视图B和视图C是局部视图,因为视图B所表达的结构完整且轮廓线封闭,所以省略波浪线或双折线。

(2)主视图中箭头A所指之处的槽可见,由此可知该槽在前方,故该槽应该画在未旋转斜视图A的下半圆侧;旋转后的斜视图A中槽的方向错误,且视图名称应置于旋转符号的箭头端,此外,旋转时一般旋转锐角。

(3)局部视图B所表示的半圆部分在后方,故局部视图B的方向错误,应旋转180°;局部视图C中漏画了表示不可见轮廓线的虚线。正确画法如图5-7(b)所示。

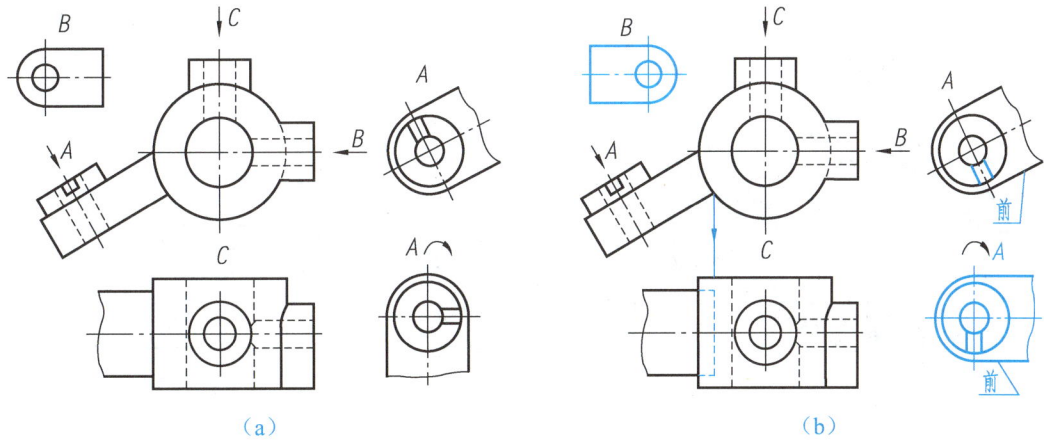

图 5-7 例 5-1 图

5.2 剖视图

用视图表达机件时，不可见的结构形状通常用虚线表示，但是当机件的内部结构形状比较复杂时，视图中就会出现较多的虚线，有时这些虚线会与外形轮廓线（粗实线）互相重叠而影响视图的清晰度，并给识读和标注尺寸带来困难。为此，GB/T 17452—1998《技术制图 图样画法 剖视图和断面图》和 GB/T 4458.6—2002《机械制图 图样画法 剖视图和断面图》规定可用剖视图来表达机件的<u>内部</u>结构形状。

5.2.1 剖视图的形成及画法

1. 剖视图的形成

假想用一剖切面将机件剖开，将处在观察者和剖切面之间的部分移去，将剩下的部分向基本投影面作正投影所得到的视图，称为剖视图。

假想以机件的前后对称平面为剖切面将机件剖开，移去剖切面前面的部分，剖切面与机件的接触部分称为剖面区域，如图 5-8（a）所示；将剖切后余下的部分向正立投影面投影，即可得到该机件的剖视图，如图 5-8 所示；此时，表示机件内部孔、槽的虚线在剖视图上均可见，如图 5-8（b）和图 5-8（c）所示。

图 5-8 动画

2. 剖视图的标注与配置

为了便于识读，一般应在剖视图的上方用大写拉丁字母标注视图名称"×—×"，并在相应的视图上画出剖切符号（用长为 5～10 mm、宽为 d～1.5d 的粗短线表示剖切位置，用箭头表示投射方向），且需要注写同样的字母，如图 5-8（c）所示。

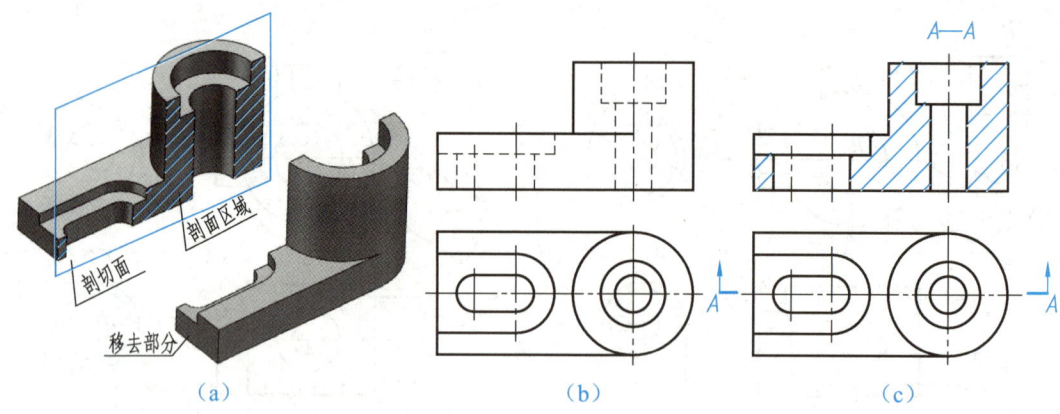

图 5-8　剖视图的形成

当剖视图按投影关系配置，且中间又没有其他图形隔开时，可以省略箭头；当剖切面通过机件的对称平面，且剖视图是按投影关系配置，同时中间又没有其他图形隔开时，不必标注，如图 5-8（c）所示的视图名称、俯视图中的剖切符号及字母均不必标注。

3．剖面符号及剖面线的画法

为了区分机件的实心部分与空心部分，国家标准规定被剖切到的面上要画出剖面符号，并且不同的材料要用不同的剖面符号。常用材料的剖面符号如表 5-1 所示。

表 5-1　常用材料的剖面符号（摘自 GB/T 4457.5—2013）

材料类型	剖面符号	材料类型	剖面符号
金属材料（已有规定剖面符号者除外）		非金属材料（已有规定剖面符号者除外）	
混凝土		钢筋混凝土	
型砂、填砂、粉末冶金、砂轮、陶瓷刀片、硬质合金刀片等		砖	
玻璃及供观察用的其他透明材料		格网（筛网、过滤网等）	
木材　纵断面		液体	
木材　横断面			

项目 5　掌握机械图样的画法

> **点　拨**
>
> 当不需要在剖面区域表示机件的材料时,剖面区域可以用剖面线来表示,此时,剖面线应画为间隔相等,且与图形的主要轮廓线或剖面区域的对称线成45°的平行细实线,如图 5-9 所示。同一机件的各个剖面区域的剖面线应当一致。当图形的主要轮廓线与水平线成45°时,该图形的剖面线应画成与水平线成30°或60°的平行细实线,其倾斜方向应与其他剖面区域的剖面线一致。
>
>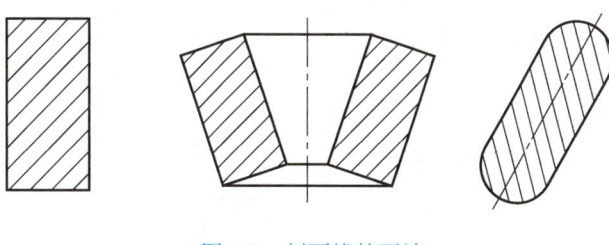
>
> 图 5-9　剖面线的画法

4．绘制剖视图的方法与步骤

以绘制如图 5-10（a）所示机件的剖视图为例,介绍绘制剖视图的方法和步骤。

（1）绘制基本视图。根据机件的结构形状特点,绘制其基本视图,如图 5-10（b）所示。

（2）确定剖切面。选择机件上孔和槽的前后对称平面为剖切面。

（3）绘制剖视图。剖切面与机件表面的交线及剖切面后面的可见轮廓线都用粗实线绘制。

（4）绘制剖面符号。在剖面区域内画出与该材料对应的剖面符号,如图 5-10（c）所示。

（5）标注剖视图。由于该机件的剖切面为机件的对称平面,且剖视图按投影关系配置,中间又没有其他图形隔开,因此可省略标注。

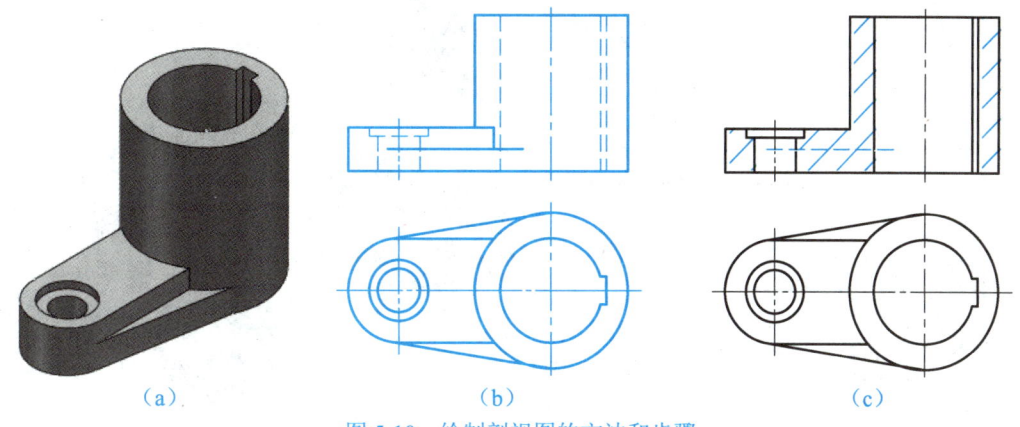

图 5-10　绘制剖视图的方法和步骤

机械制图

> **注 意**

绘制剖视图时，应注意以下事项。

（1）对于剖视图中的不可见轮廓线，如果在其他视图中已表示清楚，可省略不画；如果尚未表示清楚，则需要用虚线画出，如图 5-11 所示。

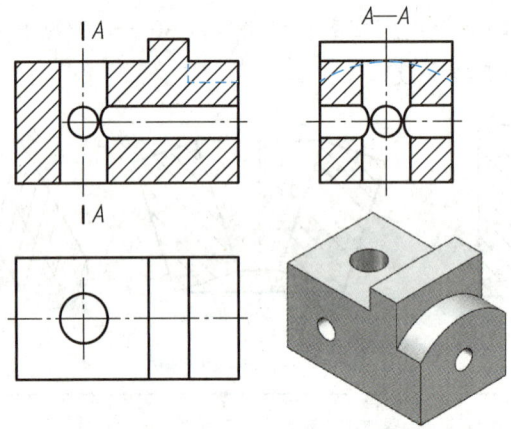

图 5-11 剖视图中的不可见轮廓线

（2）对于机件上的肋板、轮辐及薄壁等，当剖切面纵向剖切（即剖切面通过肋板、轮辐及薄壁的轴线或对称平面）时，这些结构的剖面区域中都不画剖面线，但需要用粗实线画出轮廓线，以将其与邻接部分分开；但当剖切面横向剖切时，这些结构的剖面区域中仍应画出剖面线。剖视图中肋板的画法如图 5-12 所示。

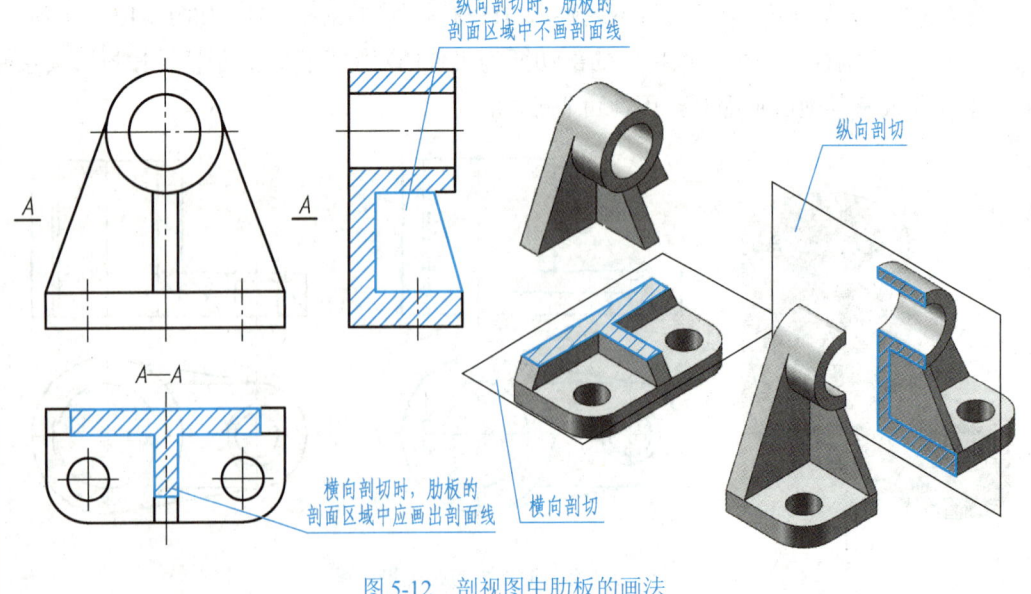

图 5-12 剖视图中肋板的画法

5.2.2 剖视图的种类

根据机件被剖切范围的不同,剖视图可分为全剖视图、半剖视图和局部剖视图。

1. 全剖视图

用剖切面完全地剖开机件所得到的剖视图称为全剖视图。全剖视图主要用于表达内部结构形状复杂的不对称机件或外形简单的对称机件,如图 5-8(c)和图 5-10(c)所示,均为全剖视图。

2. 半剖视图

当机件具有对称平面时,向垂直于对称平面的投影面上投影并以对称中心线为界,一半用视图来表达外部形状,另一半用剖视图来表达内部结构,这样绘制而成的图形称为半剖视图。

如图 5-13 所示为半剖视图示例,将该机件按如图 5-13(a)和图 5-13(b)所示的位置进行剖切,分别以主视图和俯视图的对称中心线为界,将机件的左半侧画成剖视图,右半侧画成视图,由此可分别将主视图和俯视图绘制成半剖视图,如图 5-13(c)所示。

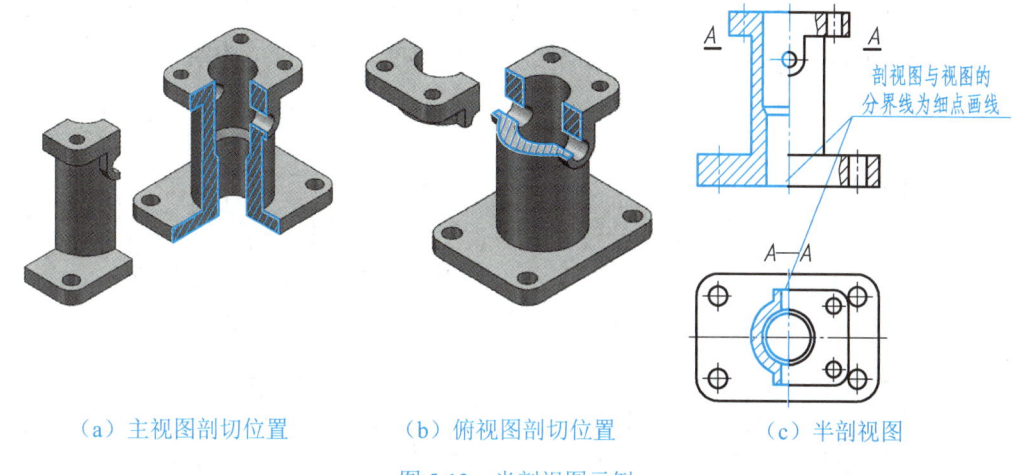

(a)主视图剖切位置　　(b)俯视图剖切位置　　(c)半剖视图

图 5-13　半剖视图示例

由于半剖视图既能表达机件的内部结构,又能表达机件的外部形状,所以常用半剖视图来更加清晰简洁地表达对称机件。画半剖视图时应注意以下几点。

(1)剖视图与视图的分界线只能是对称中心线,且分界线应用细点画线画出,如图 5-13(c)所示。

(2)机件的内部结构若在剖视图中已经表达清楚,则在另一半视图中不必再用虚线画出,但对于对称的孔、槽等,应画出表示其位置的中心线。

3. 局部剖视图

用剖切面局部剖开机件所得到的视图称为局部剖视图,如图 5-14 所示。局部剖视图不受机件是否对称的限制，可以根据机件的结构形状特点灵活地选择剖切位置和范围，适用于内外结构形状都需要表达的不对称机件，以及轮廓线的投影与对称中心线的投影重合的对称机件。

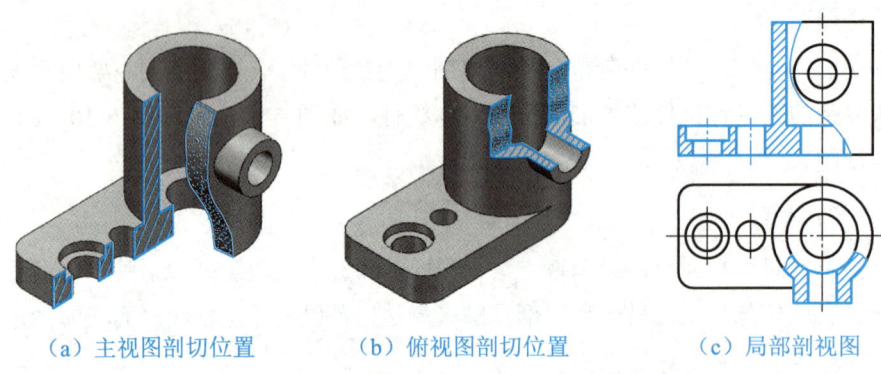

（a）主视图剖切位置　　　　（b）俯视图剖切位置　　　　（c）局部剖视图

图 5-14　局部剖视图示例

在局部剖视图中，视图与剖视图的分界线用波浪线表示，各部分的可见轮廓线应画到波浪线处，且波浪线只能画在物体表面的实体部分，不能直接穿过孔、槽等结构的轮廓线，遇到时必须断开，如图 5-15（b）中箭头 1 所指位置；同时波浪线不能与其他图线重合或画在轮廓线的延长线上，也不能超出视图的轮廓，如图 5-15（b）中箭头 3 和箭头 2 所指位置。正确画法如图 5-15（a）所示。

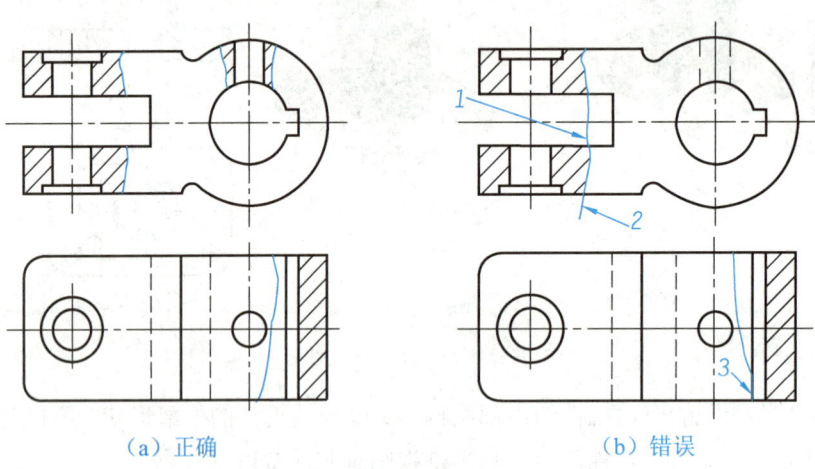

（a）正确　　　　　　　　　　　　　（b）错误

图 5-15　局部剖视图中波浪线的画法

当对称机件的轮廓线与对称中心线的投影重合时，应采用局部剖视图，不宜画成半剖视图，如图 5-16 所示。

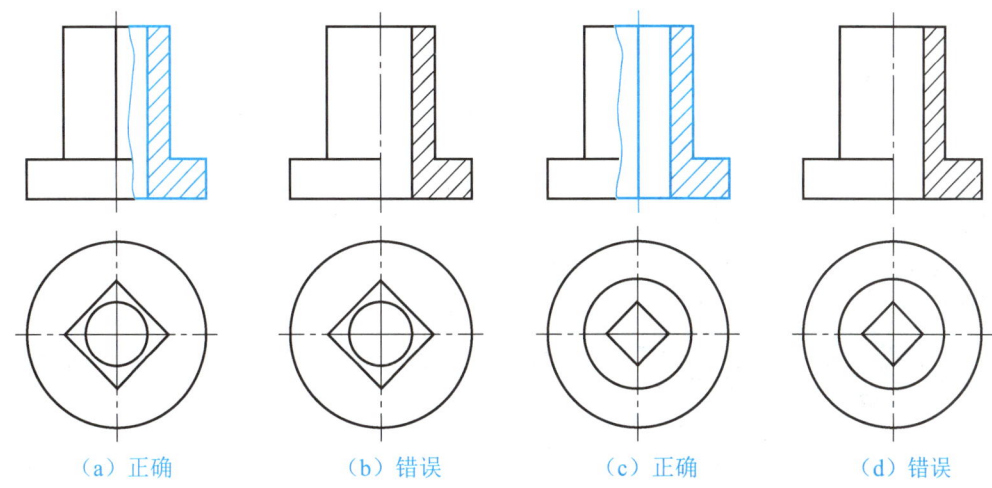

(a)正确　　　　　(b)错误　　　　　(c)正确　　　　　(d)错误

图 5-16　对称机件不宜画成半剖视图的情形

> **注意**
>
> 在一个视图中，局部剖切的次数不宜过多，否则视图就会显得破碎，影响识读。

5.2.3　剖切面的种类

在进行剖切处理时，需要根据机件的结构形状特点选择合适的剖切面，以便完整、准确地表达机件的结构形状。机件剖切面的数量和形状不尽相同，常用的剖切面有单一剖切面、几个平行的剖切面和几个相交的剖切面。

1. 单一剖切面

采用单一剖切面对机件进行剖切，这种方法称为单一剖。单一剖切面可以是平行于基本投影面的剖切面，也可以是不平行于基本投影面的剖切面，如图 5-17（a）所示的剖切面 $A-A$ 和剖切面 $B-B$。其中，使用倾斜的单一剖切面绘制的剖视图，一般配置在与倾斜部分保持投影关系的位置。但在不引起误解的情况下，为了便于识读，也允许将剖视图旋转配置。在进行旋转配置时，必须在其上方标注旋转符号"⌒"或"⌒"，剖视图名称"×—×"应靠近旋转符号的箭头端，如图 5-17（b）所示。

为了完整、准确地表示机件上处于圆周分布的结构要素（如孔、槽等），可使用单一柱面进行剖切。此时，剖视图可使用展开画法来绘制，并在剖视图名称"×—×"后标注"展开"二字，如图 5-17（c）所示。

机械制图

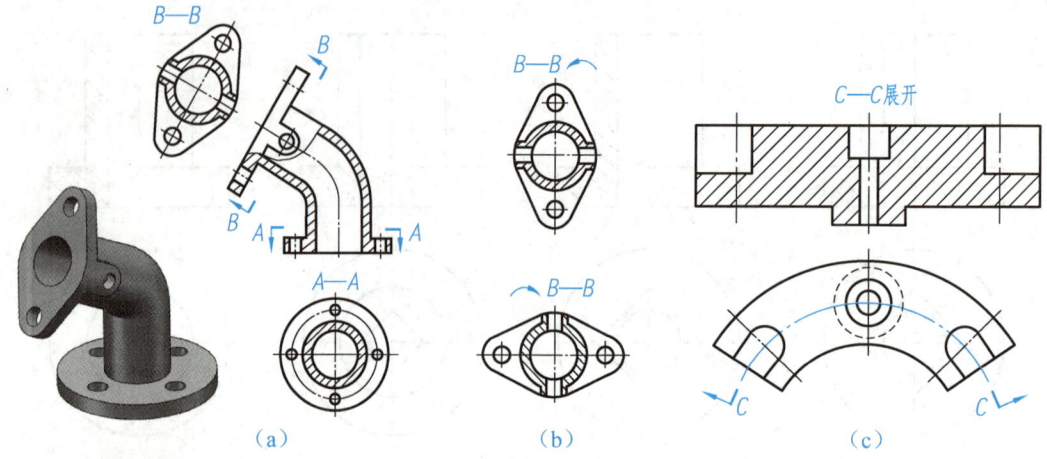

图 5-17 单一剖切面示例

2. 几个平行的剖切面

当机件上具有几种不同的结构要素（如孔、槽等），且它们的中心平面互相平行且在同一方向上的投影无重叠时，可用几个平行的剖切面对机件进行剖切，这种方法称为阶梯剖。

如图 5-18（a）所示，机件上 3 个孔的中心平面互相平行且正面投影无重叠。为了完整、准确地表示该机件的内部结构形状，可用 3 个平行的剖切面对机件进行剖切，得到剖视图 $A—A$，如图 5-18（b）所示。

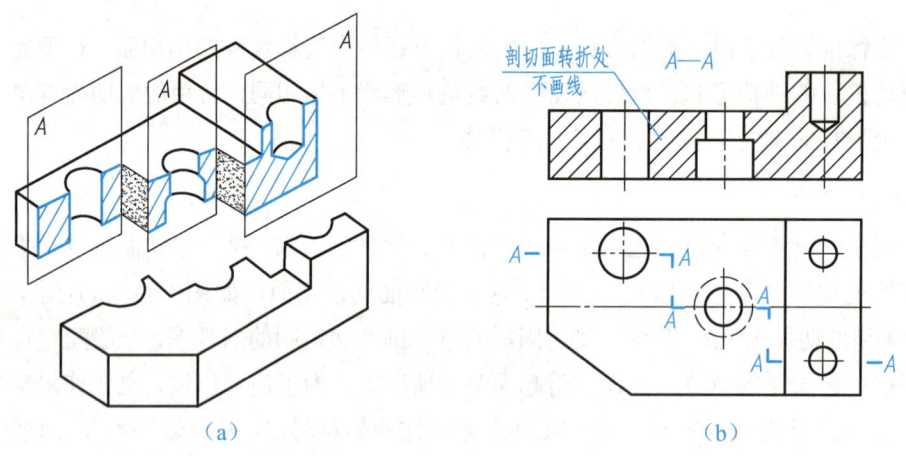

图 5-18 几个平行的剖切面示例

> **注 意**
>
> 绘制被几个平行的剖切面剖切得到的剖视图时，应注意以下几点。
>
> （1）剖切面是假想的，因此剖视图中剖切面转折处不画线。
>
> （2）在剖切面的起、止和转折处应画出带字母的剖切符号，且需要在剖切符号的

项目 5　掌握机械图样的画法

起、止位置处用垂直箭头表示投射方向。当剖视图按投影关系配置，且中间又没有其他图形隔开时，可省略垂直箭头。

（3）在剖视图的上方需要标注剖视图的名称"×—×"，且在剖切符号的外侧或上方应标注相同字母。

3．几个相交的剖切面

当用单一剖切面或几个平行的剖切面不能完整准确地表达机件的内部结构形状时，可利用几个相交的剖切面剖开机件，然后将剖切面的倾斜部分旋转到与基本投影面平行的位置再进行投射。这种"先剖切，后旋转，再投射"的方法称为旋转剖，如图 5-19 所示。

旋转剖除了可以表达回转机件上的孔、槽等结构，如图 5-19（a）所示；还可以用于表达机件上与主要结构相倾斜的结构中的孔、槽等，如图 5-19（b）所示。

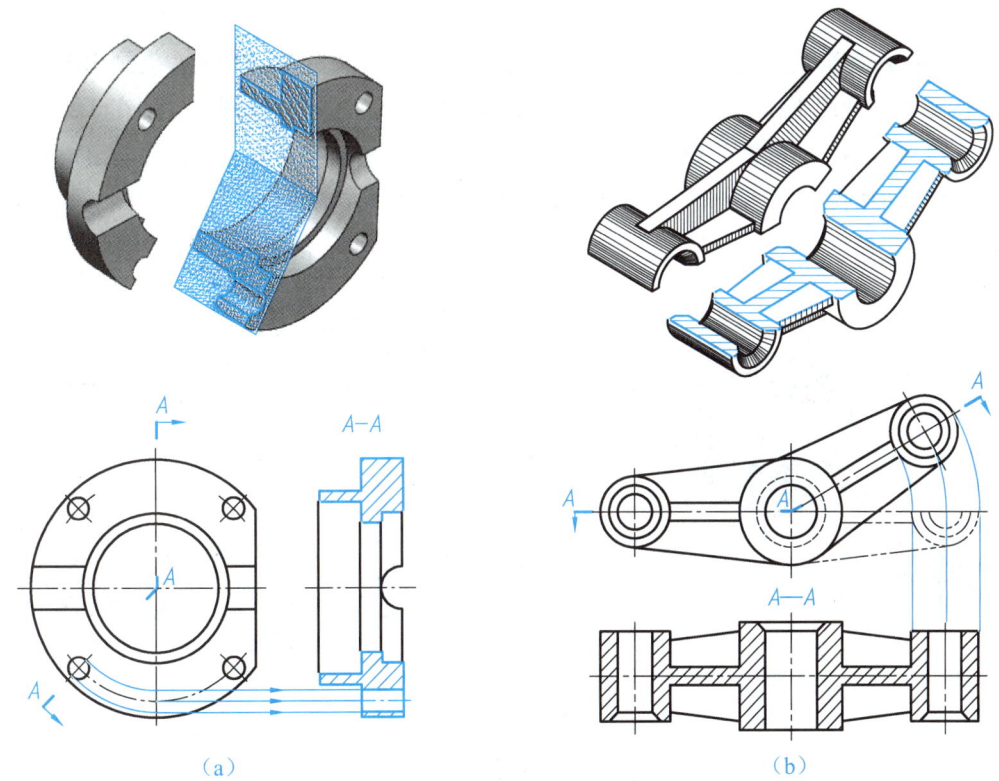

图 5-19　几个相交的剖切面示例

图 5-19（a）动画

图 5-19（b）动画

> **注 意**
>
> 绘制被几个相交的剖切面剖切得到的剖视图时，应注意以下几点。
>
> （1）几个相交的剖切面适用于表达具有回转轴的机件，剖切面的交线应与机件的回转轴重合。位于剖切面之后的其他结构要素，一般仍按原来位置画出，如图 5-19（b）所示。
>
> （2）标注几个相交的剖切面时，必须用带字母的剖切符号表示出剖切面的起、止和转折位置，并用箭头表示出投射方向，并在剖视图上方标注剖视图的名称"×—×"，如图 5-19 所示。

5.3 断面图

机件的断面形状可用断面图来表达。假想用剖切面将机件某处切断，仅画出剖切面与机件接触部分利用正投影法得到的图形称为断面图。断面图和剖视图的区别在于：断面图只画出机件被剖切后的断面投影，而剖视图除了要画出断面投影外，还必须画出机件上位于剖切面后面的其他可见部分的投影，如图 5-20 所示。

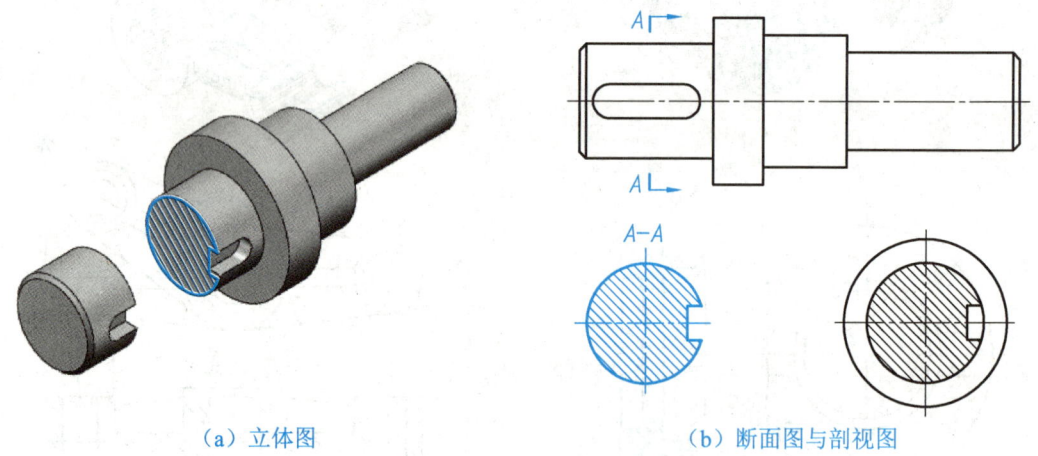

(a) 立体图　　　　　　　　　　(b) 断面图与剖视图

图 5-20　断面图和剖视图的区别

断面图主要用来表达机件上某一局部的断面形状，如机件上的肋板、轮辐及轴上的键槽、孔等。根据绘制位置不同，断面图可分为移出断面图和重合断面图。

5.3.1 移出断面图

绘制在视图之外的断面图称为移出断面图，其轮廓线用粗实线绘制，如图 5-20（b）所示。绘制移出断面图时，应注意以下几点。

（1）当移出断面图的图形对称时，可将移出断面图配置在视图的中断处，如图5-21所示。

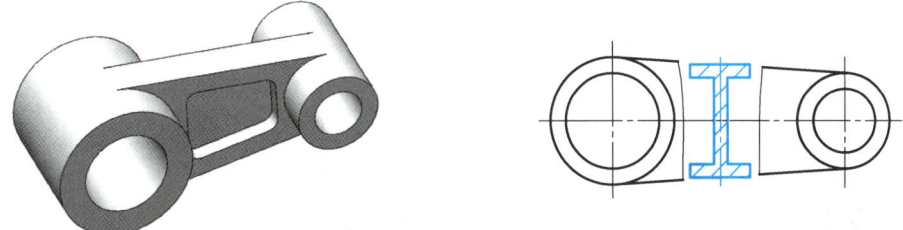

图 5-21 移出断面图配置在视图的中断处

（2）由几个相交的剖切面剖切得到的移出断面图，一般中间应断开，如图5-22所示。

（3）当剖切面通过由回转面形成的孔或凹坑等结构的轴线时，这些结构应按剖视图绘制，如图5-23所示。

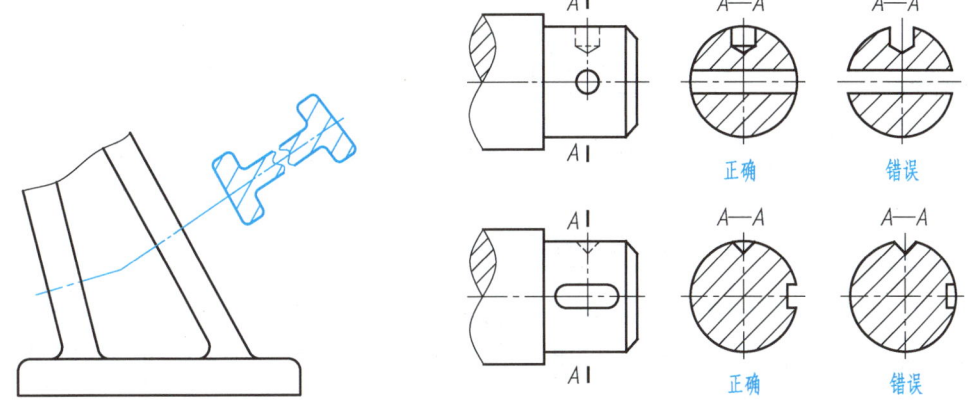

图 5-22 剖切面相交时的画法　　图 5-23 剖切面通过孔或凹坑轴线时的画法

（4）当剖切面通过由非回转面形成的孔或槽等结构时，会出现完全分离的断面，此时这些结构也按剖视图绘制，在不引起误解的情况下，允许将移出断面图旋转配置，但必须标注旋转符号，如图5-24所示。

绘制出移出断面图后，应对其进行标注，即一般应在断面图的上方标注移出断面图的名称"×—×"（"×"为大写拉丁字母），在相应的视图上画出剖切符号和箭头，并标注相同字母。移出断面图的配置及标注如表5-2所示。

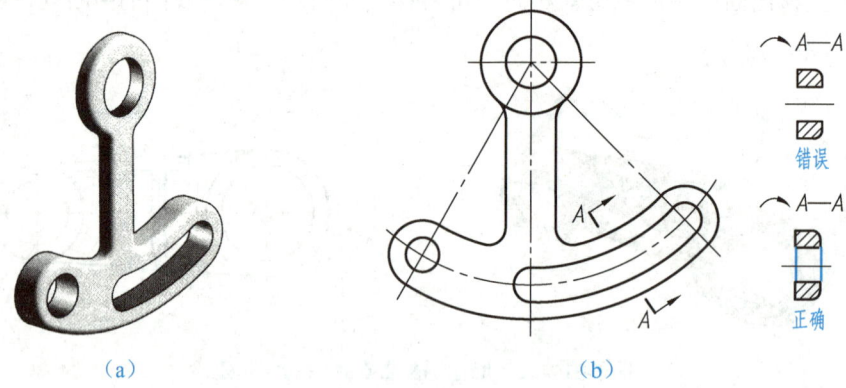

(a) (b)

图 5-24 断面分离时的画法

表 5-2 移出断面图的配置及标注

配置	对称的移出断面图	不对称的移出断面图
配置在剖切线或剖切符号延长线上	剖切线（细点画线） 不必标注字母和剖切符号	不必标注字母
按投影关系配置	A A 不必标注箭头	A A—A A 不必标注箭头
配置在其他位置	A A A—A 不必标注箭头	A A A—A 应标注剖切符号（包括箭头）和字母

5.3.2 重合断面图

绘制在视图之内的断面图称为重合断面图，其轮廓线用细实线绘制，如图 5-25（a）所示。当视图中的轮廓线与重合断面图重叠时，视图中的轮廓线仍应连续画出，不可间断，如图 5-25（b）所示。

一般情况下，对称的重合断面图不必标注，如图 5-25（a）所示；不对称的重合断面图，在不引起误解的情况下，可省略标注，如图 5-25（b）所示。

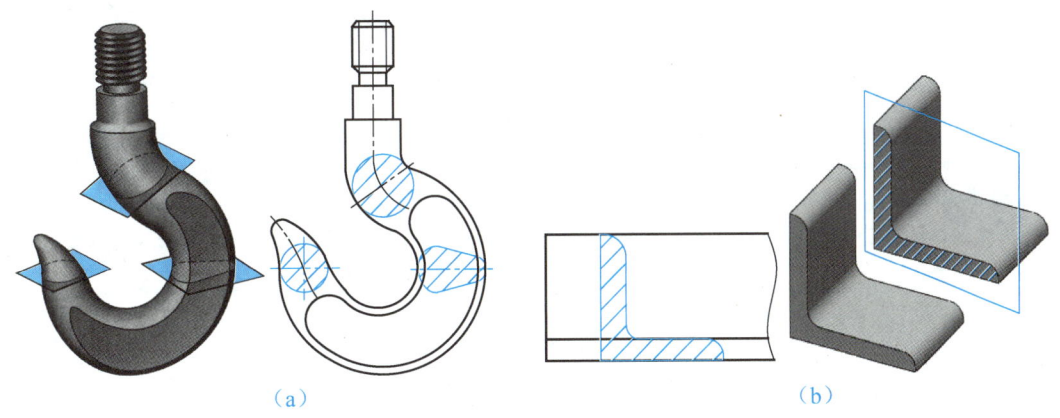

图 5-25 重合断面图示例

【例 5-2】如图 5-26（a）所示，在指定位置绘制移出断面图和重合断面图。

分析：由图 5-26（a）可知，图中有两个结构需要用断面图来表达，一处为梯形肋板，另一处为"工"字形肋板。其中，梯形肋板的断面图可用单一剖切面剖切，并用重合断面图表达，配置在视图的轮廓线内；"工"字形肋板的断面图可用两个相交的剖切面剖切，并用移出断面图表达，配置在俯视图中剖切线的延长线上。

作图步骤：

（1）梯形肋板的断面图是重合断面图。绘制时，首先在俯视图上量取肋板的宽度，然后用细实线绘制肋板的轮廓线，并用波浪线将其断开，如图 5-26（b）所示Ⅰ处。

（2）"工"字形肋板的断面图是移出断面图，其轮廓线用粗实线绘制。该断面是由上、下两横笔和一竖笔组成的。其中，两横笔的长及一竖笔的宽可直接在主视图中量取，两横笔的宽可直接在俯视图中量取。由于"工"字形肋板的移出断面图是用两个相交的剖切面剖切得到的，所以中间应断开，如图 5-26（b）所示Ⅱ处。

（3）由于主视图中已有剖面线，因此重合断面图中的剖面线应与其一致。因为移出断面图斜放，若仍用原45°剖面线效果不好，可适当调整剖面线的倾斜角度。

（4）两个断面图均不需要标注，如图 5-26（b）所示。

图 5-26 动画

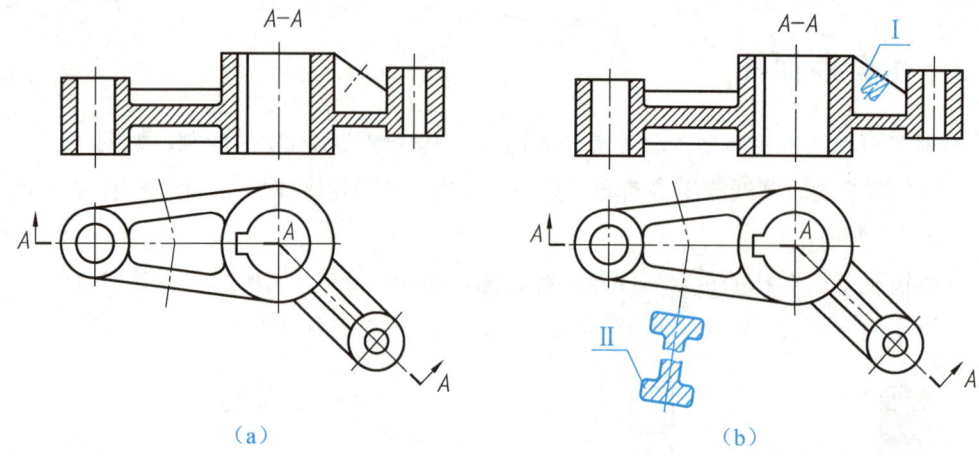

图 5-26 例 5-2 图

5.4 其他表示方法

除了可以用视图、剖视图和断面图来表达机件外，针对机件上的一些特殊结构，为了方便识读与绘制，还可以用局部放大图和简化画法来表达。

5.4.1 局部放大图

当机件上的某些细小结构在视图中表达不够清楚或不便于标注尺寸时，可将该细小结构用大于原图形的比例画出，这种图形称为局部放大图。局部放大图与被放大部分的表达方式无关，可画成局部视图、局部剖视图或局部断面图，如图 5-27 所示。

绘制局部放大图时，应用细实线圈出被放大的部位。当同一机件上有多处被放大时，应在指引线上用罗马数字编号，并在局部放大图上方以分数形式标出相应的罗马数字和所采用的比例，同时局部放大图应尽量配置在被放大部位的附近；当机件上被放大的部位仅有一处时，不需要标出罗马数字编号，只需要在局部放大图的上方注明所采用的比例即可。绘制局部放大图时，剖面线的间距不放大。

当同一机件上所要表达的局部结构相同或对称时，只需要画出一个局部放大图即可（一个局部放大图可以表达多个被放大部位）。局部放大图中标注的比例是该图与机件实际尺寸之比,与原图比例无关。

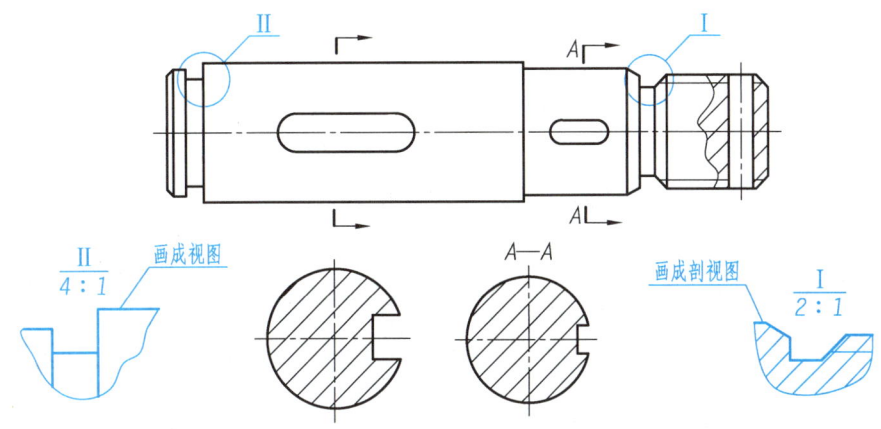

图 5-27 局部放大图示例

5.4.2 简化画法

为提高识读与绘制效率,增加图样的清晰度,GB/T 16675.1—2012《技术制图 简化表示法 第 1 部分:图样画法》和 GB/T 4458.1—2002《机械制图 图样画法 视图》规定了一些简化画法,其中,最常见的几种情况如下。

(1)当机件上具有若干个按一定规律分布的相同结构(如齿、槽等)时,只需要画出一个或几个完整的结构,其余用细实线连接,并在图上注明该结构的总数即可,如图 5-28(a)所示;当机件上具有若干个直径相同且按一定规律分布的孔时,只需要画出一个或几个完整的孔,其余用细点画线或"十"字形表示其中心位置,并注明孔的总数即可,如图 5-28(b)所示。

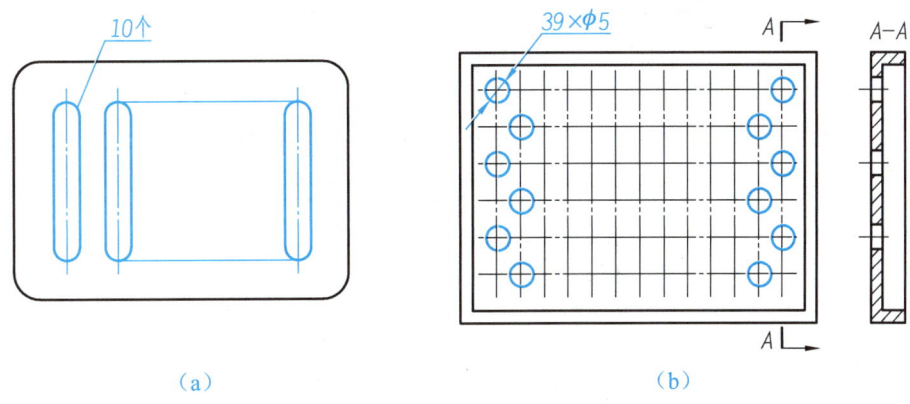

(a)   (b)

图 5-28 相同结构要素的简化画法

（2）在不引起误解的情况下，对称机件的视图可只画一半或四分之一，但需要在对称中心线的两端面分别画出两条与其垂直的平行细实线，如图 5-29 所示。

（3）对于机件上的肋板、轮辐及薄壁等结构，当剖切面沿纵向（通过肋板、轮辐等的对称平面）剖切时，这些结构按不剖画出，即用粗实线画出其可见轮廓线，如图 5-30 中的肋板；对于机件上均匀分布的肋板、轮辐、孔、槽等结构，当其不处于剖切面上时，可将这些结构旋转到剖切面上画出，如图 5-30 中的孔。

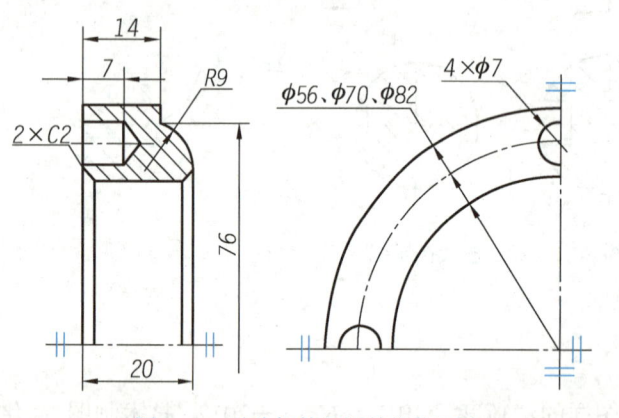

图 5-29　对称机件视图的简化画法　　　　图 5-30　机件上肋板的简化画法

（4）当较长机件（如轴、杆、型材等）沿长度方向形状一致或按一定规律变化时可将其断开，缩短绘制，并在断开处用波浪线或细双点画线绘制，但其长度尺寸必须按照实际尺寸标注，如图 5-31 所示。

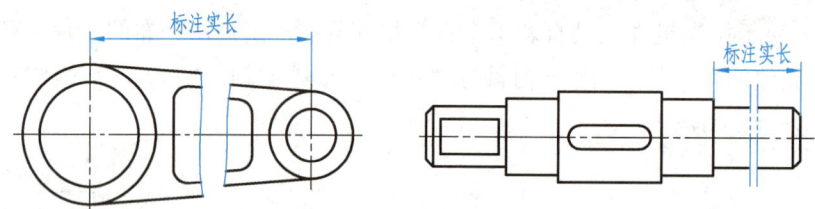

图 5-31　较长机件的简化画法

（5）在不引起误解的情况下，视图中的小圆角或小倒角允许省略不画，但必须注明尺寸或在技术要求中加以说明，如图 5-32 所示。

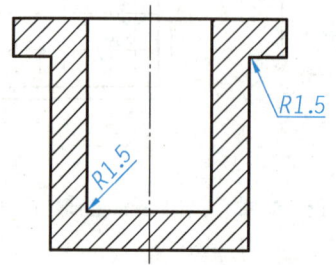

图 5-32　小圆角的简化画法

(6)当机件上较小的结构及斜度等在一个视图中已经表达清楚时,在其他视图中应简化或省略,如图 5-33 所示。

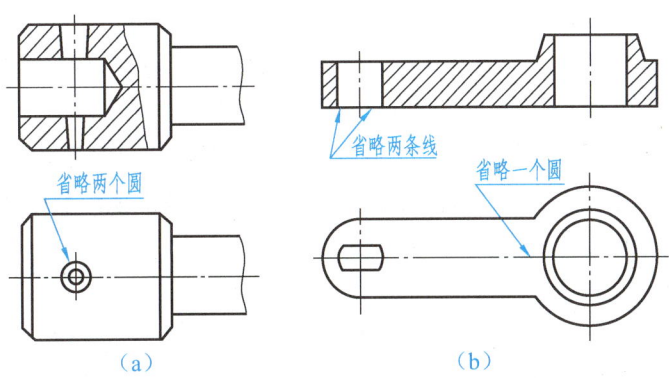

图 5-33　较小结构的简化画法

(7)当回转体零件上的平面在视图中不能充分表达时,可在图形上用两条相交的细实线表示平面,如图 5-34 所示。

(8)机件上的滚花部分可在轮廓线附近用粗实线画出,并在视图或技术要求中注明这些结构的具体要求,如图 5-35 所示。

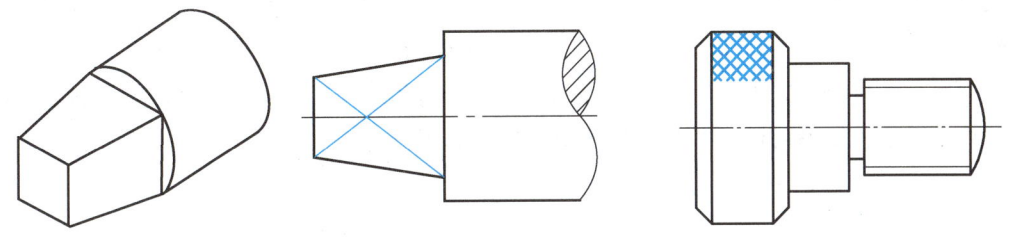

图 5-34　回转体零件上平面的简化画法　　　图 5-35　机件上滚花部分的简化画法

5.5　表示方法的综合应用

在实际生产中,无论绘制还是识读机械图样,都需要正确、灵活地运用各种表示方法,从而完整、清楚地将机件的内外结构形状及各部分之间的相对位置关系表达出来。

5.5.1　选择合适的表示方法,绘制机械图样

机件的表示方法应根据机件的结构特点来选择,在能够完整、清楚地表达机件结构形状的前提下,力求作图简单,读图方便。选择机件的表示方法时,应先确定主视图,然后再逐个增加其他视图,每个视图应突出各自的表达重点。

【例 5-3】如图 5-36（a）所示为支架，根据支架的结构形状选择合适的表示方法，并绘制机械图样。

分析：

（1）一般以支架的工作位置或加工位置作为主视图的位置，其投射方向应尽量多地反映出支架各组成部分的结构形状特点及相对位置关系。

（2）主视图确定后，根据机件的复杂程度和内外结构形状特点，综合考虑，灵活选择其他视图。选择其他视图时，应优先选用基本视图或在基本视图上作剖视图，并尽量按投影关系配置各视图。

绘制机械图样的步骤：

（1）形体分析。该支架的主体为 A、B 两轴座，中间由"工"字形肋板连接，轴座 B 上有倾斜凸耳 C，凸耳 C 上有两个阶梯孔 D。

（2）选择主视图。如图 5-36（a）所示，当以箭头 1 所指方向作为主视图的投射方向时，A、B 两轴座上的孔及凸耳 C 的相对位置关系可以真实地表达出来；当以箭头 2 所指方向作为主视图的投射方向时，A、B 两轴座的平行轴线特征反映得比较清楚，但凸耳 C 的投影将不能反映实形。因此，选择箭头 1 所指方向作为主视图的投射方向。

（3）选择其他视图。在主视图中沿 A、B 两轴孔轴线所在的平面进行剖切，得到 $A—A$ 剖视图，而凸耳 C 的真实形状可作 C 向斜视图予以反映。同时，C 向斜视图上也反映了两个阶梯孔 D 的孔间距。为了表达阶梯孔 D 的内部结构，可沿两个阶梯孔 D 轴线所在的平面进行剖切，得到 $D—D$ 剖视图。此外，"工"字形肋板的截面形状可以用移出断面图表达。

综上所述，支架的机械图样如图 5-36（b）所示。

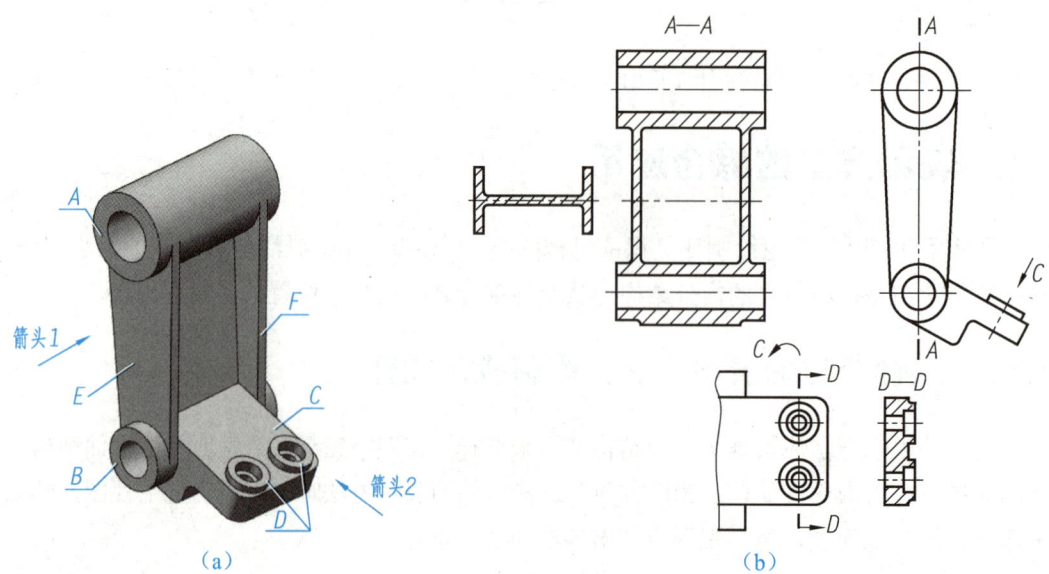

图 5-36　例 5-3 图

5.5.2 根据机件的表示方法，想象其结构形状

在识读机械图样时，不仅要弄清楚各视图的表示方法及视图与视图之间的关系，还要想象出该机件的结构形状。对于机械图样上的剖视图和断面图，要先判断是哪种剖视图或断面图，然后分析剖切面的位置、投射方向、各视图的表达意图及它们之间的关系，从而想象出机件的结构形状。

【例 5-4】如图 5-37（a）所示为机件的各视图，说明该机件所采用的表示方法，并想象其结构形状。

想象结构形状的步骤：

（1）概括了解。首先浏览全图，查看视图、剖视图、断面图等的数量、投射方向及所表示的对象，以便对机件的复杂程度有一个初步了解。如图 5-37（a）所示，选用了全剖主视图 B—B、全剖俯视图 A—A、剖视图 C—C、剖视图 E—E 和局部视图 D 共五个视图。

（2）分析各视图。根据各视图的名称，在相应视图上找出剖切符号、剖切位置、投射方向及所表示的对象。

① 主视图 B—B 是采用旋转剖、由前向后投射得到的全剖视图，主要表达机件的内腔形状。

② 俯视图 A—A 是采用平行剖、由上向下投射得到的全剖视图，主要表达机件左右两处凸缘部分的形状及安装孔的分布情况。

③ 剖视图 C—C 是采用单一剖、由右向左投射得到的全剖视图，主要表达机件左侧凸缘部分的形状及安装孔的分布情况。

④ 剖视图 E—E 是采用单一剖、沿 E—E 箭头所指方向投射得到的全剖视图，主要表达机件右侧凸缘部分的形状及安装孔的分布情况。

⑤ 视图 D 是自上向下投射得到的局部视图，主要表达机件顶部方形凸缘的形状及安装孔的分布情况。

（3）深入分析，想象机件的整体结构形状。读剖视图的基本方法也是形体分析法，即"分部分想形状，合起来想整体"。由主视图、俯视图的投影关系可以确定线框 I 是带凹坑的圆筒，其下端为带有 4 个小圆孔的圆盘形凸缘；由局部视图 D 可以确定线框 I 的上端为带有 4 个小圆孔的方形凸缘；线框 II、III 表示不在同一高度的两个圆筒；由剖视图 C—C 可以进一步确定线框 II 为带有小圆孔的圆盘形凸缘；由剖视图 E—E 可以确定线框 III 为带有两个小圆孔的菱形凸缘。

通过上述分析，可综合想象出该机件的整体结构形状，如图 5-37（b）所示。

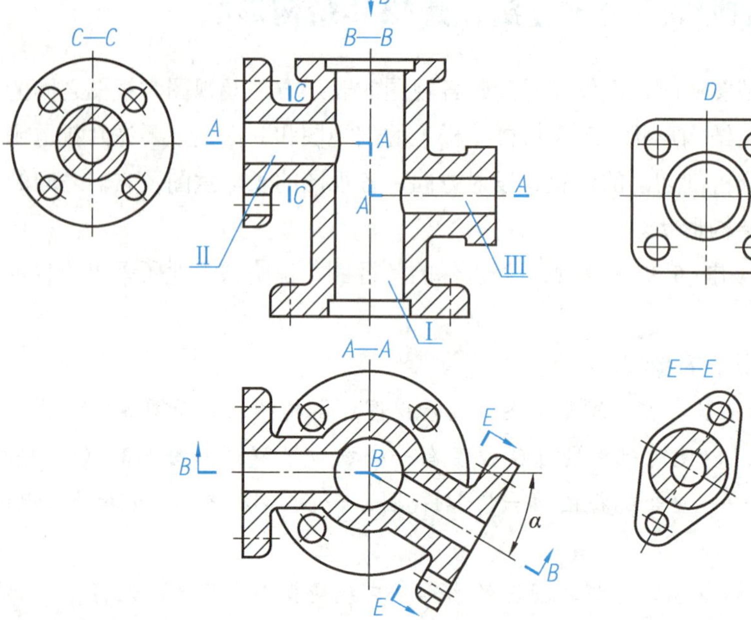

图 5-37 例 5-4 图

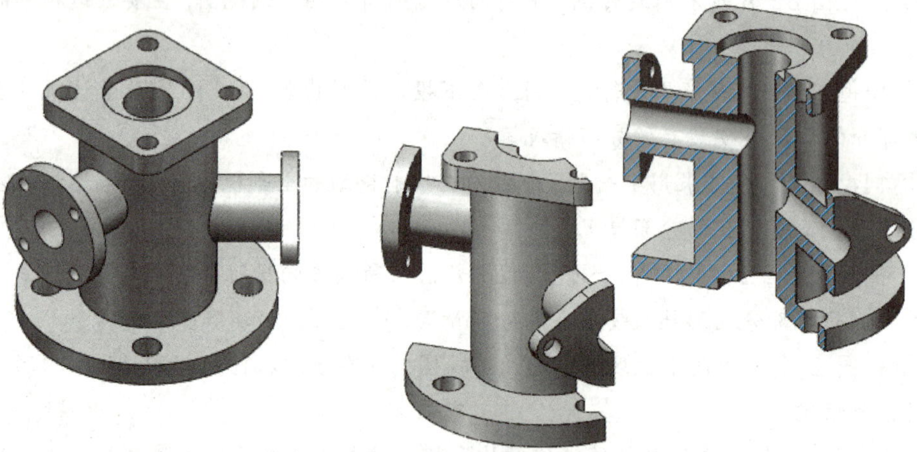

第三角画法

项目实施 绘制拨叉的机械图样

1. 实例介绍

如图 5-38 所示为拨叉的立体图,试分析其结构形状特点,并选择合适的表示方法绘制其机械图样,要求能够清楚、完整地表达拨叉的内外结构形状(无须标注尺寸)。

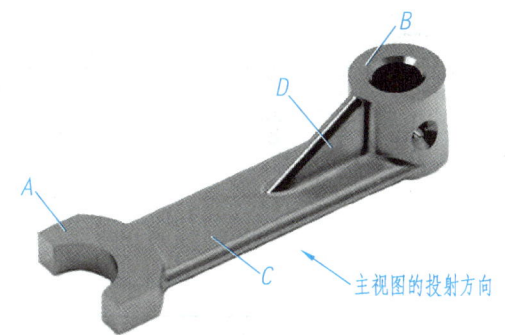

图 5-38 拨叉的立体图

2. 实施步骤

(1) 形体分析。拨叉的主要工作部分为叉头 A 和圆筒 B,两者由肋板 C 连接,肋板 C 上有加强筋 D。

(2) 选择主视图。一般选择拨叉的工作位置或加工位置,其投射方向要能尽量多地反映出拨叉各组成部分的结构形状特点及相对位置关系。在图 5-38 中,选择箭头所指方向作为主视图的投射方向。为准确反映拨叉的内部结构,主视图应采用全剖视图,剖切面应选择拨叉的对称平面,如图 5-39 所示。

(3) 选择其他视图。主视图确定后,应根据机件的复杂程度和内外结构形状特点,综合考虑,灵活选择其他视图。选择其他视图时,应优先选择基本视图或在基本视图上作剖视图,并尽量按投影关系配置各视图。

为准确反映拨叉各组成部分的结构形状特点,应绘制拨叉的俯视图,并按投影关系将俯视图配置在主视图下方,如图 5-39 所示。其中,肋板 C 和加强筋 D 均有圆角,可通过在俯视图中绘制肋板 C 的重合断面图,在主视图中绘制加强筋 D 的重合断面图予以反映;为了表达圆筒 B 上圆孔的结构,可在俯视图中绘制其局部剖视图。

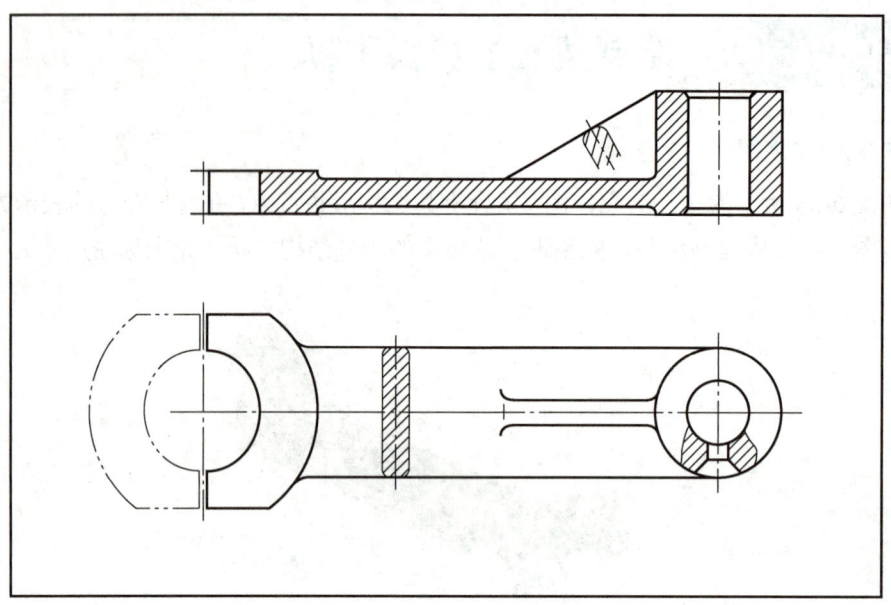

图 5-39　拨叉的机械图样

匠心筑梦

王光挣投身模具行业几十年，他是全国五一劳动奖章获得者，也是国家高级技师。

王光挣刚学做模具时，加工条件有限，许多工作都靠人工完成，手工制造打磨的较多，一天下来，他的脸上、衣服上满是灰尘、油污。王光挣的师傅告诉他，模具是一门手艺，是个技术活，把技术学好了，自然就不觉得辛苦了。

在 2010 年全国机械行业首届模具工技能大赛中，王光挣将模具的打磨精度从 0.02 mm 的标准公差提高到了 0.01 mm。正是这 0.01 mm 的进步，他精益求精地钻研了近一年。白天学习模具专业技能，晚上复习消化当天所学的知识，有时遇到不懂的问题，他会钻研到深夜，手掌练到起泡。终于，在全国大赛中，他以极高的精准度一举夺冠。

安然于无闻，执着于真知。工匠精神，既是一种坚守本心、求精求新的态度，又是一个人的沉潜和整个社会的沉淀。王光挣坦言，兢兢业业几十年，最大的动力来源于发自内心的热爱。

(资料来源：孙晓媛，《王光挣：从一线车间工人到国家高级技师　执着于 0.01 mm 打磨航天级别的精度》，央视网，2021 年 12 月 15 日)

项目 5 掌握机械图样的画法

项目评价

指导教师根据学生的实际学习情况进行评价,学生配合指导教师共同完成如表 5-3 所示的学习成果评价表。

表 5-3 学习成果评价表

班级			学号		
姓名			指导教师		
项目名称		掌握机械图样的画法			
日期					
评价项目	评价内容		评价方式	满分/分	评分/分
知识 （40%）	掌握基本视图的形成与配置		理论测试	5	
	掌握视图的画法与标注			10	
	掌握剖视图的画法与标注			10	
	熟悉断面图的画法与标注			10	
	了解局部放大图和简化画法的相关知识			5	
技能 （40%）	能够识读并正确绘制机件的视图、剖视图和断面图		实践检验	20	
	能够综合使用常用的表示方法进行简单机械图样的识读与绘制			20	
素养 （20%）	积极参加教学活动，遵守课堂纪律		综合评价	5	
	主动学习，团结协作			5	
	认真负责，按时完成课堂任务			5	
	守正创新，知行合一			5	
合计				100	
自我评价					
指导教师评价					

项目 6

掌握标准件与常用件的规定画法

项目导读

在机械设备的装配过程中，经常会用到螺栓、螺母、螺钉、键、销和滚动轴承等，由于这些零部件应用广、用量大，因此国家标准对这些零部件的结构和尺寸进行了统一规定，并称这些零部件为标准件。此外，国家标准还对一些零部件的部分尺寸和参数实行了标准化，并称这些零部件为常用件，如齿轮、弹簧等。本项目主要介绍螺纹紧固件、键、销、滚动轴承等标准件，以及齿轮、弹簧等常用件的基础知识和规定画法。

项目目标

知识目标

- 掌握螺纹的基础知识、规定画法、种类及标注。
- 掌握常用螺纹紧固件的规定标记及其连接的规定画法。
- 掌握直齿圆柱齿轮和直齿圆锥齿轮各部分名称、参数及规定画法。
- 掌握键连接和销连接的规定画法。
- 了解滚动轴承的分类、代号及规定画法。
- 掌握圆柱螺旋压缩弹簧各部分名称、尺寸关系及规定画法。

技能目标

- 能够正确绘制机械制图中常见的标准件和常用件。
- 能够根据直齿圆柱齿轮各部分参数及尺寸关系正确绘制其机械图样。

素质目标

- 树立严格执行国家标准及行业规范的意识。
- 养成独立思考、积极探索的习惯。
- 培养精益求精、细心严谨的作风。

班级_____   姓名_____   学号_____

项目工单 绘制双头螺柱连接的机械图样

【项目描述】

根据螺纹与螺纹紧固件的基础知识与规定画法，分析并绘制双头螺柱连接的机械图样。

如图 6-1 所示为双头螺柱连接示意图，其型号为 GB/T 899 M12×30，弹簧垫圈型号为 GB/T 93 12。请根据本项目内容，查阅相关的国家标准，确定双头螺柱及垫圈的尺寸，绘制双头螺柱连接的机械图样并标注尺寸。

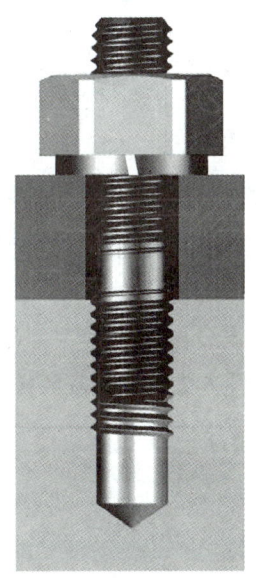

图 6-1 双头螺柱连接示意图

【寻找队友】

学生以 3～5 人为一组，各小组选出组长，组长组织组员分工合作，共同学习。

【获取信息】

在绘制双头螺柱连接的机械图样之前，需要熟悉标准件与常用件的基础知识和规定画法。请各小组组长组织组员查阅资料并学习相关知识，回答下列问题。

引导问题 1：螺纹有_____和_____两种，在圆柱或圆锥外表面形成的螺纹称为_____，在其内孔表面形成的螺纹称为_____。

引导问题 2：螺纹的基本要素有 5 个，即_____、_____、_____、_____和_____。只有这 5 个要素完全相同的内、外螺纹，才能成对配合使用。

引导问题 3：根据用途的不同，螺纹可分为_____和_____两种。

157

班级_____   姓名_____   学号_____

引导问题 4：螺纹紧固件是指利用内、外螺纹的_____来连接和紧固一些零部件的零件。

引导问题 5：相邻零件剖面线的方向_____，或剖面线的方向_____但_____；同一零件的剖面线在所有视图中应_____。

引导问题 6：双头螺柱的两端都加工有螺纹，其一端和_____旋合（旋入端），另一端和_____旋合（紧固端）。

引导问题 7：直齿圆柱齿轮分度圆直径的计算公式为_____。

引导问题 8：键的种类很多，常见的键有_____、_____和_____。

引导问题 9：常见的销有_____、_____和_____3 种。

引导问题 10：滚动轴承按其所受载荷方向的不同，可分为_____和_____两类。

【制订方案】

各小组通过熟悉标准件与常用件的相关知识，进行工作规划，并针对工作规划展开讨论，制订实施方案。指导教师对各小组的实施方案进行指导和评价。各小组根据指导教师的评价对实施方案进行调整，确定最终实施方案。

【学以致用】

各小组根据最终实施方案，在图 6-2 中绘制双头螺柱连接图。

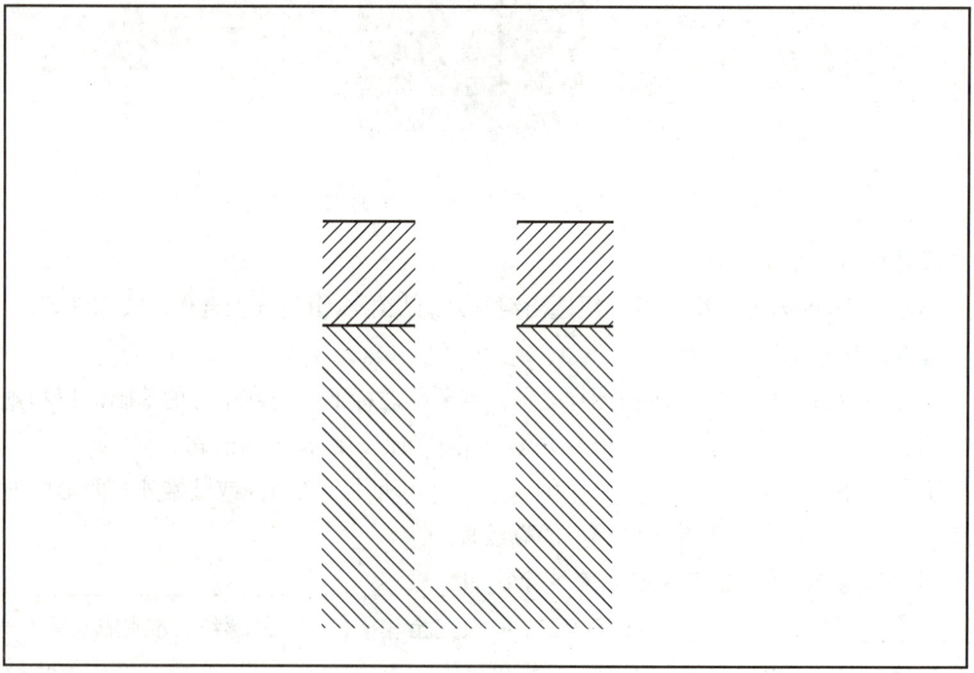

图 6-2 绘制双头螺柱连接图

6.1 螺 纹

当一动点绕圆柱轴线进行等速回转运动,同时又沿该轴线进行等速直线运动时,该动点的轨迹称为螺旋线。一个平面图形(如三角形、梯形等)沿着圆柱或圆锥表面上的螺旋线运动所形成的具有规定形状的连续凸起和沟槽称为螺纹。螺纹是螺栓、螺钉、螺母等零件上的主要结构,是机械设备中零件之间连接的重要方式之一,它既起连接作用,也起传递动力的作用,用于功耗要求不是很严格的传动场合。螺纹有外螺纹和内螺纹两种,它们通常成对使用。在圆柱或圆锥外表面形成的螺纹称为外螺纹,如图6-3(a)所示;在其内孔表面形成的螺纹称为内螺纹,如图6-3(b)所示。

6.1.1 螺纹的基础知识

1. 螺纹的加工方法

螺纹的加工方法很多,一般利用机床(如车床、滚丝机等)进行机械加工,也可以使用工具(如板牙、丝锥等)进行手工加工。如图6-3(a)和图6-3(b)所示分别为在车床上车削外螺纹和内螺纹。若要进行小孔内螺纹的加工,需要先用顶角约为120°的钻头钻底孔,然后用丝锥攻制内螺纹,如图6-3(c)所示。

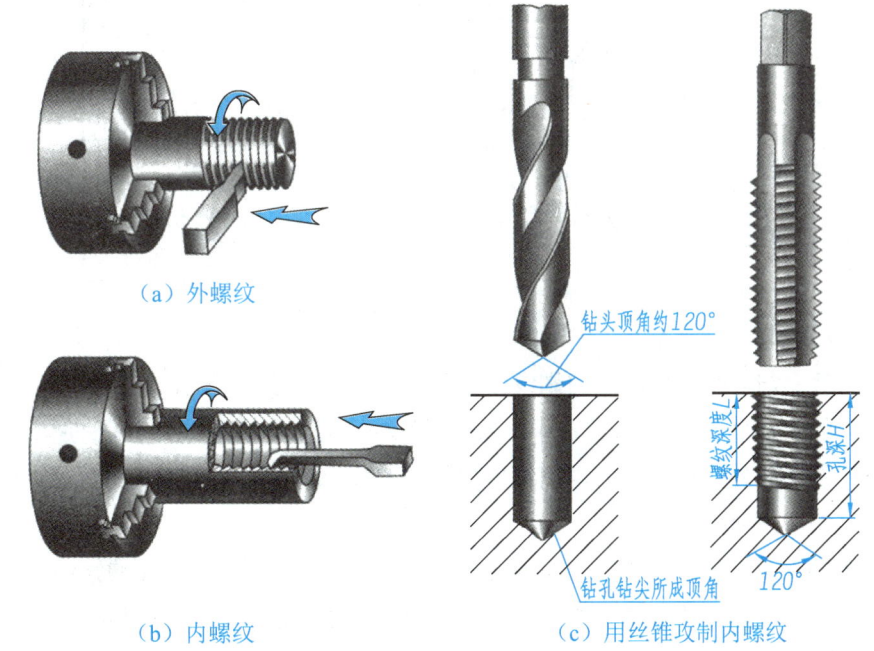

(a) 外螺纹

(b) 内螺纹

(c) 用丝锥攻制内螺纹

图 6-3 螺纹的加工方法

2. 螺纹的基本要素

螺纹的基本要素有 5 个，即牙型、直径、线数、螺距（或导程）和旋向。只有这 5 个要素完全相同的内、外螺纹，才能成对配合使用。

1）牙型

牙型是指螺纹轴线平面上的螺纹轮廓形状。常见的牙型有三角形、梯形和锯齿形等，如图 6-4 所示。常用普通螺纹的牙型为三角形，牙型角为 60°。

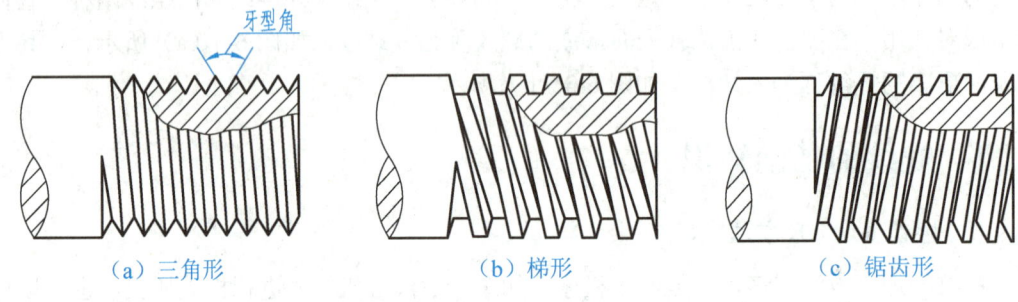

（a）三角形　　　　　（b）梯形　　　　　（c）锯齿形

图 6-4　常见的牙型

2）直径

螺纹的直径有大径、小径和中径之分，如图 6-5 所示。

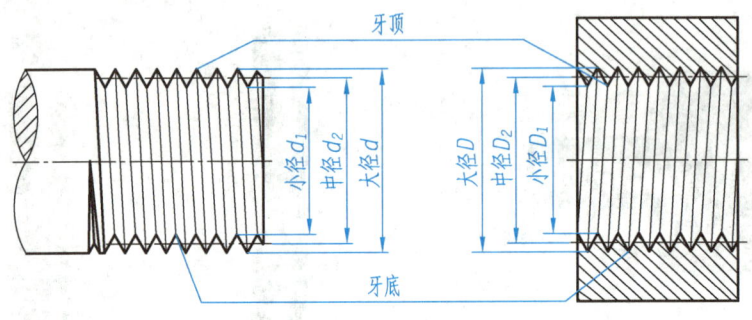

图 6-5　螺纹的直径

- **大径：** 与外螺纹牙顶或内螺纹牙底相切的假想圆柱面或圆锥面的直径。内、外螺纹的大径分别用 D 和 d 表示。除管螺纹外，通常所说的公称直径均指螺纹大径。

- **小径：** 与外螺纹牙底或内螺纹牙顶相切的假想圆柱面或圆锥面的直径。内、外螺纹的小径分别用 D_1 和 d_1 表示。

- **中径：** 一个假想圆柱面或圆锥面的直径，且该圆柱面或圆锥面的素线距离牙型上沟槽和凸起处的宽度相等。内、外螺纹的中径分别用 D_2 和 d_2 表示。

3）线数

线数是指形成螺纹的螺旋线的条数，用 n 表示。沿一条螺旋线所形成的螺纹称为单线螺纹，沿两条或两条以上螺旋线所形成的螺纹称为多线螺纹，如图 6-6 所示。

项目6　掌握标准件与常用件的规定画法

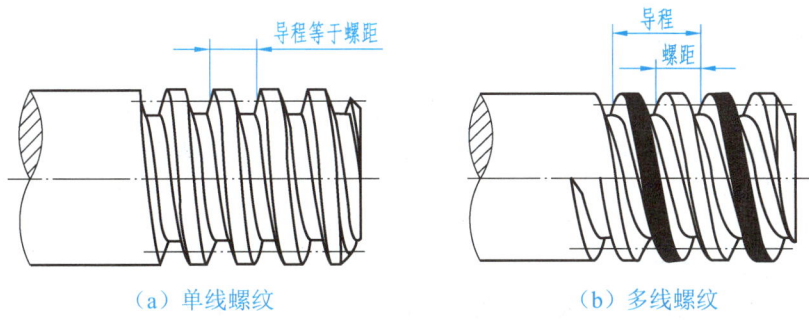

（a）单线螺纹　　　　　　　　（b）多线螺纹

图 6-6　螺纹的线数

点 拨

单线螺纹多用于螺纹的锁紧，如固定吊扇的螺钉螺母、煤气罐接头和机械设备零件之间的固定连接等；而多线螺纹多用于传递动力和运动，如抬高车辆便于维修的千斤顶、夹紧工件进行钳工加工的台虎钳和加工螺纹的车床螺杆等。

4）螺距和导程

螺距是指螺纹相邻两牙在中径线上对应两点之间的轴向距离，用 P 表示；导程是指同一条螺旋线上相邻两牙在中径线上对应两点之间的轴向距离，用 P_h 表示。螺距 P、导程 P_h 和线数 n 的关系如下。

（1）单线螺纹：$P_h = P$。

（2）多线螺纹：$P_h = nP$。

5）旋向

旋向是指螺纹旋入时绕轴线的旋转方向，有左旋和右旋两种，如图 6-7 所示。逆时针旋入的螺纹为左旋螺纹，其螺纹线的特征是左高右低，左旋螺纹记为 LH；顺时针旋入的螺纹为右旋螺纹，其螺纹线的特征是左低右高，右旋螺纹记为 RH。工程上常用右旋螺纹。

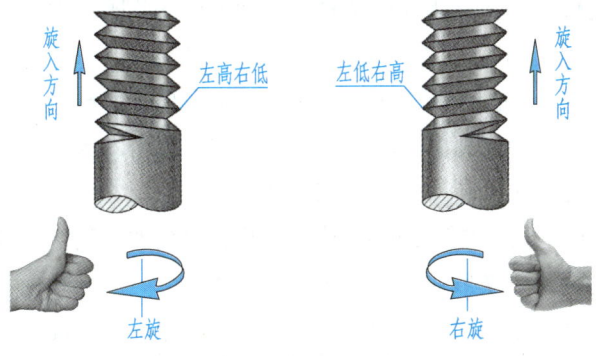

图 6-7　螺纹的旋向

6.1.2 螺纹的规定画法

由于螺纹的真实投影比较复杂，为了简化作图，GB/T 4459.1—1995《机械制图 螺纹及螺纹紧固件表示法》对螺纹的画法进行了统一规定，且不论螺纹的牙型如何，其画法均相同。

1. 外螺纹的规定画法

如图6-8（a）所示为外螺纹基本视图的画法，具体规定如下。

（1）在投影面平行于螺纹轴线的视图中，螺纹大径用粗实线画出；螺纹小径用细实线画至倒角处；螺纹终止线用粗实线画出；螺尾线一般可省略不画，但当需要表示出来时，可用与螺纹轴线成30°的细实线画出。

（2）在投影面垂直于螺纹轴线的视图中，表示螺纹大径的圆用粗实线画出，表示螺纹小径的圆用细实线只画约3/4圆弧，倒角圆省略不画。

图6-8 动画

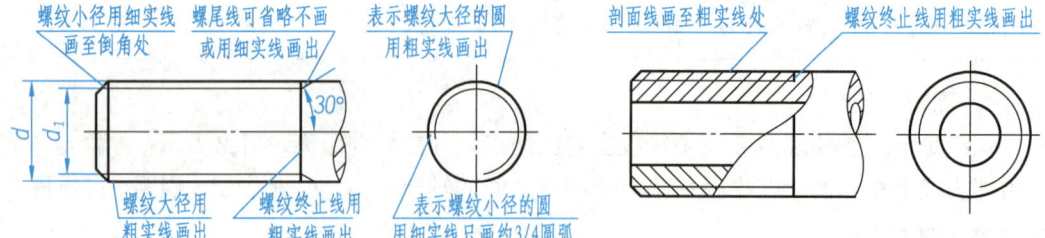

（a）外螺纹基本视图的画法　　　　　（b）外螺纹局部剖视图的画法

图6-8　外螺纹的规定画法

如图6-8（b）所示为外螺纹局部剖视图的画法。其中，在剖面区域内，螺纹终止线用粗实线画出，剖面线应画至粗实线处。

2. 内螺纹的规定画法

内螺纹有通孔内螺纹和盲孔内螺纹两种。如图6-9（a）所示为通孔内螺纹的画法，具体规定如下。

（1）在投影面平行于螺纹轴线的视图中，内螺纹通常用剖视图表示。其中，螺纹大径用细实线画出，螺纹小径用粗实线画出，螺纹终止线用粗实线画出，剖面线画至粗实线处，螺尾线一般不画。

图6-9 动画

（2）在投影面垂直于螺纹轴线的视图中，表示螺纹大径的圆用细实线只画约3/4圆弧，表示螺纹小径的圆用粗实线画出，倒角圆省略不画。

盲孔内螺纹的画法与通孔内螺纹的画法基本相同，但在投影面平行于螺纹轴线的视图中，钻孔深度和螺纹孔深度应分别画出，且螺纹终止线到盲孔末端的距离为螺纹大径的0.5倍，钻底孔时在盲孔末端形成的锥角角度为120°，如图6-9（b）所示。

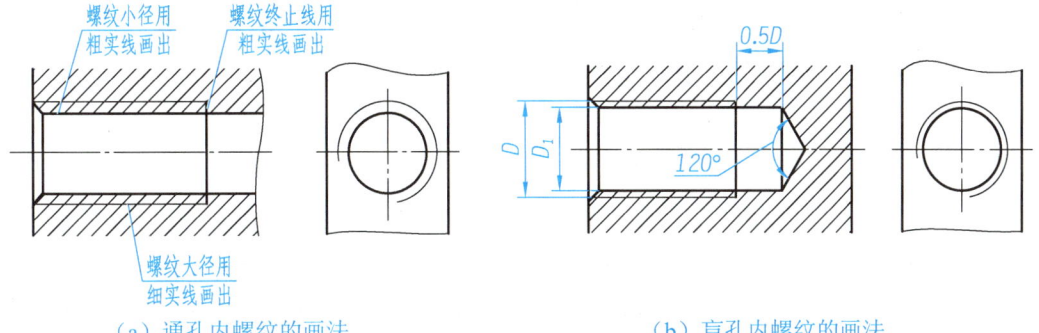

(a) 通孔内螺纹的画法　　　　　　(b) 盲孔内螺纹的画法

图 6-9　内螺纹的规定画法

当螺纹不可见时，除轴线和中心线外，螺纹的其余图线均应用虚线画出，如图 6-10 所示。

3. 内、外螺纹旋合的规定画法

当内、外螺纹旋合时，一般用剖视图表示。其中，内、外螺纹的旋合部分按外螺纹的规定画法绘制，其余部分按各自的规定画法绘制，如图 6-11 所示。

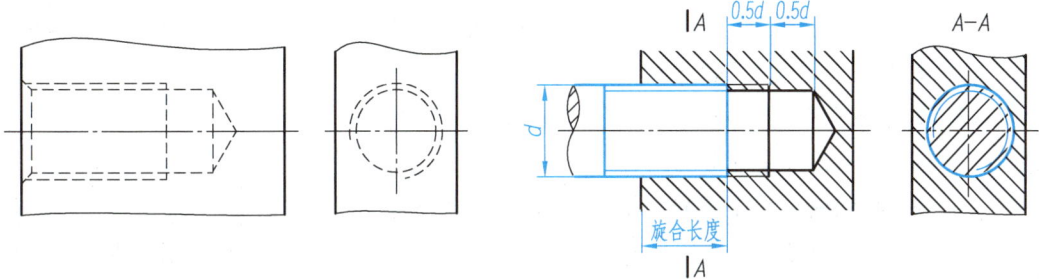

图 6-10　螺纹不可见时的画法　　　　　图 6-11　内、外螺纹旋合的规定画法

> **注　意**
>
> 绘制内、外螺纹的旋合部分时，应注意以下两点。
> （1）在剖切面通过螺纹轴线的剖视图中，实心螺杆按不剖绘制。
> （2）表示内、外螺纹大径的细实线和粗实线，以及表示内、外螺纹小径的粗实线和细实线均应分别对齐。

6.1.3　螺纹的种类及标注

根据用途的不同，螺纹可分为连接螺纹和传动螺纹两种。

➢ **连接螺纹**：起连接作用，常见的有粗牙普通螺纹、细牙普通螺纹、管螺纹和锥螺纹 4 种。其中，管螺纹又分为 55° 密封管螺纹和 55° 非密封管螺纹。

➢ **传动螺纹**：用于传递动力和运动，常见的有梯形螺纹和锯齿形螺纹。

无论是哪种螺纹，按如图 6-8 和图 6-9 所示的画法画出后，各视图均不能反映牙型、螺距、线数和旋向等。因此，需要按国家标准规定的格式对螺纹进行标注，以清楚表达螺纹的种类及要素。

1. 螺纹标记

以普通螺纹为例，其标记由螺纹特征代号、尺寸代号、公差带代号、旋合长度代号、旋向代号组成。其中，公差带代号用来说明螺纹的加工精度。完整螺纹标记的格式和内容如图 6-12 所示。

图 6-12　完整螺纹标记的格式和内容

（1）螺纹特征代号因螺纹种类的不同而采用不同的字母，例如，普通螺纹的特征代号为 M。

（2）单线螺纹的尺寸代号为"公称直径×螺距"。普通螺纹有粗牙和细牙两种，粗牙螺纹不标注螺距，细牙螺纹必须标注螺距。多线螺纹的尺寸代号为"公称直径×Ph 导程 P 螺距"。公称直径、导程、螺距的单位均为 mm。

（3）螺纹的公差带代号包括中径公差带代号和顶径公差带代号，两者均由表示公差等级的数字和表示公差带位置的字母（内螺纹用大写字母，外螺纹用小写字母）组成。例如，5g6g 为外螺纹的公差带代号，前面的 5g 为中径公差带代号，后面的 6g 为顶径公差带代号。如果中径与顶径公差带代号相同，则只标注一个公差带代号。最常用的中等公差精度的普通螺纹的公差带代号（公称直径≤1.4 mm 的 5H、6h 和公称直径≥1.6 mm 的 6H、6g），可省略标注。有关公差带的内容，将在项目 7 中详细叙述。

（4）普通螺纹的旋合长度代号分别为 S、N、L，分别对应短、中、长三组，其中，中等旋合长度代号 N 不必标注。

（5）左旋螺纹需要标注旋向代号 LH，右旋螺纹不需要标注旋向代号。

【例 6-1】解释螺纹标记 M20×1.5-5g6g-S-LH 中各符号代表的含义。

解释：M 为普通螺纹特征代号；公称直径为 20 mm，细牙，螺距为 1.5 mm；中径公差带代号为 5g，顶径公差带代号为 6g；短旋合长度；左旋。

【例 6-2】请根据下列描述写出该螺纹对应的螺纹标记：粗牙普通外螺纹，公称直径为 10 mm，螺距为 1.5 mm，中径公差带代号为 6g，顶径公差带代号为 6g，长旋合长度，右旋。

解释：该螺纹对应的螺纹标记为 M10-L 或 M10-6g-L。

【例 6-3】解释螺纹标记 M16×Ph3P1.5-5g6g-L-LH 中各符号代表的含义。

解释：M 为普通螺纹特征代号；多线螺纹，公称直径为 16 mm，导程为 3 mm，螺距为 1.5 mm；中径公差带代号为 5g，顶径公差带代号为 6g；长旋合长度；左旋。

2. 常用螺纹的种类和标注示例

对螺纹进行标注时,应将螺纹标记注写在尺寸线或尺寸线的延长线上,尺寸线的箭头指向螺纹大径。常用螺纹的种类和标注示例如表 6-1 所示。

表 6-1 常用螺纹的种类和标注示例

螺纹种类		特征代号	标注示例	说明	用途
普通螺纹		M	粗牙	粗牙普通螺纹,公称直径为 20 mm,螺纹中、顶径公差带代号均为 6g,中等旋合长度,右旋	普通螺纹主要用于紧固连接。粗牙螺纹直径和螺距的比例适中、强度高;细牙螺纹用于薄壁零件和轴向尺寸受限制的场合,或用于微调机构
			细牙	细牙普通螺纹,公称直径为 16 mm,螺距为 1.5 mm,螺纹中、顶径公差带代号均为 6H,长旋合长度,右旋	
连接螺纹	管螺纹	G	55°非密封管螺纹	55°非密封管螺纹的标记由螺纹特征代号 G、尺寸代号和公差等级代号组成。其中,55°非密封管螺纹的外螺纹有 A、B 两种公差等级,公差等级代号标注在尺寸代号之后;55°非密封管螺纹的内螺纹只有一种公差等级,公差等级代号不标注。当螺纹为左旋时,应在尺寸代号后加注"LH" G1/2A 表示 55°非密封管螺纹的外螺纹,尺寸代号为 1/2,公差等级为 A,右旋 G1/2 表示 55°非密封管螺纹的内螺纹,尺寸代号为 1/2,右旋	管螺纹主要用于管道的连接,使内外螺纹配合紧密,有圆柱螺纹和圆锥螺纹两种。在液压系统、气动系统、润滑附件和仪表等管道连接中管螺纹应用广泛
		Rp Rc R₁ R₂	55°密封管螺纹	55°密封管螺纹的标记由螺纹特征代号(Rp、Rc、R₁或R₂)和尺寸代号组成。其中,Rp 表示圆柱内螺纹,Rc 表示圆锥内螺纹,R₁ 表示与圆柱内螺纹相配合的圆锥外螺纹,R₂ 表示与圆锥内螺纹相配合的圆锥外螺纹。当螺纹为左旋时,应在尺寸代号后加注"LH" Rc1/2 表示 55°密封圆锥管螺纹的内螺纹,尺寸代号为 1/2,右旋	

表 6-1（续）

螺纹种类		特征代号	标注示例	说明	用途
传动螺纹	梯形螺纹	Tr	Tr40×14P7-8H-L-LH	多线梯形螺纹，公称直径为 40 mm，导程为 14 mm，螺距为 7 mm，中径公差带代号为 8H，长旋合长度，左旋	梯形螺纹是最常用的传动螺纹，用来传递双向动力，如机床的丝杠等
	锯齿形螺纹	B	B32×6-7e	单线锯齿形螺纹，公称直径为 32 mm，导程和螺距为 6 mm，中径公差带代号为 7e，中等旋合长度，右旋	锯齿形螺纹只适用于承受单方向的轴向载荷，如千斤顶中的螺杆等

> 笔记

6.2 常用的螺纹紧固件

螺纹紧固件是指利用内、外螺纹的旋合作用来连接和紧固一些零部件的零件。螺纹紧固件的种类很多，常用的有六角头螺栓、双头螺柱、开槽紧定螺钉、六角头螺母、平垫圈和弹簧垫圈等，如图 6-13 所示。

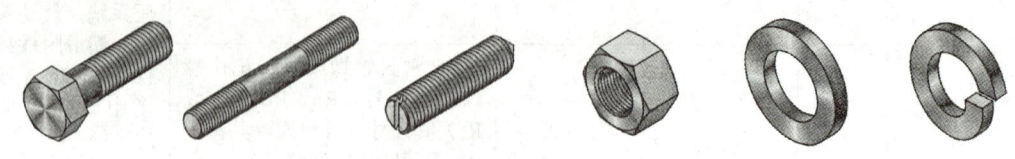

（a）六角头螺栓　（b）双头螺柱　（c）开槽紧定螺钉　（d）六角头螺母　（e）平垫圈　（f）弹簧垫圈

图 6-13　常用的螺纹紧固件

6.2.1 螺纹紧固件的规定标记

螺纹紧固件属于标准件，各种标准件都有规定标记，使用时，可根据其标记在相应的国家标准中查出它们的结构形式、尺寸及技术要求等。螺纹紧固件的标记示例如表 6-2 所示。

项目 6　掌握标准件与常用件的规定画法

表 6-2　螺纹紧固件的标记示例

种类及标准号	图例及尺寸	标记示例
六角头螺栓 GB/T 5782—2016		螺栓 GB/T 5782 M8×40 表示螺纹规格为 M8、公称长度为 40 mm 的六角头螺栓
双头螺柱 GB/T 897—1988 GB/T 898—1988 GB/T 899—1988 GB/T 900—1988		螺柱 GB/T 898 M12×50 表示两端均为粗牙普通螺纹、螺纹规格为 M12、公称长度为 50 mm 的双头螺柱
开槽沉头螺钉 GB/T 68—2016		螺钉 GB/T 68 M10×50 表示螺纹规格为 M10、公称长度为 50 mm 的开槽沉头螺钉
1 型六角螺母 GB/T 6170—2015		螺母 GB/T 6170 M8 表示螺纹规格为 M8 的 A 级 1 型六角螺母
平垫圈 GB/T 97.1—2002		垫圈 GB/T 97.1 16 表示标准系列、公称规格为 16 mm 的 A 级平垫圈（可从标准中查得垫圈内径最小为 17 mm）
标准型弹簧垫圈 GB/T 93—1987		垫圈 GB/T 93 20 表示公称规格为 20 mm 的标准型弹簧垫圈（可从标准中查得垫圈内径最小为 20.2 mm）

6.2.2　螺纹紧固件连接的规定画法

螺纹紧固件的连接形式主要有螺栓连接、双头螺柱连接和螺钉连接 3 种。无论采用哪种连接形式，其画法都应遵守以下规定。

（1）两零件的接合面只画一条线，不接合的相邻两表面，不论其间隙大小均需要画成两条线（小间隙可夸大画出）。

（2）相邻零件剖面线的方向相反，或剖面线的方向相同但间距不同；同一零件的剖面线在所有视图中应同间距、同方向。

（3）当剖切面通过螺纹紧固件的轴线时，螺纹紧固件均按不剖绘制。

（4）各紧固件可采用简化画法，即螺栓、螺母及螺钉头部结构均可简化；螺纹紧固件上的倒角和退刀槽等工艺结构也可省略不画。

1．螺栓连接

螺栓连接用于连接两个较薄且都能钻出通孔的零件，主要适用于不经常拆卸的场合。螺栓连接的主要紧固件有螺栓、螺母和垫圈等。连接时，首先将螺栓的杆身穿过两个零件的通孔，然后套上垫圈，再拧紧螺母，如图 6-14（a）所示。

螺栓连接的各紧固件通常采用比例法绘制，即以螺栓上螺纹的公称直径（大径 d）为基准，其余各部分的尺寸按其与公称直径的比例关系来确定，倒角省略不画，如图 6-14（b）所示。其中，螺栓的长度 l 应按照 $l = t_1 + t_2 + 0.15d + 0.8d + 0.3d$ 计算，计算出 l 值后，还需要从螺栓相应的国家标准（参见附表 4）所规定的长度系列中选择最接近标准的长度值。

图 6-14 动画

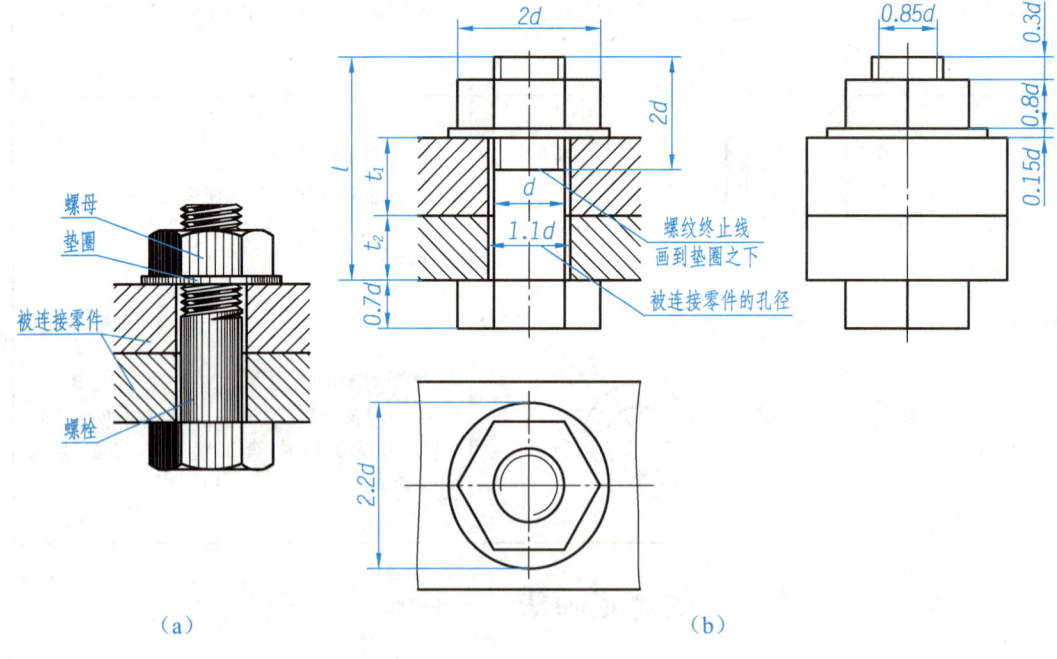

图 6-14 螺栓连接及其规定画法

项目 6 掌握标准件与常用件的规定画法

> **注 意**
>
> 采用比例法绘制螺栓连接时,应注意以下几点。
>
> (1)螺栓的螺纹终止线应画到垫圈之下,同时还应在被连接两零件接合面的上方,且必须与垫圈保留一定距离,否则螺母可能无法拧紧。
>
> (2)被连接零件的孔径(约为 $1.1d$)必须大于螺栓大径,否则螺栓将无法穿过通孔。

2. 双头螺柱连接

双头螺柱的两端都加工有螺纹,其一端和被连接零件旋合(旋入端),另一端和螺母旋合(紧固端),常用于连接一个较厚且不易加工出通孔的零件和另一个较薄且可加工出通孔的零件,主要适用于受力较大、较常拆卸的场合。

双头螺柱连接与螺栓连接相同,通常采用比例法绘制,其规定画法如图 6-15 所示。

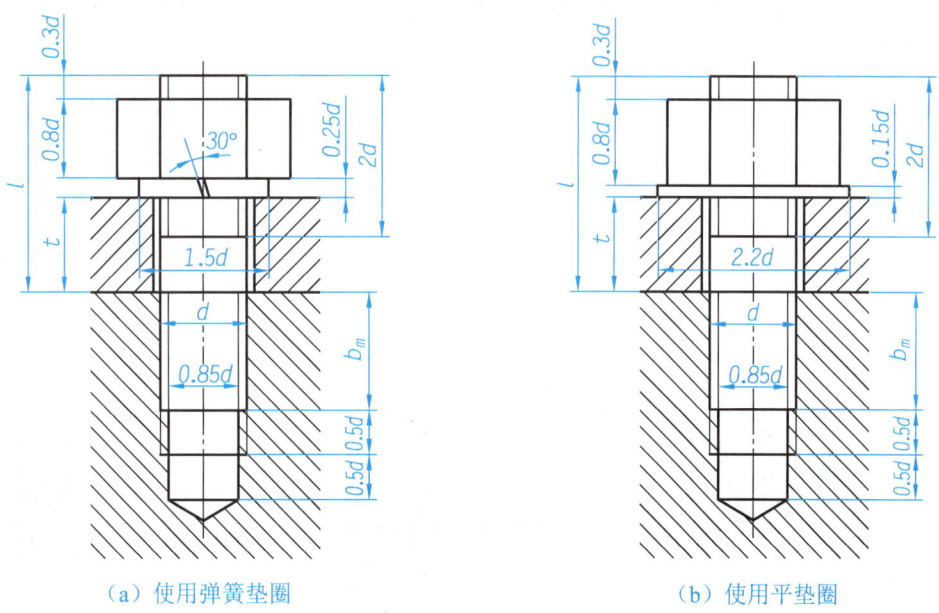

(a)使用弹簧垫圈　　　　　　　　　　(b)使用平垫圈

图 6-15　双头螺柱连接的规定画法

螺纹紧固件通常使用垫圈来防止松动、分散压力。垫圈是指放在螺母或螺钉与被连接件之间的薄金属垫,可起到防止松动、密封、缓冲等作用。垫圈有很多种类,常见的有弹簧垫圈和平垫圈。弹簧垫圈靠弹性及斜口摩擦防止紧固件松动,绘图时按图 6-15(a)绘制;平垫圈相较于弹簧垫圈锁紧功能要差一些,绘图时按照图 6-15(b)绘制。

> **注 意**
>
> 画双头螺柱连接时,应注意以下几点。
>
> (1) 因为双头螺柱旋入端的螺纹全部旋入螺纹孔内,所以旋入端的螺纹终止线应与两被连接件的接合面平齐,以表示旋入端已拧紧。
>
> (2) 为了确保旋入端全部旋入螺纹孔内,零件上的螺纹孔深度应大于旋入端的螺纹长度(b_m)。画图时,螺纹孔的螺纹深度可按 $b_m + 0.5d$ 画出;钻底孔时,底孔深度应略大于螺纹孔的螺纹深度。孔底应画出钻底孔时留下的 120° 圆锥孔。

3. 螺钉连接

螺钉按其使用场合和连接原理的不同,可分为连接螺钉和紧定螺钉两种。

1)连接螺钉

连接螺钉用于连接一个较薄零件和一个较厚零件,主要适用于受力不大、不经常拆卸的场合。装配时,将螺钉直接穿过被连接零件上的通孔后拧入螺纹孔中,靠螺钉头部压紧被连接零件。

连接螺钉的种类较多,如图 6-16 所示为圆柱头螺钉连接和沉头螺钉连接的规定画法。其中,螺钉的总长度先按 $l=$ 通孔零件的厚度(t)+螺钉旋入长度(b_m)计算,然后从螺钉相应的国家标准所规定的长度系列中选择最接近标准的长度值。

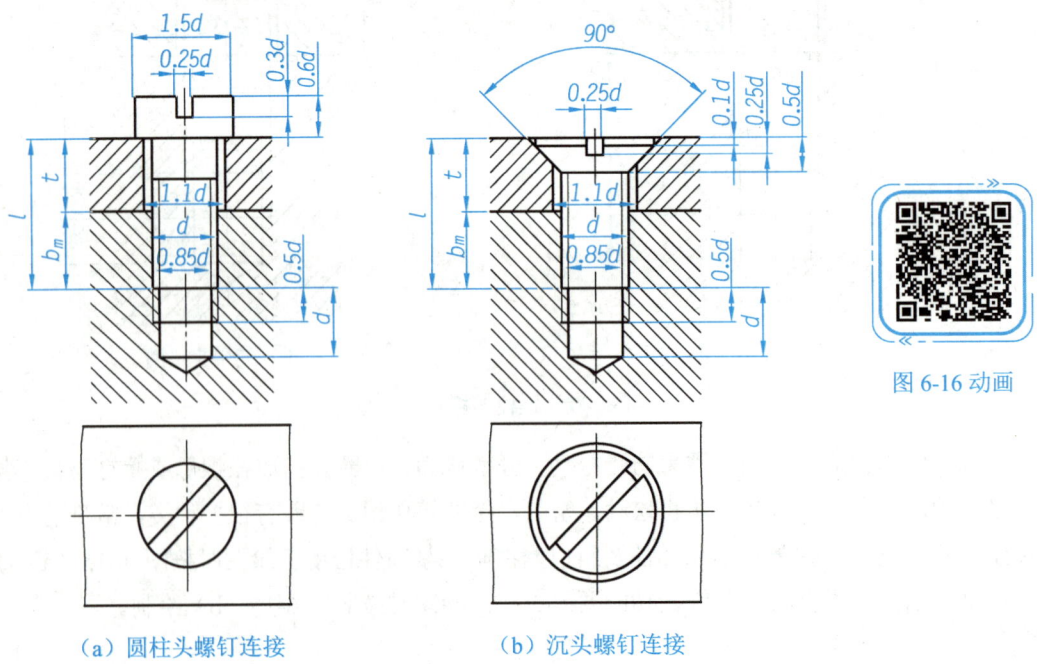

图 6-16 圆柱头螺钉连接和沉头螺钉连接的规定画法

(a) 圆柱头螺钉连接 (b) 沉头螺钉连接

图 6-16 动画

注 意

绘制螺钉连接时，应注意以下几点。

（1）螺钉的螺纹终止线必须超过被连接零件的接合面。

（2）画螺钉头部的一字槽时，在投影面平行于螺纹轴线的视图中，其槽口应正对观察者；在投影面垂直于螺纹轴线的视图中，一字槽应按45°或135°位置简化作图。

2）紧定螺钉

紧定螺钉常用于受力不大、不需要经常拆卸的两零件的固定紧固，可防止零件移动或脱落。例如，为防止孔、轴零件的轴向移动，常在孔类零件上沿径向钻螺纹孔，并在轴上钻与紧定螺钉的顶头相配的孔或坑，从而使螺钉的顶头陷入轴中。

紧定螺钉连接的规定画法如图6-17所示。紧定螺钉的尺寸可根据钻孔深度在紧定螺钉相应的国家标准所规定的长度系列中选取。

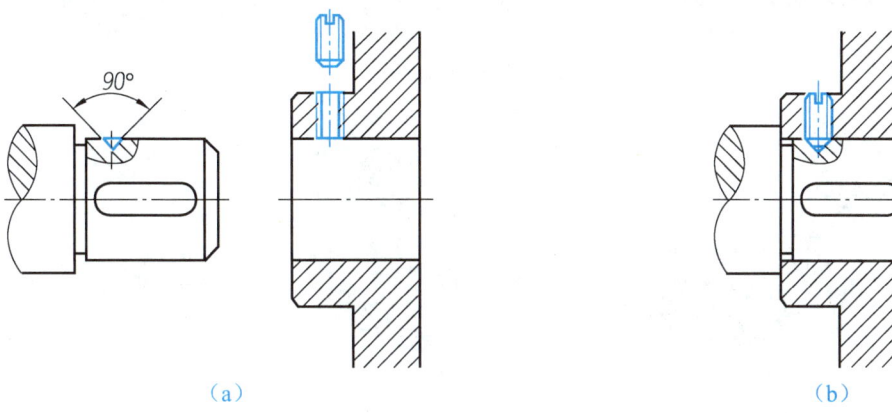

（a）　　　　　　　　　　　　　　　　　（b）

图6-17　紧定螺钉连接的规定画法

6.3 齿 轮

齿轮传动的应用十分广泛，它可以将一根轴上的动力传递给另一根轴，并能根据要求改变另一根轴的转速和旋转方向，常见的齿轮有圆柱齿轮、圆锥齿轮、蜗杆和蜗轮，如图 6-18 所示。其中，根据轮齿方向的不同，圆柱齿轮可分为直齿圆柱齿轮、斜齿圆柱齿轮和人字齿圆柱齿轮等，圆锥齿轮可分为直齿圆锥齿轮和斜齿圆锥齿轮等。下面主要介绍直齿圆柱齿轮和直齿圆锥齿轮。

蜗杆和蜗轮

(a) 直齿圆柱齿轮　　(b) 斜齿圆柱齿轮　　(c) 人字齿圆柱齿轮

(d) 直齿圆锥齿轮　　(e) 斜齿圆锥齿轮　　(f) 蜗杆和蜗轮

图 6-18　常见的齿轮

6.3.1 直齿圆柱齿轮

1. 直齿圆柱齿轮各部分名称及参数

直齿圆柱齿轮各部分的名称及参数如图 6-19 所示。

(1) 齿数（z）：齿轮上轮齿的个数。

(2) 齿顶圆直径（d_a）：通过齿轮各齿顶的圆柱面的直径。

(3) 齿根圆直径（d_f）：通过齿轮各齿根的圆柱面的直径。

(4) 分度圆直径（d）：一个假想的圆柱面的直径。该假想圆柱面在垂直于齿向的截面内切割轮齿，使得齿槽宽（e）和齿厚（s）相等。

(5) 齿高（h）：齿顶圆和齿根圆之间的径向距离。分度圆将轮齿分成两部分，分度圆到齿顶圆的距离称为齿顶高，用 h_a 表示；分度圆到齿根圆的距离称为齿根高，用 h_f 表示。

齿高为齿顶高与齿根高之和，即 $h = h_a + h_f$。

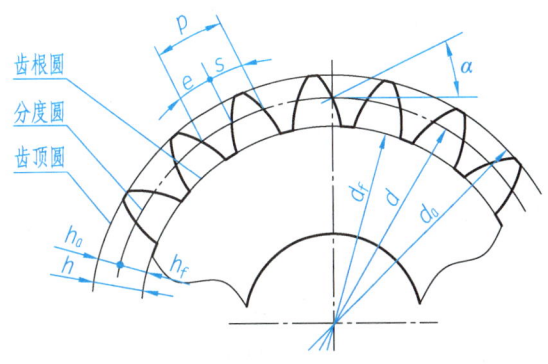

图 6-19　直齿圆柱齿轮各部分的名称及参数

（6）齿距（p）：分度圆上相邻两齿廓对应点之间的弧长。齿距为齿厚和齿槽宽之和，即 $p = s + e$。

（7）中心距（a）：相啮合的两个齿轮轴线之间的距离。

（8）模数（m）：由于分度圆周长 $pz = \pi d$，则 $d = (p/\pi)z$。定义 $m = p/\pi$，单位为 mm，根据 $d = mz$ 可知，当齿数一定时，m 越大，分度圆直径越大，齿轮承载能力越大。为了便于制造和测量，国家标准中规定了齿轮的标准模数，如表 6-3 所示。

表 6-3　齿轮的标准模数（摘自 GB/T 1357—2008）　　　　　　　　　　单位：mm

第Ⅰ系列	1　1.25　1.5　2　2.5　3　4　5　6　8　10　12　16　20　25　32　40　50
第Ⅱ系列	1.125　1.375　1.75　2.25　2.75　3.5　4.5　5.5　（6.5）　7　9　11　14　18　22　28　36　45

注：选用时，应优先选用第Ⅰ系列，避免选用括号内的模数。

（9）压力角（α）：分度圆上齿轮轮廓曲线的法线（接触点作用力方向）与分度圆切线所夹的锐角。国家标准规定，标准齿轮的压力角为 20°。

当齿轮的齿数 z 和模数 m 确定后，可按如表 6-4 所示的直齿圆柱齿轮各部分的尺寸计算公式进行相关计算。

表 6-4　直齿圆柱齿轮各部分的尺寸计算公式

名称	计算公式	名称	计算公式
分度圆直径 d	$d = mz$	齿距 p	$p = \pi m$
齿顶高 h_a	$h_a = m$	齿顶圆直径 d_a	$d_a = d + 2h_a = m(z + 2)$
齿根高 h_f	$h_f = 1.25m$	齿根圆直径 d_f	$d_f = d - 2h_f = m(z - 2.5)$
齿高 h	$h = h_a + h_f = 2.25m$	中心距 a	$a = (d_1 + d_2)/2 = (mz_1 + mz_2)/2$

注：d_1、d_2 是相啮合的两个齿轮的分度圆直径；z_1、z_2 是两个齿轮的齿数。

2. 单个直齿圆柱齿轮的规定画法

齿轮的轮齿比较复杂且数量较多，为简化作图，GB/T 4459.2—2003《机械制图 齿轮表示法》对齿轮的画法进行了如下规定。

（1）齿轮可用两个视图表示，如图 6-20（a）所示；也可用一个视图和一个局部视图表示，如图 6-20（b）所示。

（2）在轮齿部分中，齿顶圆和齿顶线用粗实线画出；分度圆和分度线用细点画线画出；齿根圆和齿根线用细实线画出，也可省略不画。但在剖视图中，当剖切面通过齿轮的轴线时，轮齿一律按不剖绘制，齿根线用粗实线画出，如图 6-20 所示。

（3）若需要表明齿形，则可在投影面垂直于齿轮轴线的视图中用粗实线画出一个或两个齿，如图 6-20（c）所示；也可采用适当比例的局部放大图来表示。

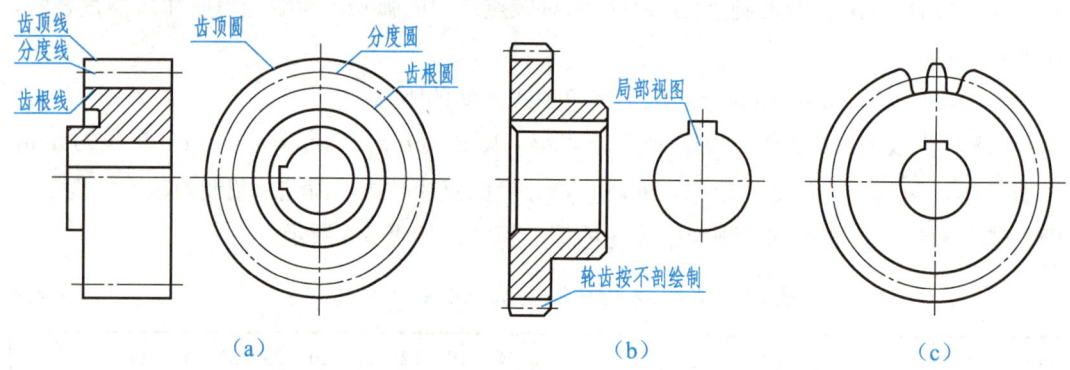

图 6-20　单个直齿圆柱齿轮的规定画法

3. 两直齿圆柱齿轮啮合的规定画法

两直齿圆柱齿轮啮合时，除啮合区域外，其余部分的结构均按单个齿轮的画法绘制，绘图时应注意以下几点。

（1）两直齿圆柱齿轮啮合时，一般采用两个视图表示。在投影面垂直于齿轮轴线的视图中，两分度圆相切，啮合区域内齿顶圆用粗实线画出或省略不画，齿根圆用细实线画出或省略不画，如图 6-21 所示。

（2）在两直齿圆柱齿轮啮合的剖视图中，在啮合区域内，可将一个齿轮的轮齿用粗实线画出，另一个齿轮的轮齿被遮挡部分用虚线画出或省略不画，且一个齿轮的齿顶线与另一个齿轮的齿根线之间的间隙应为模数的 0.25 倍，如图 6-21（a）所示。

（3）在投影面平行于齿轮轴线的视图中，两直齿圆柱齿轮的分度线重合，用粗实线画出；啮合区域内齿顶线不需要画出，如图 6-21（b）所示。

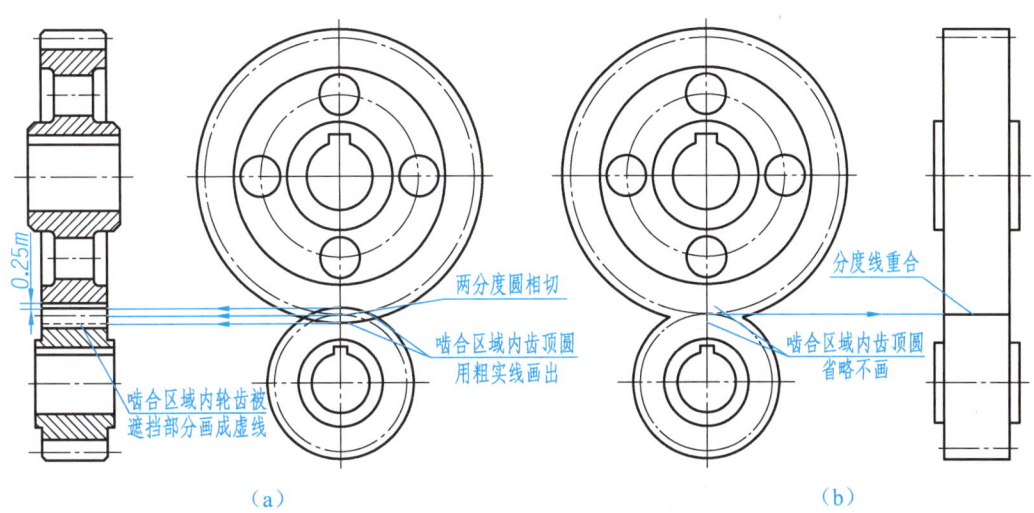

图 6-21 两直齿圆柱齿轮啮合的规定画法

6.3.2 直齿圆锥齿轮

直齿圆锥齿轮的轮齿是在圆锥面上加工而成的，因此轮齿沿圆锥面的素线方向一端大、一端小，且齿厚、齿槽宽、齿高及模数也随之变化。为了设计和制造方便，通常规定直齿圆锥齿轮以大端的模数为标准模数，用它来计算和决定齿轮其他各部分的尺寸。

1. 直齿圆锥齿轮各部分名称及参数

直齿圆锥齿轮各部分名称及参数如图 6-22 所示，其尺寸计算公式如表 6-5 所示。

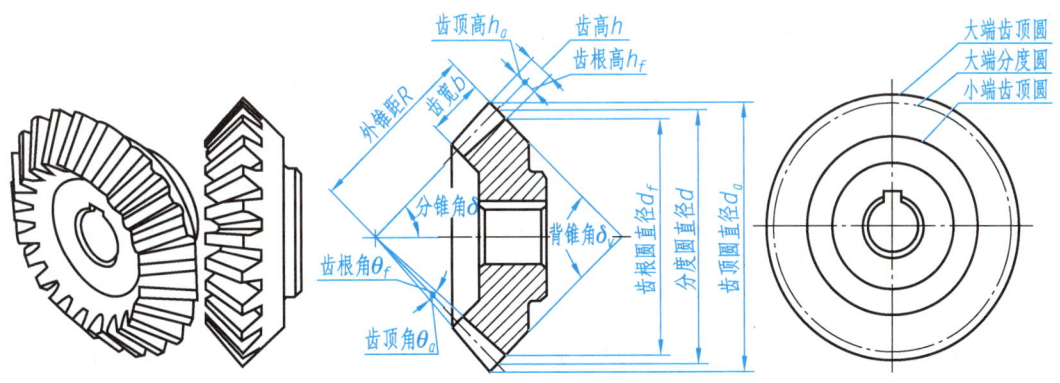

图 6-22 直齿圆锥齿轮各部分名称及参数

表 6-5　直齿圆锥齿轮各部分的尺寸计算公式

名称		计算公式	名称	计算公式
分度圆直径 d		$d = mz$	齿顶高 h_a	$h_a = m$
分锥角 δ	δ_1（小齿轮）	$\delta_1 = \arctan(z_1/z_2)$	齿根高 h_f	$h_f = 1.2m$
	δ_2（大齿轮）	$\delta_2 = \arctan(z_2/z_1) = 90° - \delta_1$	齿高 h	$h = h_a + h_f = 2.2m$
齿顶圆直径 d_a		$d_a = m(z + 2\cos\delta)$	齿顶角 θ_a	$\theta_a = \arctan(2\sin\delta/z)$
齿根圆直径 d_f		$d_f = m(z - 2.4\cos\delta)$	齿根角 θ_f	$\theta_f = \arctan(2.4\sin\delta/z)$
外锥距 R		$R = mz/(2\sin\delta)$	齿宽 b	$b \leqslant R/3$

2. 单个直齿圆锥齿轮的规定画法

单个直齿圆锥齿轮的规定画法如图 6-23 所示，绘图时要注意以下几点。

（1）直齿圆锥齿轮的主视图一般用剖视图表示，但轮齿按不剖处理。

（2）绘制直齿圆锥齿轮的左视图时，需要用粗实线画出大端和小端的齿顶圆，用细点画线画出大端的分度圆，不需要画出大、小端的齿根圆和小端的分度圆；齿轮轮齿部分以外的结构均按真实投影绘制。

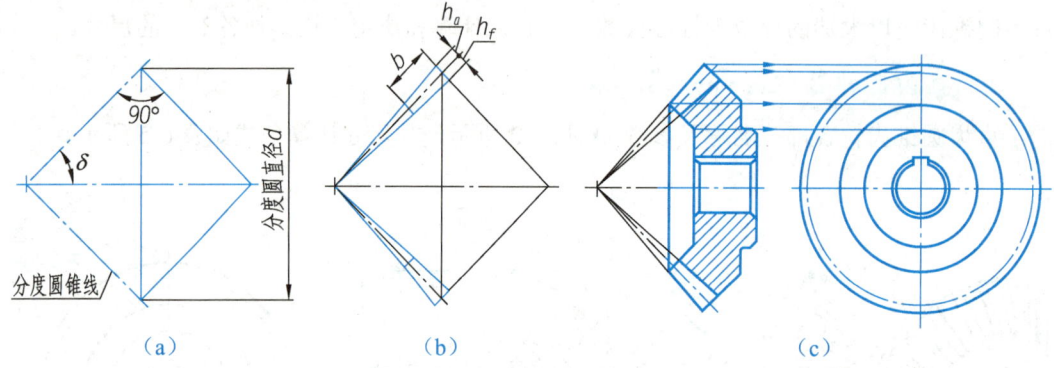

图 6-23　单个直齿圆锥齿轮的规定画法

3. 两直齿圆锥齿轮啮合的规定画法

两直齿圆锥齿轮啮合的画法与两直齿圆柱齿轮啮合的画法基本相同，一般用主视图、左视图表示，且主视图画成剖视图。在啮合区域内，应将一个齿轮的齿顶线画成粗实线，另一个齿轮的齿顶线画成虚线或省略不画。此外，两直齿圆锥齿轮啮合时，分度线应与分度圆相切，具体画法如图 6-24 所示。

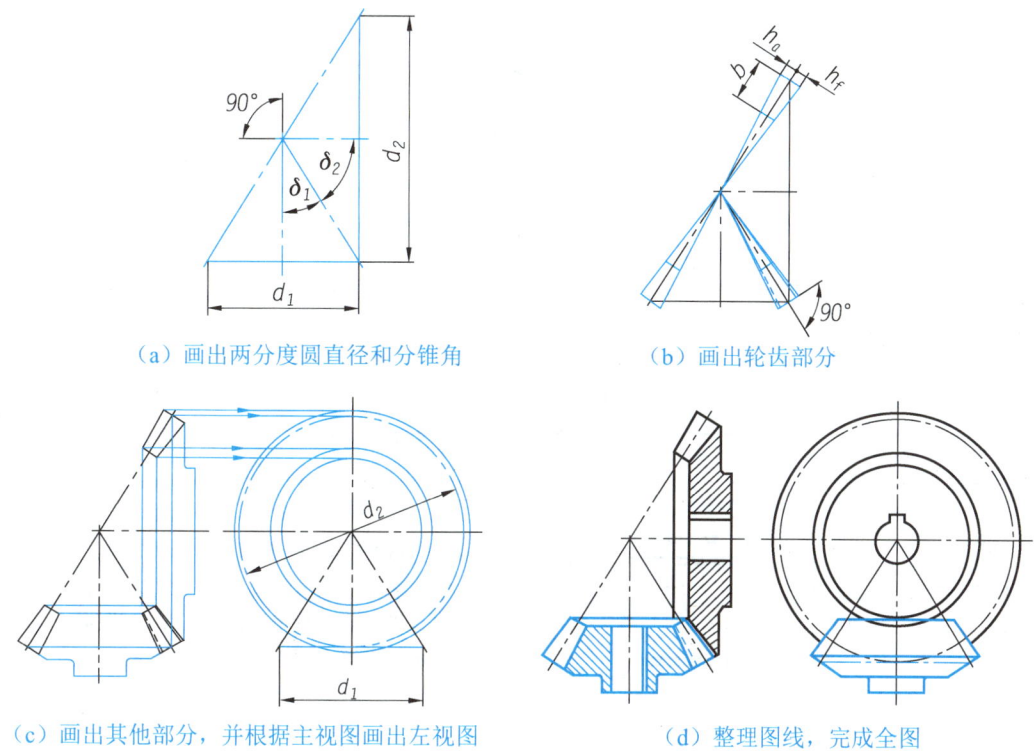

（a）画出两分度圆直径和分锥角　　　　（b）画出轮齿部分

（c）画出其他部分，并根据主视图画出左视图　　（d）整理图线，完成全图

图 6-24　两直齿圆锥齿轮啮合的规定画法

6.4　键连接和销连接

键和销都是标准件，键连接和销连接也是工程中常用的可拆连接。

6.4.1　键及键连接

在机械设备中，通常用键来连接轴和轴上的零件（如带轮等），使它们能够一起转动，即在轴和轴上零件上分别加工出键槽，将键置于键槽中，使轴和轴上零件之间不发生相对转动，以传递转矩。这种连接称为键连接，如图 6-25 所示。

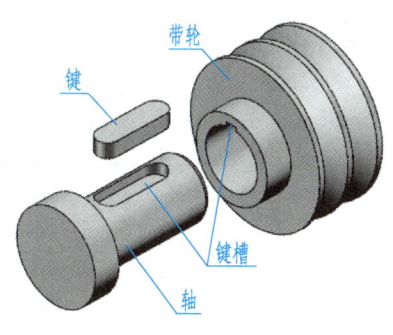

图 6-25　键连接

1．键的种类及标记

键的种类很多，常见的键有普通型平键、普通型半圆键和钩头型楔键等，如图 6-26 所示。其中，普通型平键应用最广，它分为 A 型、B 型和 C 型 3 种。

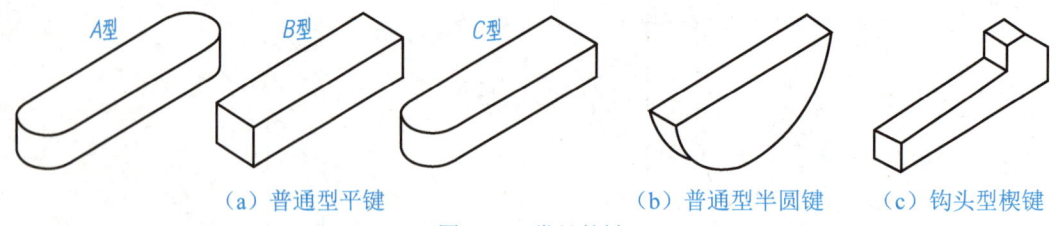

图 6-26 常见的键

键的标记由国家标准代号、标准件的名称、型号和规格尺寸 4 部分组成。键的标记示例如表 6-6 所示。

表 6-6 键的标记示例

名称及标准编号	图例	标记示例
普通型平键（A 型） GB/T 1096—2003		GB/T 1096 键 16×10×100 表示宽度 $b=16$ mm、高度 $h=10$ mm、长度 $L=100$ mm 的普通 A 型平键（普通 A 型平键在标注时省略型号 A）
普通型半圆键 GB/T 1099.1—2003		GB/T 1099.1 键 6×10×25 表示宽度 $b=6$ mm、高度 $h=10$ mm、直径 $D=25$ mm 的普通型半圆键
钩头型楔键 GB/T 1565—2003		GB/T 1565 键 16×100 表示宽度 $b=16$ mm、高度 $h=10$ mm、长度 $L=100$ mm 的钩头型楔键

2. 键槽的画法及尺寸标注

键是标准件，一般不必画出零件图，但应画出与其相配合的键槽。普通型平键键槽的画法和尺寸标注如图 6-27 所示。键槽的宽度 b 可根据轴的公称直径 d 查附表 13 得到，从该附表中还可得到轴上键槽的深度 t_1 和轮毂上键槽的深度 t_2。此外，键的长度 L 应比轮毂长度小 5~10 mm，并取相近的标准值。

图 6-27 动画

项目 6　掌握标准件与常用件的规定画法

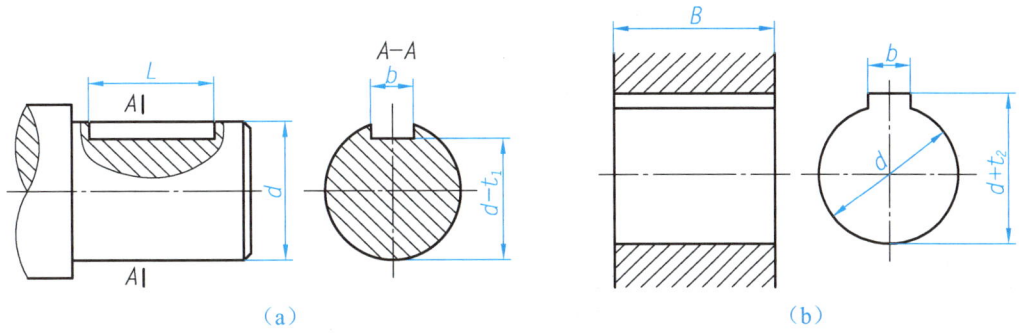

图 6-27　普通型平键键槽的画法和尺寸标注

3．普通型平键连接的规定画法

普通型平键连接的规定画法如图 6-28 所示，具体如下。

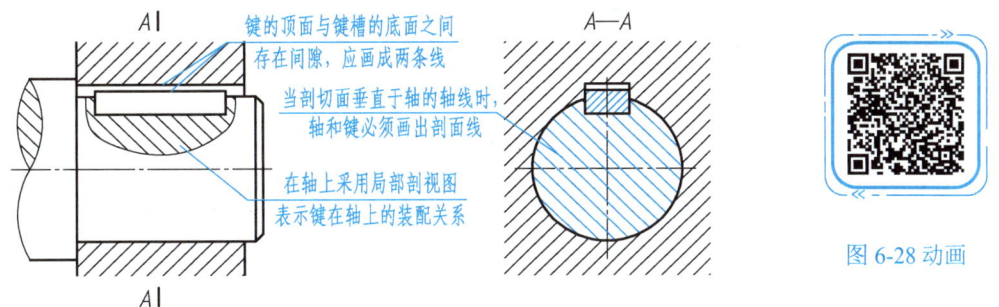

图 6-28　普通型平键连接的规定画法

（1）普通型平键的两侧面为工作面，底面和顶面为非工作面，两侧面和底面分别与轴上的键槽接触，应画成一条线；键的顶面与键槽的底面之间存在间隙，应画成两条线。

（2）当剖切面通过轴的轴线和键的对称面时，轴和键均按不剖绘制。为了表示键在轴上的装配关系，可在轴上采用局部剖视图。当剖切面垂直于轴的轴线时，轴和键必须画出剖面线。

6.4.2　销及销连接

销也是常用的标准件，主要用于零件间的连接、定位或防松。常见的销有圆柱销、圆锥销和开口销 3 种。开口销经常与开槽螺母配合使用，可起到防松脱的作用。销的标记及画法如表 6-7 所示。当剖切面通过销的轴线时，销按不剖绘制。

表 6-7 销的标记及画法

名称及标准编号	图例	标记	连接画法
圆柱销 GB/T 119.1—2000		销 GB/T 119.1 6 m6×30 表示公称直径 d = 6 mm、公差为 m6、公称长度 l = 30 mm 的圆柱销	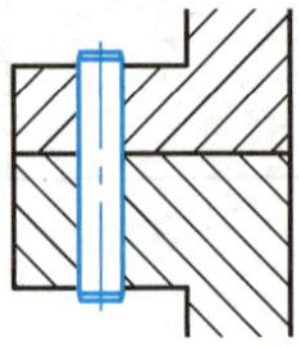
圆锥销 GB/T 117—2000	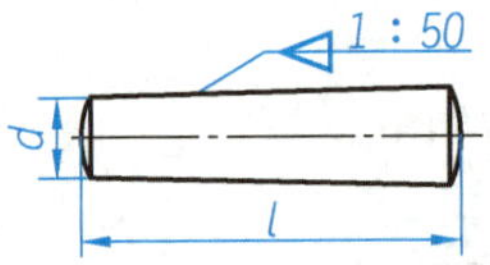	销 GB/T 117 6×30 表示公称直径 d = 6 mm、公称长度 l = 30 mm 的圆锥销 注意：圆锥销的公称直径是指其小端的直径	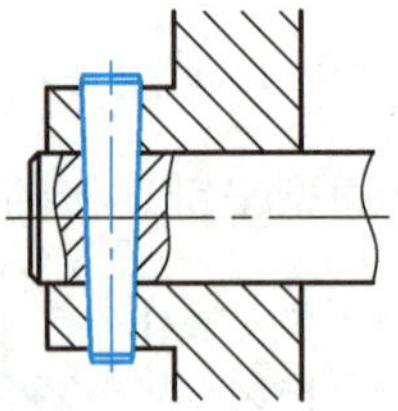
开口销 GB/T 91—2000	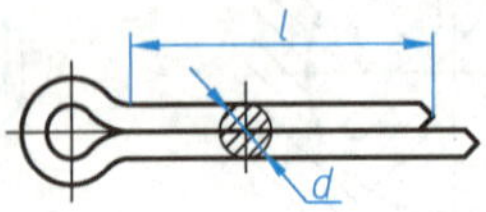	销 GB/T 91 5×50 表示公称规格为 5 mm、公称长度 l = 50 mm 的开口销 注意：公称规格等于销孔直径	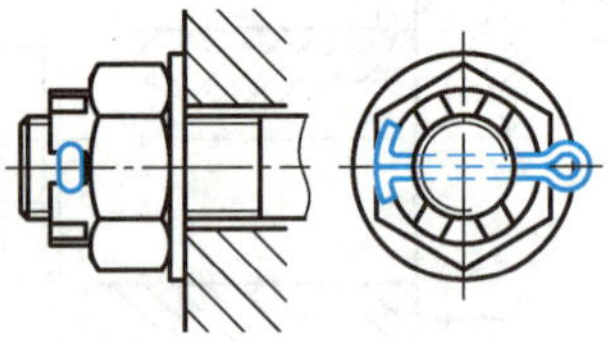

6.5 滚动轴承

滚动轴承是用来支承轴的标准件，具有结构紧凑、摩擦力小等优点，因此在机械传动结构中被广泛应用。滚动轴承的规格形式多样，需要时可查阅相关国家标准。

6.5.1 滚动轴承的结构及分类

滚动轴承一般由外圈、内圈、滚动体和保持架 4 部分组成。内圈与轴相配合，通常与轴一起转动；外圈一般固定在机体或轴承座内不转动。

滚动轴承的分类方法很多，按其所受载荷方向的不同可分为向心轴承和推力轴承两类。

➢ **向心轴承**：主要承受径向载荷，如深沟球轴承，如图 6-29（a）所示。
➢ **推力轴承**：只承受轴向载荷，如推力球轴承，如图 6-29（b）所示。

此外，常用的圆锥滚子轴承可以同时承受径向荷载和轴向荷载，如图 6-29（c）所示。

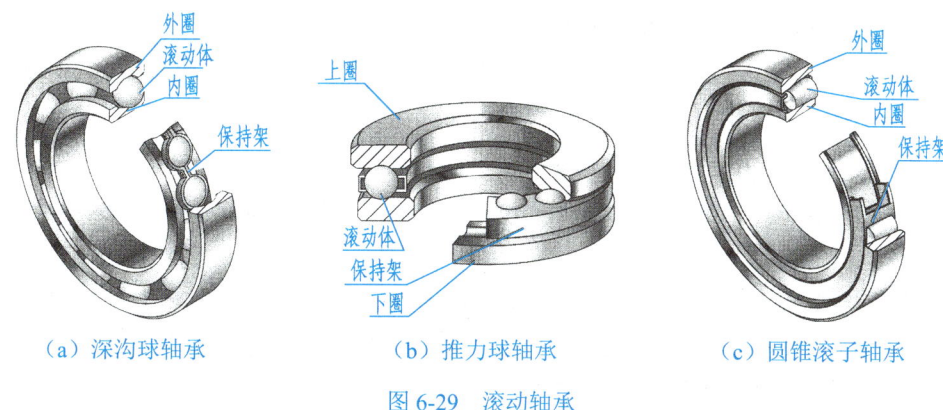

（a）深沟球轴承　　　（b）推力球轴承　　　（c）圆锥滚子轴承

图 6-29　滚动轴承

6.5.2　滚动轴承的代号

滚动轴承的代号由前置代号、基本代号和后置代号组成。前置代号和后置代号是当轴承在结构形状、尺寸、公差、技术要求等方面有所改变时，在基本代号左、右添加的补充代号。若无特殊要求，滚动轴承一般只标记基本代号。

基本代号表示滚动轴承的基本类型、结构和尺寸，是滚动轴承代号的基础。基本代号由类型代号、尺寸系列代号和内径代号 3 部分组成。

➢ **类型代号**：用数字或大写字母表示，如表 6-8 所示。

表 6-8　滚动轴承的类型代号

代号	轴承类型	代号	轴承类型
0	双列角接触球轴承	7	角接触球轴承
1	调心球轴承	8	推力圆柱滚子轴承
2	调心滚子轴承和推力调心滚子轴承	N	圆柱滚子轴承
3	圆锥滚子轴承		双列或多列用字母 NN 表示
4	双列深沟球轴承	U	外球面球轴承
5	推力球轴承	QJ	四点接触球轴承
6	深沟球轴承	C	长弧面滚子轴承（圆环轴承）

➢ **尺寸系列代号**：由轴承宽（高）度系列代号和直径系列代号组成，通常用两位数字表示。尺寸系列代号主要用于区分内径相同，而宽（高）度和外径不同的轴承。例如"02"，0 是宽（高）度系列代号，2 是直径系列代号。当滚动轴承的宽度系列代号为 0 时，通常省略，但对于调心滚子轴承和圆锥滚子轴承，宽度系列代号 0 不能省略。

➤ **内径代号**：表示轴承的公称内径，具体如下所示。

（1）当轴承公称内径为 0.6～10 mm（非整数），1～9 mm（整数），大于或等于 500 mm，以及 22 mm、28 mm、32 mm 时，内径代号用公称内径毫米数表示，且通常应与尺寸系列代号之间用"/"分开。

（2）当轴承公称内径为 10 mm、12 mm、15 mm、17 mm 时，内径代号分别为 00、01、02、03。

（3）当轴承公称内径为 20～480 mm 时（22 mm、28 mm、32 mm 除外），内径代号为公称内径除以 5 的商数。若商数为个位数，则需要在商数左边加"0"。

【例 6-4】分析轴承代号 6208、62/22、30312 的含义。

分析：

（1）轴承代号 6208 的含义如下。

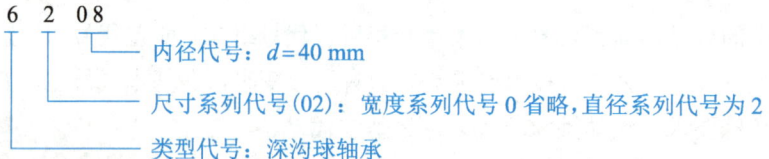

（2）轴承代号 62/22 的含义如下。

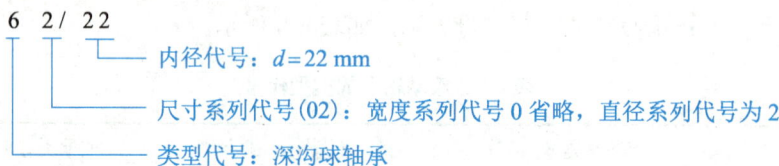

（3）轴承代号 30312 的含义如下。

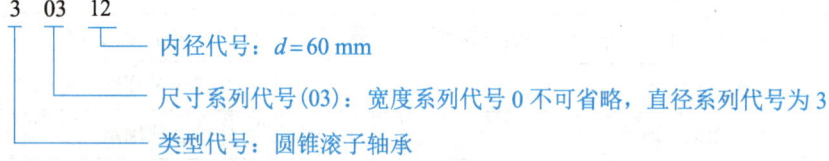

6.5.3 滚动轴承的规定画法

滚动轴承一般不需要绘制零件图，在装配图中只需要按国家标准规定的表示方法画出即可。国家标准对滚动轴承的画法进行了统一规定，有规定画法和简化画法两种，如表 6-9 所示。其中，简化画法又分为特征画法和通用画法，但在同一张图样中只允许采用一种画法。

项目 6　掌握标准件与常用件的规定画法

表 6-9　滚动轴承的规定画法和简化画法（摘自 GB/T 4459.7—2017）

名称	结构形式	规定画法	简化画法	
			特征画法	通用画法
深沟球轴承				
圆锥滚子轴承				
推力球轴承				

> **点拨**
>
> 滚动轴承的规定画法、特征画法和通用画法的选用条件如下:
> (1) 当需要表示滚动轴承的外形轮廓、载荷特性和结构特征时可采用规定画法。
> (2) 当需要较形象地表示滚动轴承结构特征时可采用特征画法。
> (3) 当不需要确切地表示滚动轴承的外形轮廓、载荷特性和结构特征时可采用通用画法。

6.6 弹 簧

弹簧是一种用于减振、夹紧、自动复位和储存能量的零件。弹簧的种类很多,常见的有压缩弹簧、拉伸弹簧和扭转弹簧等,如图 6-30 所示,本节仅介绍最常用的圆柱螺旋压缩弹簧。

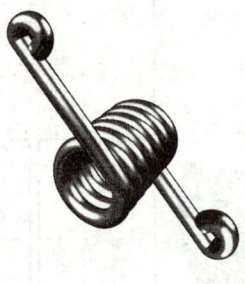

(a) 压缩弹簧　　　　(b) 拉伸弹簧　　　　(c) 扭转弹簧

图 6-30　常见的弹簧

6.6.1　圆柱螺旋压缩弹簧各部分名称和尺寸关系

圆柱螺旋压缩弹簧各部分名称和尺寸关系如图 6-31 所示。

(1) 弹簧丝直径(d):又称线径,是指用于制造弹簧的钢丝直径。

(2) 弹簧直径。

➢ 弹簧内径 D_1:弹簧的最小直径,$D_1 = D - d$;

➢ 弹簧外径 D_2:弹簧的最大直径,$D_2 = D + d$;

➢ 弹簧中径 D:弹簧的平均直径,$D = (D_1 + D_2)/2$。

(3) 节距(t):除两端的支承圈外,弹簧上相邻两圈截面中心线的轴向距离,一般 $t = D/3 \sim D/2$。

(4) 支承圈数（n_2）：为了保证弹簧压缩时受力均匀、工作平稳，制造时需要将弹簧两端并紧且磨平。这部分并紧且磨平的圈数称为支承圈数。支承圈数有 1.5 圈、2 圈和 2.5 圈 3 种，2.5 圈较为常用，即两端各并紧 1.25 圈，其中包括磨平 0.75 圈。

(5) 有效圈数（n）：压缩弹簧除支承圈外，具有相等节距的圈数。

(6) 总圈数（n_1）：弹簧的支承圈数和有效圈数之和，即 $n_1 = n_2 + n$。

(7) 弹簧的自由高度（或自由长度）（H_0）：弹簧不受外力作用时的高度，即

$$H_0 = nt + (n_2 - 0.5)d$$

其中，当 $n_2 = 1.5$ 时，$H_0 = nt + d$；当 $n_2 = 2$ 时，$H_0 = nt + 1.5d$；当 $n_2 = 2.5$ 时，$H_0 = nt + 2d$。

(8) 弹簧展开长度（L）：制造弹簧的钢丝长度，即 $L \approx n_1\sqrt{(\pi D_2)^2 + t^2} \approx \pi D n_1$。

(9) 旋向：螺旋弹簧分左旋和右旋两种。其中，右旋弹簧最为常见。

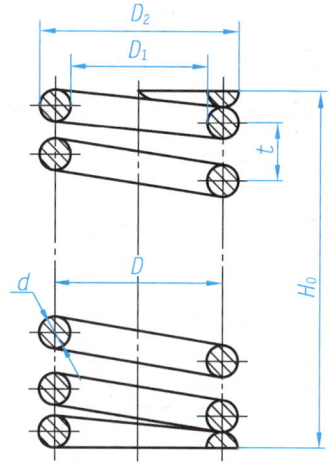

图 6-31 圆柱螺旋压缩弹簧各部分名称和尺寸关系

6.6.2 圆柱螺旋压缩弹簧的规定画法

GB/T 4459.4—2003《机械制图 弹簧表示法》对圆柱螺旋压缩弹簧的画法进行了如下规定。

(1) 在投影面平行于弹簧轴线的视图或剖视图中，圆柱螺旋压缩弹簧各圈的轮廓应画成直线，如图 6-32 所示。

(2) 圆柱螺旋压缩弹簧均可画成右旋，若必须保证弹簧的旋向，则应在"技术要求"中注明。

(3) 当要求圆柱螺旋压缩弹簧两端并紧且磨平时，不论支承圈数多少和末端贴紧情况如何，均按如图 6-32 所示的形式绘制，必要时也可按支承圈的实际结构绘制。

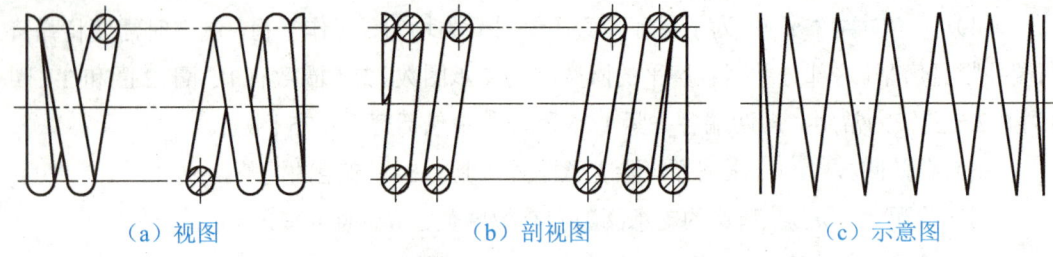

（a）视图　　　　　　　（b）剖视图　　　　　　　（c）示意图

图 6-32　圆柱螺旋压缩弹簧的规定画法

（4）有效圈数在 4 圈以上的圆柱螺旋压缩弹簧，中间部分可省略不画，只画出通过弹簧丝剖面中心的两条细点画线。当中间部分省略后，允许适当缩短图形的长度，如图 6-32（a）和图 6-32（b）所示。

（5）在装配图中，圆柱螺旋压缩弹簧被剖切时，可按如图 6-33 所示的 3 种方法绘制。其中，当弹簧丝直径在图形上等于或小于 2 mm 时，其剖面可以采用涂黑的方式表示，如图 6-33（a）所示；也可以采用示意画法，如图 6-33（b）所示。

（6）在装配图中，被弹簧挡住的结构一般不画出，但其可见部分应从弹簧的外轮廓线或从弹簧丝剖面的中心线画起，如图 6-33（c）所示。

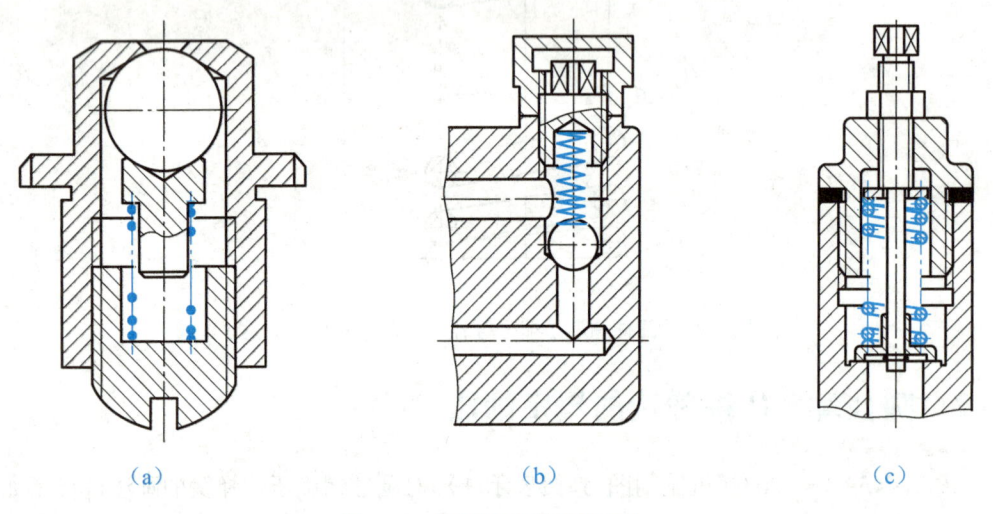

（a）　　　　　　　　　（b）　　　　　　　　　（c）

图 6-33　装配图中弹簧的画法

当需要表达圆柱螺旋压缩弹簧的负荷与高度之间的变化关系时，必须用图解表示。如图 6-34 所示为圆柱螺旋压缩弹簧的工作图，主视图上方的力学性能曲线画成直线。其中，F_1 为弹簧的预加负荷，F_2 为弹簧的最大负荷，F_3 为弹簧允许的极限负荷。

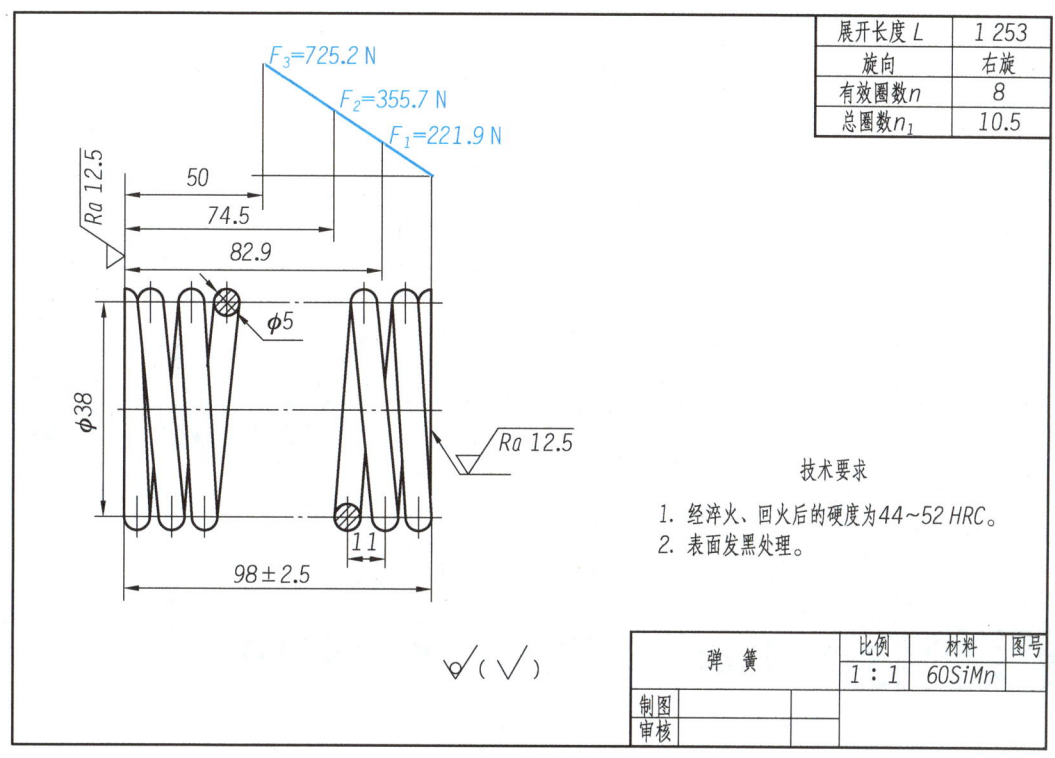

图 6-34　圆柱螺旋压缩弹簧的工作图

【例 6-5】某圆柱螺旋压缩弹簧的弹簧丝直径 $d=5$ mm，弹簧外径 $D_2=43$ mm，节距 $t=10$ mm，有效圈数 $n=8$，支承圈数 $n_2=2.5$。试绘制圆柱螺旋压缩弹簧的剖视图。

解：（1）计算。

① 总圈数：$n_1 = n_2 + n = 2.5 + 8 = 10.5$（圈）。

② 自由高度：$H_0 = nt + 2d = 8 \times 10 + 2 \times 5 = 90$ (mm)。

③ 弹簧中径：$D = D_2 - d = 43 - 5 = 38$ (mm)。

④ 展开长度：$L \approx \pi D n_1 = 3.14 \times 38 \times 10.5 \approx 1253$ (mm)。

（2）绘制。

① 根据弹簧中径 D 和自由高度 H_0 画出中心线和端面线，如图 6-35（a）所示。

② 画出支承圈部分弹簧丝的断面，如图 6-35（b）所示。

③ 画出有效圈部分弹簧丝的断面，如图 6-35（c）所示。首先，在直线 CE 上根据节距 t 画出圆 2 和圆 3；然后，分别从圆 1、圆 2 和圆 3、圆 4 的圆心连线中点处作垂线与直线 AB 相交，并以交点为圆心画出圆 5 和圆 6；最后，在直线 AB 上根据弹簧节距 t 画出圆 7。

④ 按右旋方向作相应圆的公切线并画出剖面线，绘制完成，如图 6-35（d）所示。

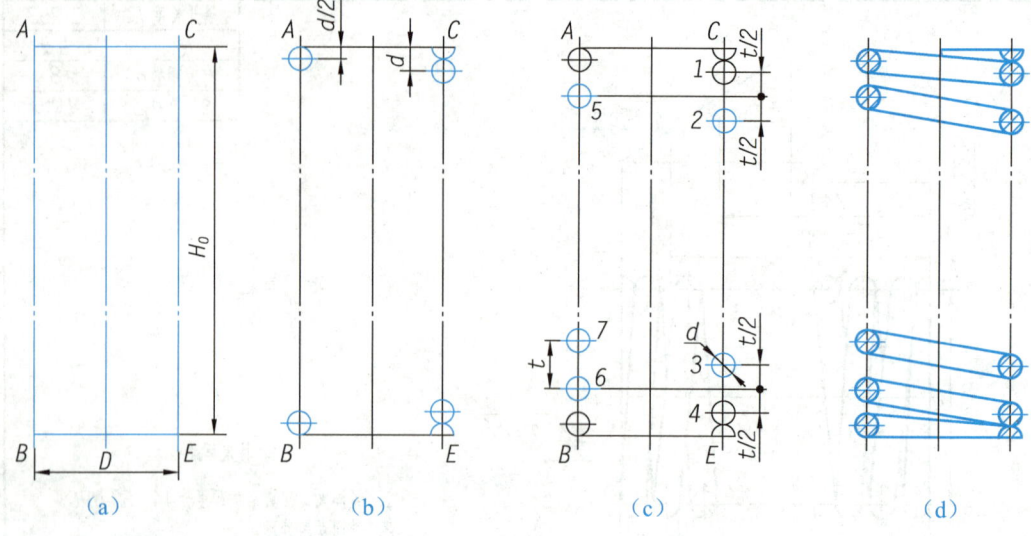

图 6-35　例 6-5 图

项目实施　绘制直齿圆柱齿轮的机械图样

1. 实例介绍

如图 6-36 所示为直齿圆柱齿轮的立体图，该齿轮的齿数 $z = 35$，模数 $m = 2$ mm，齿宽 $b = 10$ mm，轮毂直径 $D = 40$ mm，轴孔直径为 25 mm，键槽宽度为 8 mm，齿轮总宽度 $B = 20$ mm，轮毂与齿轮连接处为半径 3 mm 的圆弧连接，所有倒角均为 2 mm。请根据本项目所学知识，绘制其机械图样。

图 6-36　直齿圆柱齿轮的立体图

2. 实施步骤

（1）分析与计算。

① 计算齿顶圆直径、齿根圆直径、分度圆直径。

齿顶圆直径：$d_a = m(z+2) = 2 \times (35+2) = 74$ (mm)。

齿根圆直径：$d_f = m(z-2.5) = 2 \times (35-2.5) = 65$ (mm)。

分度圆直径：$d = mz = 2 \times 35 = 70$ (mm)。

② 已知键槽宽度为 8 mm，从附表 13 中可查得其深度 $t_2 = 3.3$ mm。

③ 确定好直齿圆柱齿轮各部分的尺寸后，选择一个视图和一个局部视图的表示方法，绘制直齿圆柱齿轮的机械图样。

（2）绘制。

① 选择合适的图幅和比例，固定好图纸并绘制图框和标题栏，如图 6-37（a）所示。

② 合理布图，根据齿顶圆直径 d_a、齿根圆直径 d_f、分度圆直径 d、轴孔直径绘制尺寸基准，如图 6-37（b）所示。

③ 根据齿宽 b、键槽深度 t_2、齿轮总宽度 B 绘制齿轮视图，如图 6-37（c）所示。

④ 根据轴孔直径、键槽宽度等，绘制齿轮局部视图，如图 6-37（d）所示。

⑤ 绘制倒角、圆角、剖面线等，如图 6-37（e）所示。

⑥ 检查与加深底稿，并标注尺寸。底稿绘制完成后应对其进行全面检查，并用橡皮擦除画错的线条及作图辅助线，然后，按要求正确、完整、清晰地标注直齿圆柱齿轮的尺寸，如图 6-37（f）所示。

(a) 绘制图框和标题栏

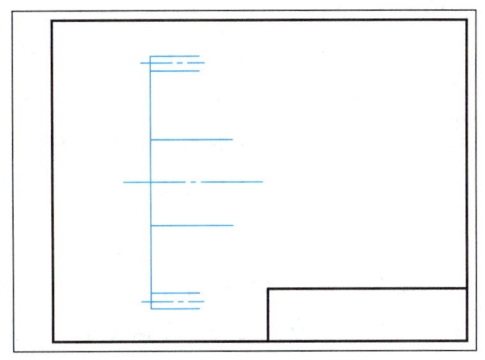

(b) 合理布图，绘制尺寸基准

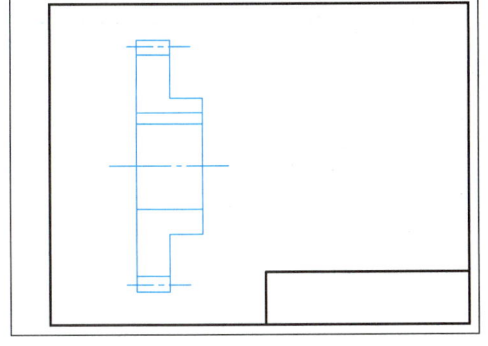

(c) 绘制齿轮视图

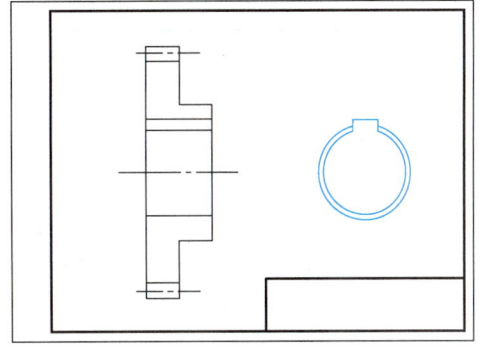

(d) 绘制齿轮局部视图

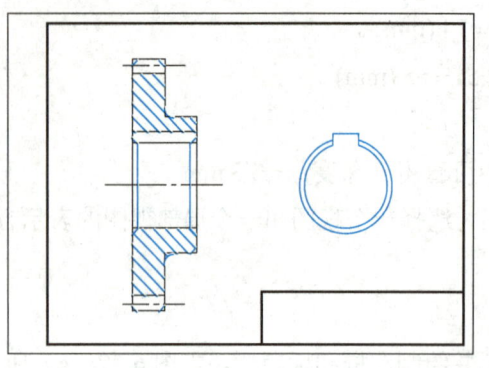 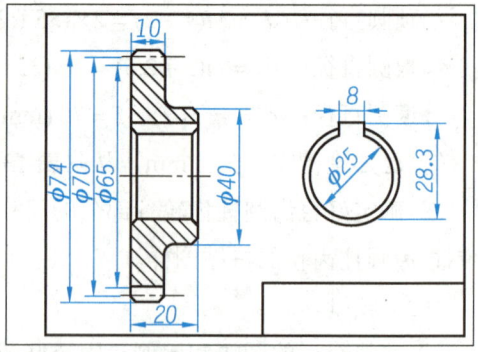

(e) 绘制倒角、圆角、剖面线　　　　　　(f) 检查与加深底稿，并标注尺寸

图 6-37　直齿圆柱齿轮的机械图样

匠心筑梦

　　参加工作几十载，他凭借一股"敢于争第一、勇于创唯一"的精神，在中国工程机械核心零部件加工领域形成了具有自主知识产权的核心技术优势。他就是 2022 年大国工匠年度人物孟维。

　　"敢于争第一，就是工作上如果没有争第一的目标和劲头，那就不要去做；勇于创唯一，就是在技术上要勇于创新，做别人不能做的事情。"孟维说。2018 年，孟维成功主导了行业内首条零部件智能产线的设计和制造，该项目助力公司成为工程机械行业唯一的"智能制造标杆企业"。当时创新之不易，他至今历历在目。上智能产线，实现自动化生产，一个重要的基础性工作就是将所有生产工艺加以改进并标准化。为此，他带领团队成员扑到生产一线，在现场操作设备，一干就是 22 天，工作最紧张时，吃住都在现场。

　　孟维对工作始终执着专注，吃苦不言苦，处难不畏难，练就了一身绝活绝艺，从普通工人成长为公司的"金牌专家"。"再复杂的大国重器，也要从打好每一颗螺丝钉开始，只要钻研得够深、琢磨得够细，技术工人也能走技能报国的路。"孟维说。

　　（资料来源：吉强，《大国重器精密部件"雕刻师"》，新华日报，2024 年 5 月 1 日）

项目 6　掌握标准件与常用件的规定画法

项目评价

指导教师根据学生的实际学习情况进行评价，学生配合指导教师共同完成如表 6-10 所示的学习成果评价表。

表 6-10　学习成果评价表

班级			学号		
姓名			指导教师		
项目名称		掌握标准件与常用件的规定画法			
日期					
评价项目	评价内容		评价方式	满分/分	评分/分
知识（40%）	掌握螺纹的基础知识、规定画法、种类及标注		理论测试	8	
	掌握常用螺纹紧固件的规定标记及其连接的规定画法			7	
	掌握直齿圆柱齿轮和直齿圆锥齿轮各部分名称、参数及规定画法			10	
	掌握键连接和销连接的规定画法			5	
	了解滚动轴承的分类、代号及规定画法			5	
	掌握圆柱螺旋压缩弹簧各部分名称、尺寸关系及规定画法			5	
技能（40%）	能够正确绘制机械制图中常见的标准件和常用件		实践检验	20	
	能够根据直齿圆柱齿轮各部分名称及参数正确绘制其机械图样			20	
素养（20%）	积极参加教学活动，遵守课堂纪律		综合评价	5	
	主动学习，团结协作			5	
	认真负责，按时完成课堂任务			5	
	守正创新，知行合一			5	
合计				100	
自我评价					
指导教师评价					

项目 7

识读与绘制零件图

项目导读

零件图是表达零件结构形状、尺寸大小和技术要求的图样,它不仅是加工制造零件的主要依据,也是检验零件质量的重要技术文件。本项目将结合生产实际,依据零件在机器中的作用和要求,主要讲解零件图的视图选择、尺寸标注、技术要求和画法等知识,培养和提高学生识读与绘制零件图的能力。

项目目标

知识目标

- ◆ 了解零件图的作用和内容,熟悉零件图的视图选择原则。
- ◆ 掌握表面粗糙度、极限与配合、几何公差等的标注方法。
- ◆ 了解零件常见的工艺结构及其标注形式。
- ◆ 掌握零件图的识读与绘制方法。

技能目标

- ◆ 能够正确对零件图进行尺寸标注。
- ◆ 能够正确识读零件图。
- ◆ 能够正确绘制常见零件的零件图。

素质目标

- ◆ 树立严格执行国家标准及行业规范的意识。
- ◆ 养成勤于动手、善于思考的习惯。
- ◆ 培养科学严谨、追求卓越的精神。

班级_____   姓名_____   学号_____

项目工单 识读蜗轮箱体的零件图

【项目描述】

正确、熟练地绘制与识读零件图,是机械工程人员必须具备的基本功之一。如图7-1所示为蜗轮箱体的零件图,请根据本项目内容,分析并识读该零件图。

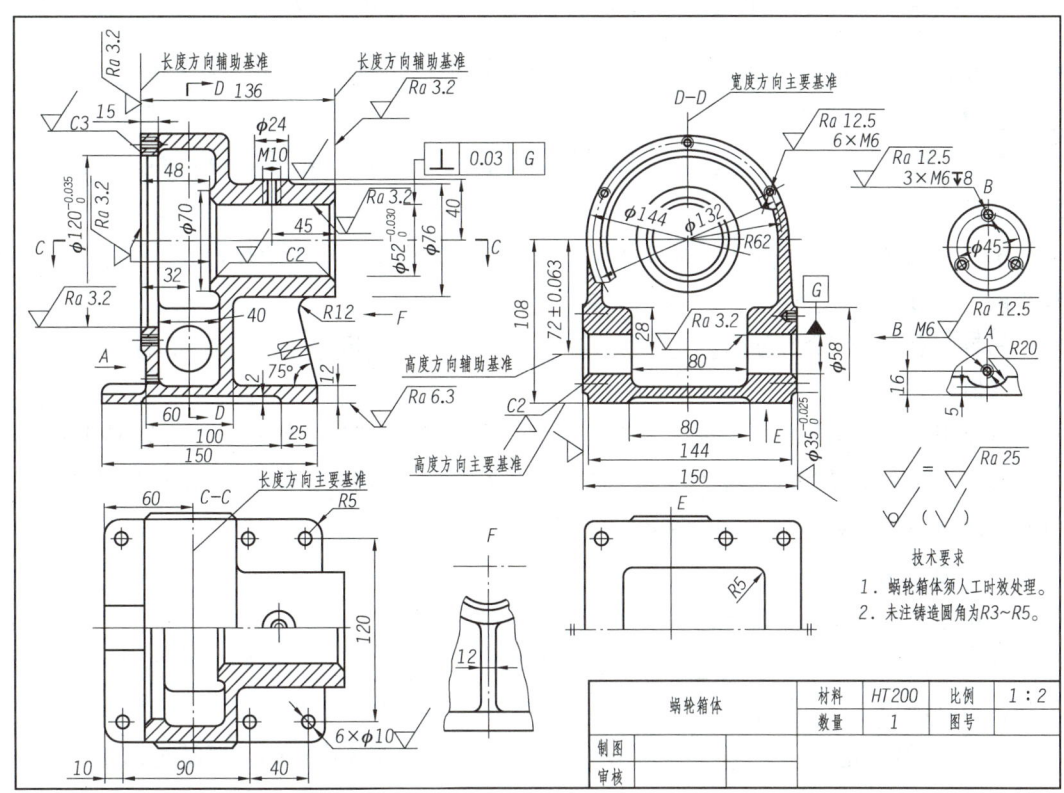

图7-1 蜗轮箱体的零件图

【寻找队友】

学生以3~5人为一组,各小组选出组长,组长组织组员分工合作,共同学习。

【获取信息】

在识读零件图之前,需要了解零件图的视图选择方法、尺寸和技术要求的标注方法及零件上常见工艺结构的表示方法,掌握零件图的识读与绘制方法。请各小组组长组织组员查阅资料并学习相关知识,回答下列问题。

引导问题1:一张完整的零件图一般应包括_____、_____、_____和_____4部分内容。

引导问题2:零件主视图的选择,通常应综合考虑形体特征原则、_____、_____和_____。

班级_____ 姓名_____ 学号_____

引导问题 3：当有需要表达的零件内部结构时，应尽量在基本视图上作_____ _____，并尽可能按_____配置各视图。

引导问题 4：在零件图上标注尺寸时，应选择尺寸链中一个不重要的尺寸空出不标，以避免形成_____。

引导问题 5：零件上常见的孔有_____、_____和_____。

引导问题 6：螺纹孔的标注 $\dfrac{3 \times M10\text{-}6H \downarrow 10}{\downarrow 15\,EQS}$ 表示____个公称直径为____mm 的螺纹孔，钻孔深度为____mm，螺纹孔深度为____mm，中径、顶径的公差带代号为____，____分布。

引导问题 7：_____是指零件加工表面上由较小间距和峰谷所组成的微观几何形状特征。

引导问题 8：允许零件实际尺寸变化的两个极限值中较大的一个称为_____，较小的一个称为_____。

引导问题 9：配合可分为_____、_____和_____3 种。

【制订方案】

各小组通过学习识读与绘制零件图的方法，进行工作规划，并针对工作规划展开讨论，制订实施方案。指导教师对各小组的实施方案进行指导和评价。各小组根据指导教师的评价对实施方案进行调整，确定最终实施方案。

【学以致用】

各小组根据图 7-1 完成下列填空。

（1）零件材料为_____，零件数量为_____。根据零件名称、结构和形状，可判断出该零件属于_____零件。

（2）主视图是_____视图，重点表示了蜗轮箱体内部的主要结构形状；在主视图中的右下方，使用_____表示了肋板的结构形状；俯视图是_____视图，左视图采用_____视图表示了蜗杆支承孔处的结构形状。

（3）长度方向的主要基准是通过蜗杆支承孔轴线的竖直平面，宽度方向的主要基准是蜗轮箱体的_____，高度方向的主要基准是_____。

（4）蜗轮箱体的底板上有_____个通孔，直径为_____mm，孔的表面粗糙度要求为_____。

（5）图中 ⊥ | 0.03 | G 表示_____mm 孔轴线对_____mm 孔轴线的_____公差为_____mm。

（6）$\phi 52^{+0.030}_{0}$ 的公称直径为_____mm，其上极限偏差为_____mm，下极限偏差为_____mm。

（7）由局部视图 B 可知，螺纹孔深度为_____mm，公称直径为_____mm。

项目 7　识读与绘制零件图

7.1 零件图的作用和内容

任何机器或部件都是由若干零件按照一定装配关系和技术要求组装而成的,因此零件是组成机器或部件的基本单位。

表示零件的形状、结构、尺寸和技术要求的图样称为零件图。在机器或部件中,除标准件外,其余零件一般都需要画出零件图。

实际生产中,应先根据零件图中所标注的材料、数量和尺寸进行备料,然后按照零件图中表示的形状、结构、尺寸和技术要求等进行加工制造,最后根据零件图中标注的各项技术要求检验所加工的零件是否达到规定的质量标准。由此可见,零件图是零件加工制造及质量检验中不可或缺的重要技术文件。

一张完整的零件图一般应包括一组图形、完整的尺寸标注、技术要求和标题栏 4 部分内容。如图 7-2 所示为泵盖立体图,其零件图如图 7-3 所示。

图 7-2　泵盖立体图

（1）一组图形。在零件图上综合运用一组恰当的图形（如局部视图、剖视图、断面图等）将零件各组成部分的内外形状和相对位置正确、完整、清晰地表达出来。如图 7-3 所示,用一个基本视图表达泵盖的外部形状,用 A—A 全剖视图表达泵盖的内部形状。

（2）完整的尺寸标注。在零件图上应正确、完整、清晰、合理地标注零件在制造和检验时所需要的全部尺寸,以确定其尺寸大小。

（3）技术要求。在零件图上应用规定的代号、标记和文字说明等简明地给出零件在制造和检验时应达到的各项技术指标与要求,如尺寸公差、几何公差、表面结构和热处理工艺等。

（4）标题栏。在零件图上应配置标题栏,填写零件的名称、材料、数量、比例、图号等,并由设计、制图、审核等责任人签名。

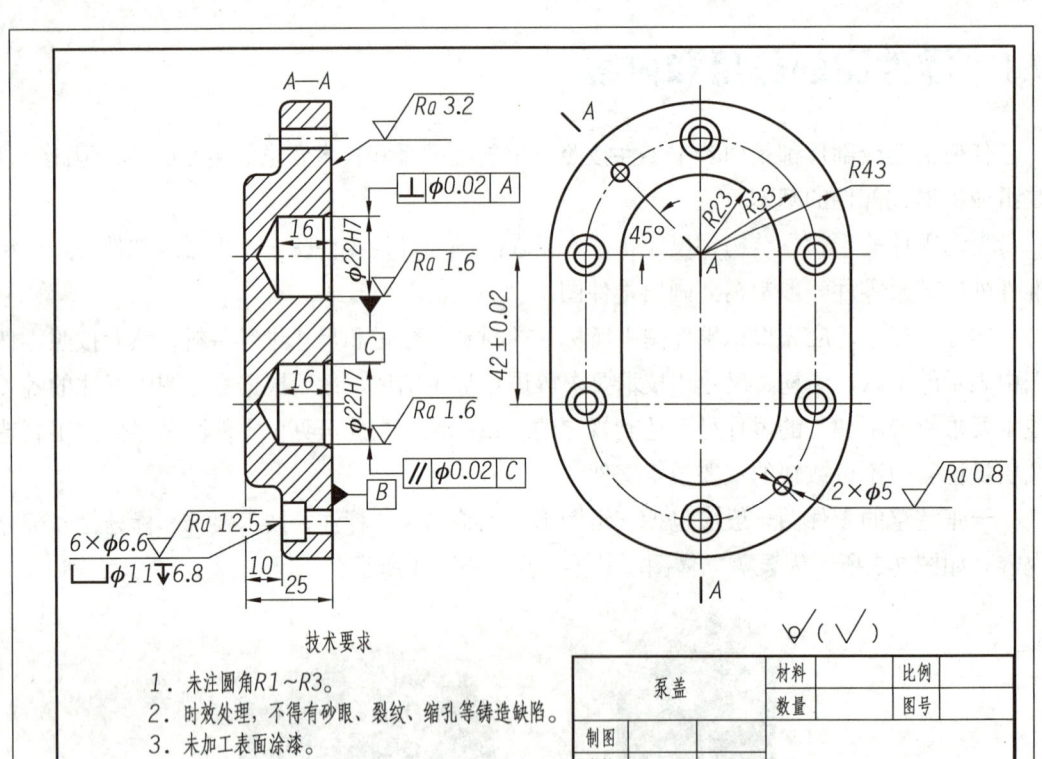

图 7-3　泵盖零件图

7.2　零件图的视图选择

零件图的视图应能正确、完整、清晰地表达零件的结构形状及各组成部分之间的相对位置，同时应便于识读和绘制。要满足这些要求，首先应对零件的结构形状特点进行分析，了解零件在机器或部件中的位置、作用及加工方法，然后选择主视图和其他视图，确定一个较为合理的表达方案。

7.2.1　主视图的选择

主视图是一组图形的核心，主视图的选择将直接影响到其他视图的数量和表示方法的确定，并关系到识读和绘制的方便性。因此，选择主视图时，应合理确定零件的放置位置和投射方向，将反映零件信息量最多的视图作为主视图，通常应综合考虑以下原则。

1. 形体特征原则

应选择最能反映零件结构形状及相对位置的方向作为主视图的投射方向。如图7-4所示，当选择轴的主视图投射方向时，与B投射方向相比，A投射方向得到的视图反映的信息量大，形体特征较明显。因此，应将A投射方向得到的视图作为主视图。

图 7-4 动画

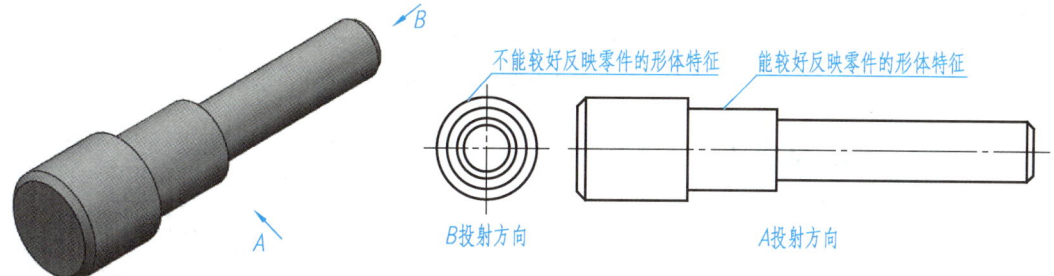

图 7-4　轴的主视图投射方向的选择

2. 加工位置原则

加工位置是指零件在机床上加工时的装夹位置。主视图的投射方向应尽量与零件的主要加工位置一致，这样在加工时可以直接进行图物对照，便于零件的加工和测量。如图7-5所示为轴的主要加工位置，可以看出，图7-4中由A投射方向得到的主视图既体现了轴的形体特征，又与轴的主要加工位置一致。

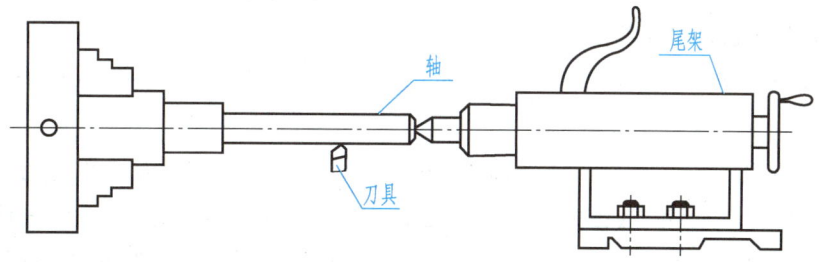

图 7-5　轴的主要加工位置

3. 工作位置原则

工作位置是指零件在机器或部件中所处的位置。主视图的投射方向应尽量与零件的工作位置一致，以便想象零件在机器中的工作情况。如图7-6所示为车床尾架的主视图。

4. 自然摆放稳定原则

若工作位置不固定或加工位置多变，则可将其自然摆放稳定的位置作为画主视图的位置。

综上所述，零件主视图的选择，应根据具体情况进行分析，从有利于识读和绘制的角度出发，在满足形体特征原则的前提下，充分考虑零件的工作位置和加工位置。

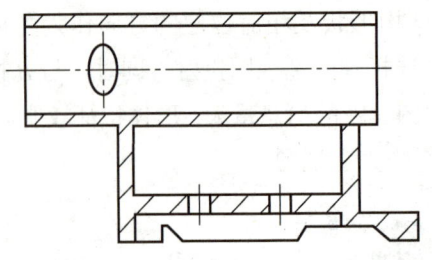

图 7-6　车床尾架的主视图

7.2.2　其他视图的选择

主视图确定后，应采用形体分析法对零件的各个组成部分逐一进行分析，主视图未表达清楚的部分，可选择其他视图进行补充和完善。在选择其他视图时，一般应遵循以下原则。

（1）根据零件的复杂程度及其内外结构形状特点，综合考虑所需要的其他视图，使选择的每个视图都具有独立存在的意义和明确的表达重点，并尽量避免不必要的重复。视图数量的多少与零件的复杂程度有关，应尽量选择较少的视图，使零件图简洁、合理，便于识读与绘制。

（2）优先选择基本视图，当有需要表达的内部结构时，应尽量在基本视图上作剖视图或断面图，并尽可能按投影关系配置各视图。对于零件中尚未表示清楚的局部形状或结构细节，可选择必要的局部视图、斜视图或局部放大图来表示。

【例 7-1】如图 7-7（a）所示为支座的立体图，请为其零件图选择合适的视图。

分析：

（1）如图 7-7（a）所示，支座由圆筒、底板、连接板和支承板 4 部分组成。选择零件图的主视图时，支座的放置位置应选择工作位置。投射方向 1 可以清晰地表达该支座的形体特征，同时又体现了它的工作位置，因此可选择该投射方向作为主视图的投射方向。

（2）选择零件图的其他视图时，可以看出投射方向 2（即左视图的投射方向）可以清晰地表示支承板和连接板的形状及它们之间的相对位置。

（3）为表示底板的形状、支承板和连接板的宽度，俯视图可采用全剖视图。

根据上述分析，支座零件图所选择的视图如图 7-7（b）所示。

项目 7　识读与绘制零件图

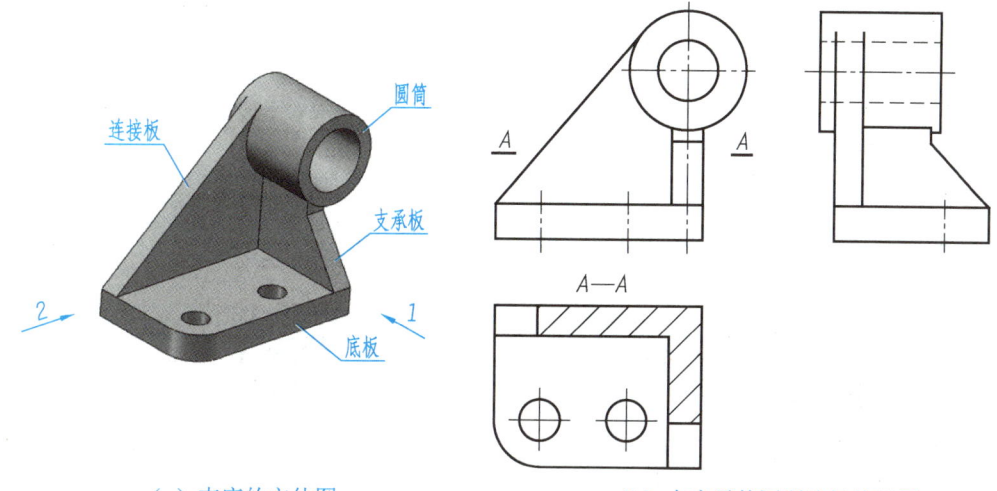

（a）支座的立体图　　　　　　　　（b）支座零件图所选择的视图

图 7-7　例 7-1 图

7.3　零件图的尺寸标注

零件图上的尺寸是加工和检验零件的重要依据，是零件图的重要内容之一，是图样中指令性最强的部分。在零件图上标注尺寸时，必须做到<u>正确、完整、清晰、合理</u>。即所标注的尺寸既要符合零件的设计要求，又要符合工艺要求，便于加工和测量。

7.3.1　尺寸基准

为使零件图的尺寸标注正确、完整、清晰、合理，必须根据零件的结构形状和工艺特点确定合适的尺寸基准。根据作用不同，尺寸基准可分为设计基准和工艺基准。

- **设计基准**：为了确定零件在机器或部件中的相对位置或零件上几何元素的相对位置，根据零件的结构特点及对零件的设计要求而选择的基准。
- **工艺基准**：为了在制造零件时确定测量尺寸的起点位置，方便零件的加工、测量而选定的一些基准。

常见的尺寸基准：① 零件上主要回转结构的轴线；② 零件的对称平面；③ 零件的重要支承面、装配面及接合面；④ 零件的主要加工面。

一般情况下，对于轴套类、轮盘类等以切削加工为主的零件，主要尺寸基准有径向和轴向两个。其中，径向尺寸基准通常为轴线，轴向尺寸基准通常为端面或定位轴肩，如图 7-8（a）所示。对于叉架类、箱体类等加工位置多样的零件，通常以其对称平面、装配面或端面为主要基准，如图 7-8（b）所示。

在选择零件的尺寸基准时，应注意以下几点。

（1）尽量使设计基准与工艺基准重合，即满足基准重合原则。这样既能满足设计要求，又能满足工艺要求，从而减少尺寸误差，保证产品质量。当设计基准与工艺基准不重合时，应以满足设计要求为主。

（2）任何一个零件都有长、宽、高三个方向的尺寸。因此，每一个零件在三个方向上应至少各有一个尺寸基准。

（3）在零件的某个方向上可能会有两个或两个以上的基准，一般只有一个是主要基准，其他称为次要基准或辅助基准，选择时应将零件上的重要几何要素作为主要基准。

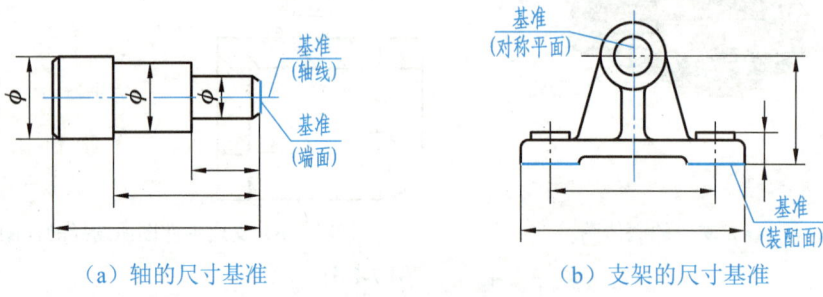

（a）轴的尺寸基准　　　　　　　（b）支架的尺寸基准

图 7-8　不同类型零件的尺寸基准

7.3.2　尺寸标注的注意事项

在标注零件的尺寸之前，首先应对零件各组成部分的形状、结构和作用等有所了解，判断哪些是影响零件质量的尺寸，哪些是对零件质量影响不大的尺寸，然后选择尺寸基准，并标注必要的定形尺寸和定位尺寸。标注尺寸时，应注意以下问题。

（1）主要尺寸应直接标注。主要尺寸是指影响零件性能、精度和相对位置的尺寸。为保证零件的设计精度，主要尺寸应从设计基准出发直接标注在零件图上。

（2）避免注成封闭尺寸链。尺寸链是指由零件上互相联系的尺寸按一定顺序首尾相接排列而成的封闭尺寸组，组成尺寸链的各个尺寸称为尺寸链的环。在零件图上标注尺寸时，应选择尺寸链中一个不重要的尺寸空出不标，以避免形成封闭尺寸链。

（3）考虑测量的方便性与可能性。在零件图上标注尺寸时，不仅要考虑设计要求，还应使标注的尺寸便于测量。如图 7-9（a）所示，尺寸 A 不便于测量，应按图 7-9（b）标注尺寸。

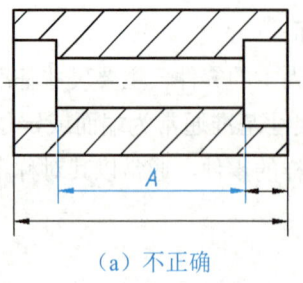　　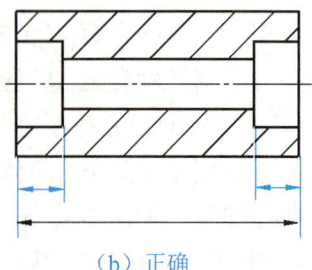

（a）不正确　　　　　　　　　　　　（b）正确

图 7-9　标注的尺寸应便于测量

7.3.3 零件上常见孔的尺寸标注

零件上常见的孔有 光孔、沉孔和 螺纹孔 等类型，其尺寸标注如表 7-1 所示。标注时，既可以选择普通注法，也可以选择旁注法。

表 7-1 零件上常见孔的尺寸标注

类型		普通注法	旁注法		说明
光孔	一般孔	4×φ12，深 14	4×φ12▼14	4×φ12▼14	表示 4 个直径为 12 mm 的孔，孔深为 14 mm
	锥销孔	无普通注法	锥销孔φ4 配作	锥销孔φ4 配作	配作是指和另一零件的同位锥销孔一起加工；与孔相配的圆锥销的公称直径（小端直径）为 4 mm
沉孔	锥形沉孔	90° φ15 3×φ9	3×φ9 ∨φ15×90°	3×φ9 ∨φ15×90°	表示 3 个直径为 9 mm 的孔，其 90°锥形沉孔的最大直径为 15 mm
	柱形沉孔	φ11 3 4×φ6.6	4×φ6.6 ⌴φ11▼3	4×φ6.6 ⌴φ11▼3	表示 4 个直径为 6.6 mm 的孔，柱形沉孔的直径为 11 mm，深度为 3 mm
	锪平孔	φ15 4×φ7	4×φ7 ⌴φ15	4×φ7 ⌴φ15	表示 4 个直径为 7 mm 的孔，其锪平直径为 15 mm，深度不必标出（锪平通常只需锪出平面即可）
螺纹孔	通孔	3×M10-6H EQS	3×M10-6H EQS	3×M10-6H EQS	表示 3 个公称直径为 10 mm 的螺纹孔，中径、顶径的公差带代号为 6H，均匀分布
	不通孔	3×M10-6H EQS 10 15	3×M10-6H▼10 ▼15 EQS	3×M10-6H▼10 ▼15 EQS	表示 3 个公称直径为 10 mm 的螺纹孔，钻孔深度为 15 mm，螺纹孔深度为 10 mm，中径、顶径的公差带代号为 6H，均匀分布

7.4 零件图中的技术要求

零件图中的技术要求主要包括零件的材料、表面结构、极限与配合、几何公差、热处理及表面处理,以及检测、包装等方面的要求。它通常用国家标准规定的图形符号、代号或标记直接标注在图形上,或用简明的文字注写在标题栏附近。零件图的技术要求涉及许多专业知识,下面主要介绍表面结构、极限与配合、几何公差的相关知识及标注方法。

7.4.1 表面结构

零件表面有限区域上的表面粗糙度、表面波纹度、表面纹理及表面缺陷等表面特征,称为表面结构。其中,表面粗糙度是指零件加工表面上由较小间距和峰谷所组成的微观几何形状特征,如图 7-10 所示。表面粗糙度是评定零件表面质量的一项重要技术指标,对零件的耐磨性、抗腐蚀性、疲劳强度,以及装配与使用性能等均有重要影响。

图 7-10 表面粗糙度

评定表面粗糙度的参数主要有轮廓算术平均偏差和轮廓最大高度两种,分别用 Ra 和 Rz 表示。其中,Ra 是指在取样长度内,轮廓线上的点与基准线之间距离绝对值的算术平均值;Rz 是指在取样长度内,最大轮廓峰高与最大轮廓谷深之间的距离,如图 7-11 所示。

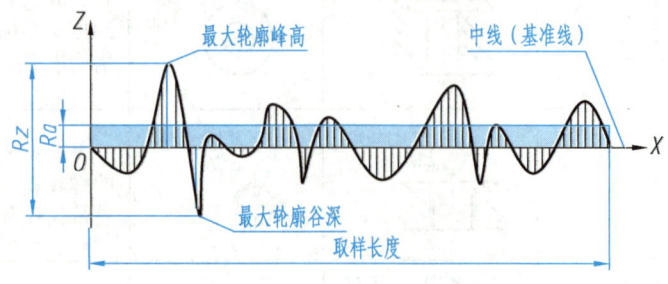

图 7-11 轮廓算术平均偏差和轮廓最大高度

标注表面结构的图形符号如表 7-2 所示。

表 7-2 标注表面结构的图形符号

名称	图形符号	含义
基本图形符号	✓	仅用于简化代号标注，没有补充说明时不能单独使用
扩展图形符号	✓（加短横）	在基本图形符号上加一个短横，表示指定表面是用去除材料的方法获得的，如通过车、刨、磨、抛光等机械加工方法获得的表面
扩展图形符号	✓（加圆圈）	在基本图形符号上加一个圆圈，表示指定表面是用不去除材料的方法获得的，如通过冷轧、铸、热轧等机械加工方法获得的表面，也可用于表示保持上道工序形成的表面（不管是否已去除材料）
完整图形符号	允许任何工艺　去除材料　不去除材料	在上述 3 种图形符号的长边上加一个横线，用于标注补充信息
完整图形符号	（带圆圈的三种符号）	当零件图中某个视图上构成封闭轮廓的各表面有相同的表面结构要求时，可在完整图形符号上加一个圆圈进行表示；如果标注会引起歧义，则各表面应分别标注

标注零件的表面结构时，应注意以下事项。

（1）每个表面的表面结构要求一般只标注一次，并尽可能标注在相应的尺寸及其公差的同一视图上，其标注和读取方向与尺寸的标注和读取方向一致。除非另有说明，所标注的表面结构要求应是对完工零件表面的要求。

（2）表面结构要求可标注在轮廓线（或其延长线）上，其图形符号应从材料外指向并接触表面，必要时也可用带箭头或圆点的指引线引出标注，如图 7-12 和图 7-13 所示。

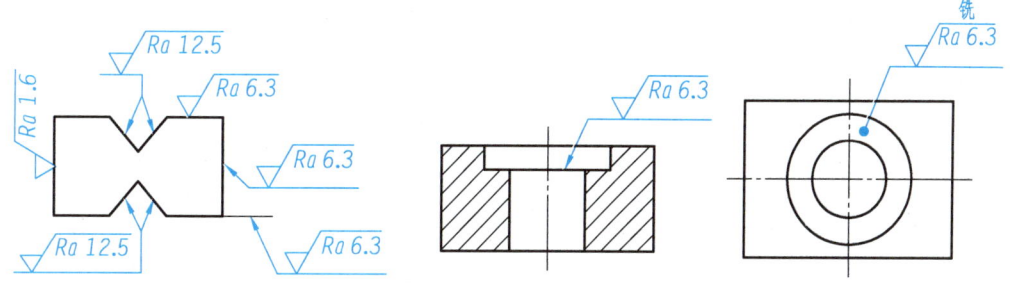

图 7-12 在轮廓线上标注表面结构要求　　图 7-13 用指引线引出标注表面结构要求

（3）在不引起误解时，表面结构要求可标注在尺寸线上，如图 7-14 所示；也可标注在几何公差框格的上方，如图 7-15 所示。

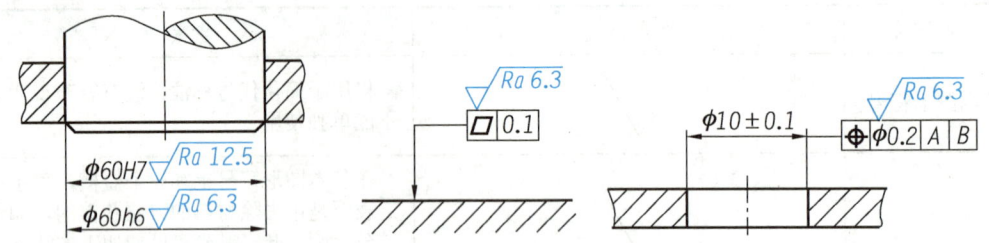

图 7-14　在尺寸线上标注表面结构要求　　　图 7-15　在几何公差框格上方标注表面结构要求

（4）圆柱和棱柱表面的表面结构要求只标注一次，如图 7-16（a）和图 7-16（b）所示。若棱柱的表面有不同的表面结构要求，则应分别单独标注，如图 7-16（c）所示。

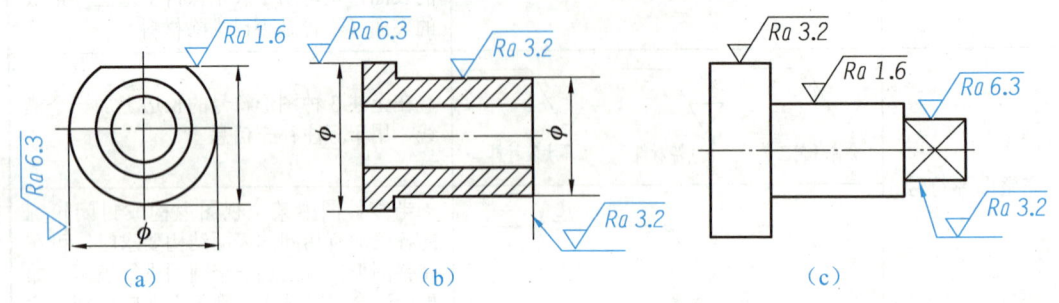

图 7-16　在圆柱和棱柱表面标注表面结构要求

（5）当零件全部表面的表面结构要求相同时，可将其统一标注在标题栏附近。若零件大多数表面的表面结构要求相同，也可将其统一标注在标题栏附近，但在表面结构要求的图形符号后面应有圆括号，并在圆括号内注出基本图形符号，或注出不同的表面结构要求，如图 7-17 所示。

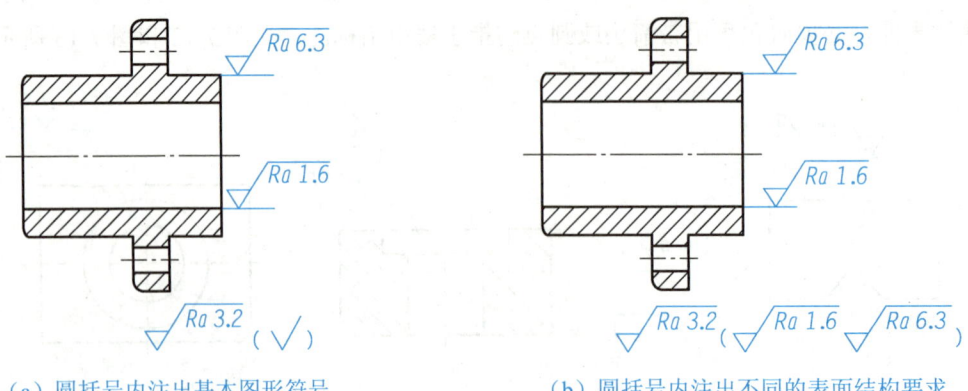

(a) 圆括号内注出基本图形符号　　　　　　(b) 圆括号内注出不同的表面结构要求

图 7-17　大多数表面的表面结构要求相同时的简化标注

项目 7　识读与绘制零件图

点　拨

对于两种或多种工艺获得的同一表面，当需要明确每种工艺方法的表面结构要求时，可按如图 7-18 所示进行标注。其中，Fe 表示基体材料为钢，Ep 表示加工工艺为电镀，3 个连续的加工工序的表面结构、尺寸和表面处理的标注如下。

第一道工序：单向上限值，Rz 为 1.6 μm，表面纹理没有要求，去除材料的工艺。

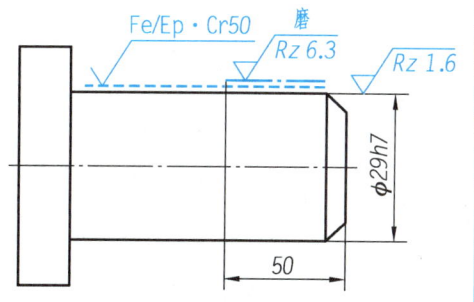

图 7-18　多种工艺获得的同一表面的注法

第二道工序：镀铬，无其他表面结构要求。

第三道工序：一个单向上限值，仅对长为 50 mm 的圆柱表面有效，Rz 为 6.3 μm，表面纹理没有要求，磨削加工工艺。

7.4.2　极限与配合

互换性是指同一规格的零件不经挑选和修配加工就能顺利装配到机器或部件上，并能满足功能要求的特性。零件之间具有互换性，不仅可以实现质量标准化、品种规格系列化和零部件通用化，还可以缩短生产周期、降低成本。极限与配合是保证零件具有互换性的重要指标。

1. 公差和极限

由于加工或测量等因素的影响，零件的实际尺寸总存在一定的误差。为保证零件的互换性，必须将零件的实际尺寸控制在允许变动的范围内，允许的尺寸变动量称为公差；允许变动的两个极限值分别称为上极限尺寸和下极限尺寸，如图 7-19 所示。

图 7-19 动画

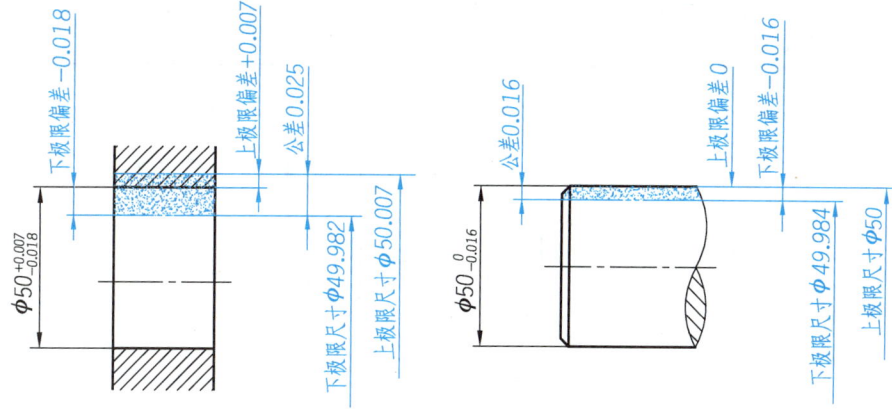

图 7-19　公差和极限示意图

205

与公差和极限有关的基本术语如表 7-3 所示。

表 7-3 与公差和极限有关的基本术语

术语名称	说明
孔	指零件的内尺寸要素，通常指零件的圆柱形内表面，也包括非圆柱形内表面
轴	指零件的外尺寸要素，通常指零件的圆柱形外表面，也包括非圆柱形外表面
公称尺寸	指由图样规范确定的理想形状要素的尺寸，可根据零件强度、结构和工艺要求设计确定 图 7-19 中，孔、轴的公称尺寸均为 $\phi 50$ mm
实际尺寸	指零件在加工之后，实际测量所得的尺寸
极限尺寸	指允许零件实际尺寸变化的两个极限值，两个极限值中较大的一个称为上极限尺寸，较小的一个称为下极限尺寸
上极限偏差	指上极限尺寸与其公称尺寸的代数差，即上极限偏差=上极限尺寸−公称尺寸，它可以是正值、负值或零。孔和轴的上极限偏差代号分别用大写字母 ES 和小写字母 es 表示 图 7-19 中，孔的上极限偏差 $ES = +0.007$ mm，轴的上极限偏差 $es = 0$
下极限偏差	指下极限尺寸与其公称尺寸的代数差，即下极限偏差=下极限尺寸−公称尺寸，它可以是正值、负值或零。孔和轴的下极限偏差代号分别用大写字母 EI 和小写字母 ei 表示 图 7-19 中，孔的下极限偏差 $EI = -0.018$ mm，轴的下极限偏差 $ei = -0.016$ mm
公差	指上极限尺寸与下极限尺寸（或上极限偏差与下极限偏差）之差，它仅表示尺寸允许的变动范围，为正值。孔和轴的公差分别用 T_h 和 T_s 表示 图 7-19 中，孔公差 $T_h = ES − EI = +0.007 − (−0.018) = 0.025$ (mm)，轴公差 $T_s = es − ei = 0 − (−0.016) = 0.016$ (mm)。公差越小，零件的尺寸精度越高，实际尺寸允许的变动范围也越小；反之，公差越大，零件的尺寸精度越低
公差带	指由代表上极限偏差和下极限偏差（或上极限尺寸和下极限尺寸）的两条直线所限定的一个区域。公差带通常用公差带图来表示 图 7-20 中，零线表示公称尺寸，以零线为基准，上方为正，下方为负；矩形的高表示尺寸的变动范围（即公差），矩形的上边表示上极限偏差，矩形的下边表示下极限偏差，矩形区域表示公差带

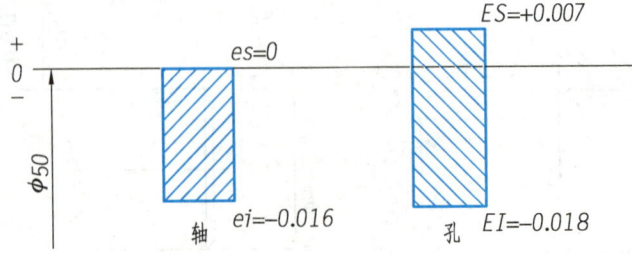

图 7-20 公差带图

2. 标准公差、基本偏差和公差带代号

由图 7-20 可以看出，决定公差带的因素有两个，一是公差带的大小（即矩形的高度），二是公差带距零线的位置。国家标准规定用标准公差和基本偏差来表达公差带。

1）标准公差

标准公差是指国家标准规定的、用于确定公差带大小的任一公差，用 IT 表示。标准公差分为 20 个等级，即 IT01、IT0、IT1、……、IT18。其中 IT01 级的精度最高，然后依次降低，IT18 级的精度最低。根据公称尺寸和标准公差等级，可查表 7-4 得到标准公差数值。

表 7-4 标准公差数值（摘自 GB/T 1800.2—2020）

公称尺寸/mm		标准公差等级																		
		IT01	IT0	IT1	IT2	IT3	IT4	IT5	IT6	IT7	IT8	IT9	IT10	IT11	IT12	IT13	IT14	IT15	IT16	IT17	IT18
大于	至	标准公差数值/μm												标准公差数值/mm						
—	3	0.3	0.5	0.8	1.2	2	3	4	6	10	14	25	40	60	0.1	0.14	0.25	0.4	0.6	1	1.4
3	6	0.4	0.6	1	1.5	2.5	4	5	8	12	18	30	48	75	0.12	0.18	0.3	0.48	0.75	1.2	1.8
6	10	0.4	0.6	1	1.5	2.5	4	6	9	15	22	36	58	90	0.15	0.22	0.36	0.58	0.9	1.5	2.2
10	18	0.5	0.8	1.2	2	3	5	8	11	18	27	43	70	110	0.18	0.27	0.43	0.7	1.1	1.8	2.7
18	30	0.6	1	1.5	2.5	4	6	9	13	21	33	52	84	130	0.21	0.33	0.52	0.84	1.3	2.1	3.3
30	50	0.6	1	1.5	2.5	4	7	11	16	25	39	62	100	160	0.25	0.39	0.62	1	1.6	2.5	3.9
50	80	0.8	1.2	2	3	5	8	13	19	30	46	74	120	190	0.3	0.46	0.74	1.2	1.9	3	4.6
80	120	1	1.5	2.5	4	6	10	15	22	35	54	87	140	220	0.35	0.54	0.87	1.4	2.2	3.5	5.4
120	180	1.2	2	3.5	5	8	12	18	25	40	63	100	160	250	0.4	0.63	1	1.6	2.5	4	6.3
180	250	2	3	4.5	7	10	14	20	29	46	72	115	185	290	0.46	0.72	1.15	1.85	2.9	4.6	7.2
250	315	2.5	4	6	8	12	16	23	32	52	81	130	210	320	0.52	0.81	1.3	2.1	3.2	5.2	8.1
315	400	3	5	7	9	13	18	25	36	57	89	140	230	360	0.57	0.89	1.4	2.3	3.6	5.7	8.9
400	500	4	6	8	10	15	20	27	40	63	97	155	250	400	0.63	0.97	1.55	2.5	4	6.3	9.7

2）基本偏差

基本偏差是指用于确定公差带相对公称尺寸位置的极限偏差，一般指最接近公称尺寸的那个极限偏差。国家标准对孔、轴各规定了 28 个基本偏差，其标示符用字母表示，孔用大写字母 A、B、……、ZB、ZC 表示，轴用小写字母 a、b、……、zb、zc 表示，如图 7-21 所示。其中，H 的基本偏差是下极限偏差，$EI = 0$；h 的基本偏差是上极限偏差，$es = 0$。

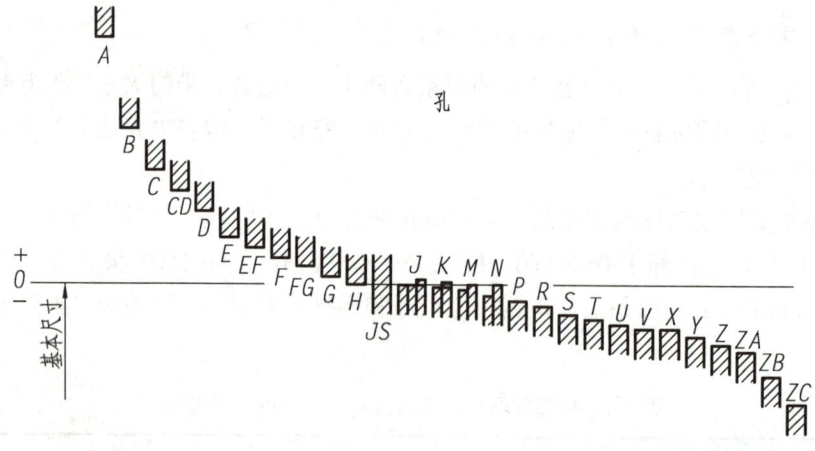

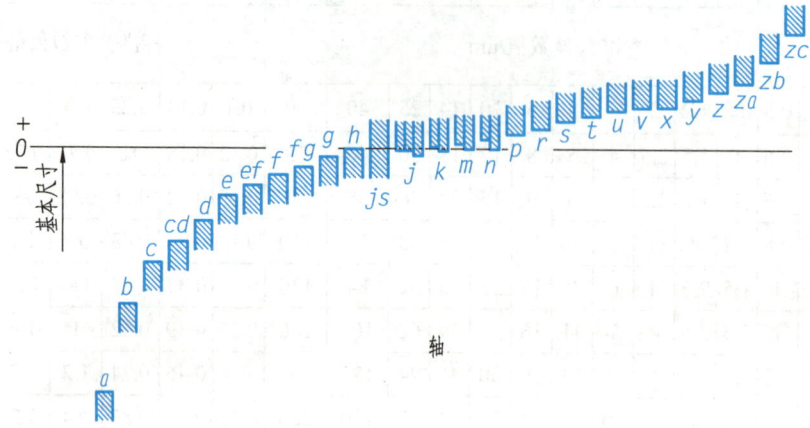

图 7-21 基本偏差系列

3)公差带代号

公差带代号由基本偏差标示符和标准公差等级组成,孔、轴的具体上、下极限偏差可查附表 22 和附表 23。例如,对于公差带代号"60H7",60 是公称尺寸,H 是基本偏差标示符,大写表示孔,7 表示公差等级为 7 级,由附表 22 可知其上极限偏差为 +0.030 mm,下极限偏差为 0。

3. 配合

公称尺寸相同的一批相互结合的孔和轴的公差带之间的关系称为配合。配合可分为间隙配合、过盈配合和过渡配合 3 种,如图 7-22 所示。

➢ **间隙配合**:孔与轴装配时存在间隙的配合。此时,孔的下极限尺寸大于或在极端情况下等于轴的上极限尺寸,如图 7-22(a)所示。间隙配合主要用于孔、轴间需要产生相对运动的活动连接。

图 7-22 动画

项目 7 识读与绘制零件图

- **过盈配合**：孔与轴装配时存在过盈的配合。此时，孔的上极限尺寸小于或在极端情况下等于轴的下极限尺寸，如图 7-22（b）所示。过盈配合主要用于孔、轴间不允许产生相对运动的紧固连接。
- **过渡配合**：孔与轴装配时既可能存在间隙又可能存在过盈的配合。此时，孔和轴的公差带部分重叠或完全重叠，如图 7-22（c）所示。过渡配合主要用于孔、轴间的定位连接。

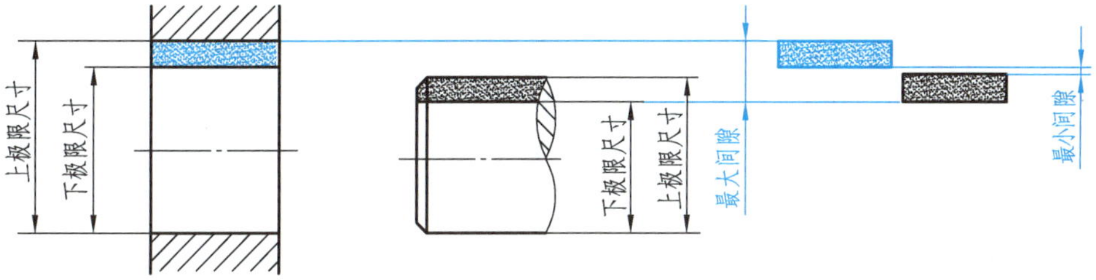

（a）间隙配合

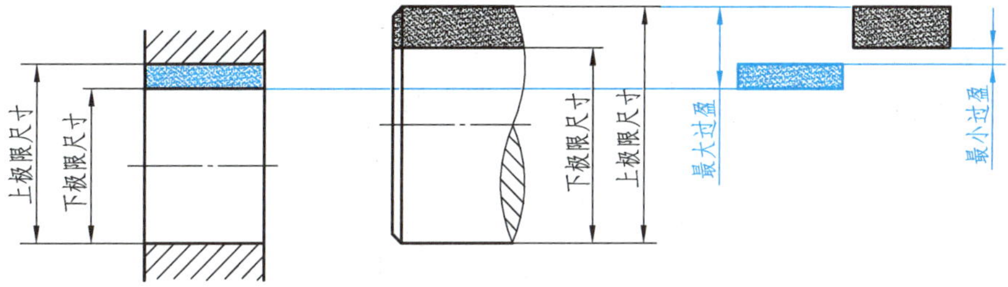

（b）过盈配合

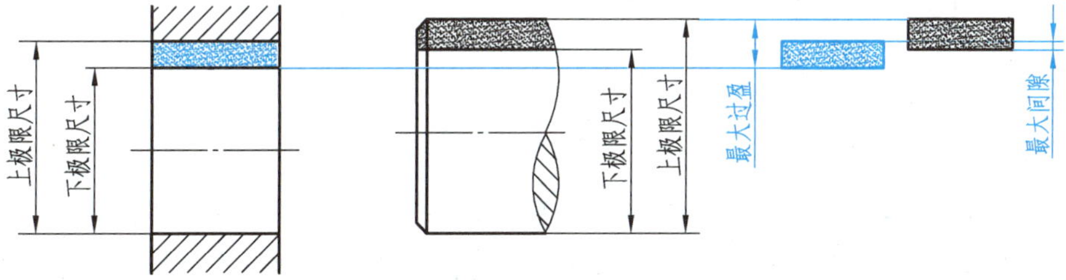

（c）过渡配合

图 7-22　3 种配合

【例 7-2】已知 $\phi 70H8$ 的孔和 $\phi 70k6$ 的轴配合，试通过查表确定其极限偏差，并利用公差带图判断其配合关系。

分析：查阅附表 22，$\phi 70H8$ 属于公称尺寸">65～80"行，由该行向右看，再从基本偏差标示符"H"列向下看，在等级栏中找到 8 级精度列向下看，汇交处的数值为 $^{+46}_{0}$ μm，即上极限偏差 $ES = +0.046$ mm，下极限偏差 $EI = 0$；同理，查阅附表 23 可得，轴 $\phi 70k6$ 的上极限偏差 $es = +0.021$ mm，下极限偏差 $ei = +0.002$ mm。

如图 7-23 所示为 $\phi 70H8$ 的孔和 $\phi 70k6$ 的轴配合的公差带图,公差带的宽度可取任意大小。因为孔的公差带和轴的公差带有部分重叠,所以配合关系为过渡配合。

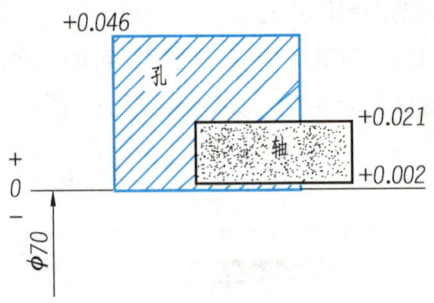

图 7-23 例 7-2 图

4. 配合制及其选择

配合制是指孔和轴公差带形成配合的一种制度。根据生产实际需要,国家标准规定了两种配合制,即基孔制配合和基轴制配合。

➢ **基孔制配合**:孔的基本偏差为零的配合。基孔制配合的孔称为基准孔,其基本偏差标示符为"H",下极限偏差为零,即它的下极限尺寸等于公称尺寸,如图 7-24 所示。

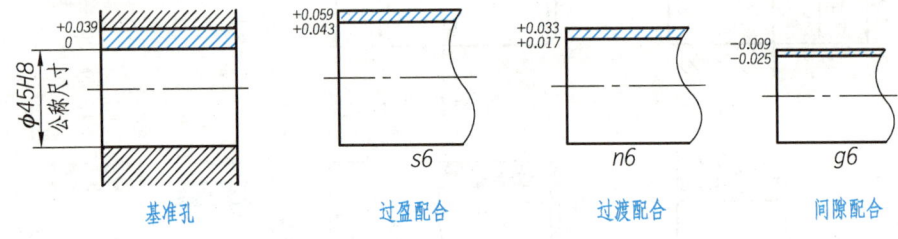

图 7-24 基孔制配合

➢ **基轴制配合**:轴的基本偏差为零的配合。基轴制配合的轴称为基准轴,其基本偏差标示符为"h",上极限偏差为零,即它的上极限尺寸等于公称尺寸,如图 7-25 所示。

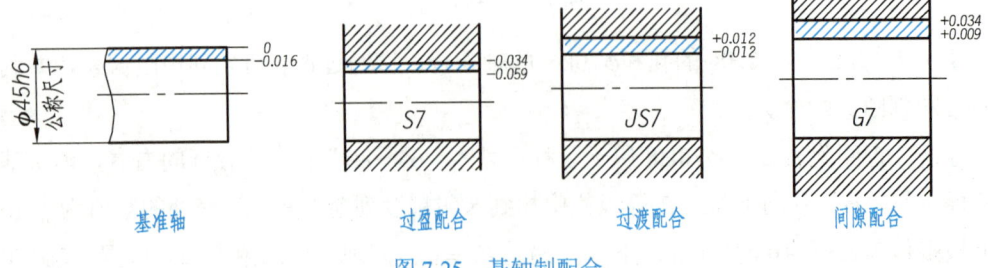

图 7-25 基轴制配合

在选择配合制时，需要考虑以下几个原则。

（1）一般情况下应优先选用基孔制，因为加工相同公差等级的孔和轴时，孔的加工难度比轴的加工难度大。

（2）与标准件配合时，配合制依据标准件而定。例如，滚动轴承的内圈与轴的配合应选用基孔制；滚动轴承的外圈与轴承座孔的配合应选用基轴制。

（3）基轴制主要用于结构设计要求不适合采用基孔制的场合。例如，同一轴与几个具有不同公差带的孔配合时，应选择基轴制。

5. 公差的标注

公差在零件图中的标注形式主要有以下 3 种。

（1）用于大批量生产的零件，可只标注公差带代号，如图 7-26（a）所示。

（2）用于中小批量生产的零件，一般可只标注极限偏差，此时，极限偏差的字号比公称尺寸的字号小一号，如图 7-26（b）所示。

（3）需要同时标注公差带代号和对应的极限偏差时，应给极限偏差加上圆括号，如图 7-26（c）所示。

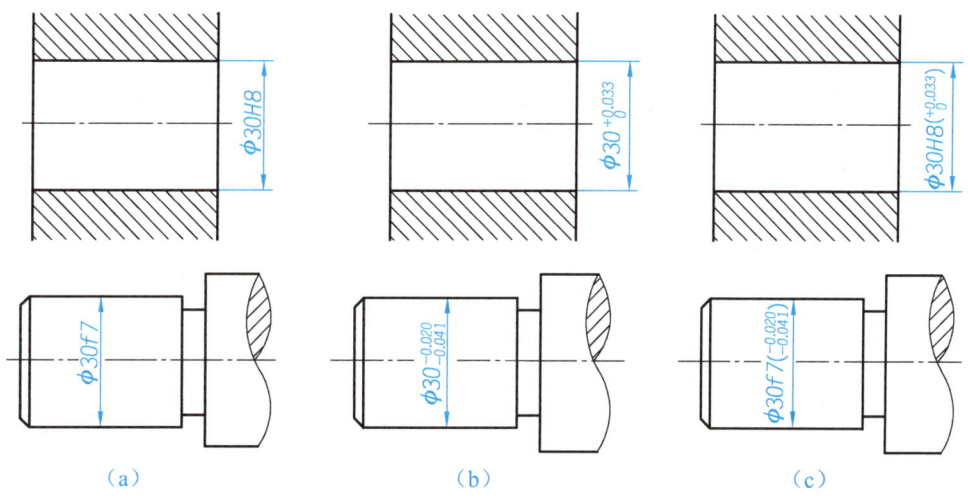

图 7-26 公差在零件图中的 3 种标注形式

点拨

在装配图中标注配合代号时，采用组合式注法，如图 7-27（a）和图 7-27（b）所示，在公称尺寸后面用分式表示，分子为孔的公差带代号，分母为轴的公差带代号。

对于与轴承、齿轮等标准件配合的零件，只需要在装配图中标出该零件（非标准件）的公差带代号即可。如图 7-27（c）所示，轴承外圈是基准轴，内圈是基准孔，在装配图上只需要标出与轴承配合的轴、孔的公差带代号即可。

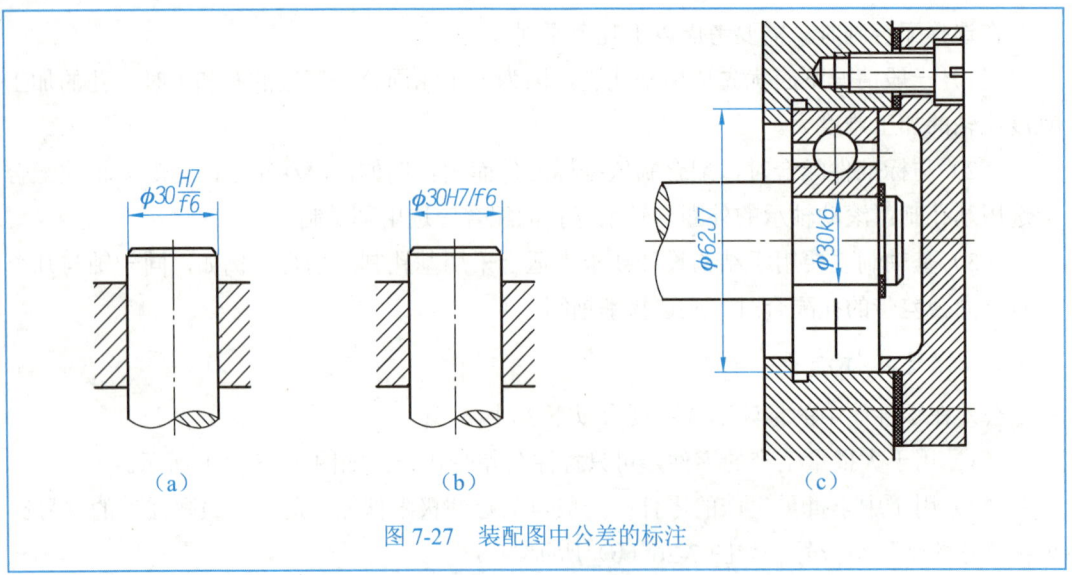

图 7-27 装配图中公差的标注

7.4.3 几何公差

几何公差用于限制实际要素的形状或位置误差，是实际要素的允许变动量，包括形状、方向、位置和跳动公差，具体规定可参照国家标准 GB/T 1182—2018《产品几何技术规范（GPS）几何公差形状、方向、位置和跳动公差标注》。

1. 几何特征符号

国家标准规定了 14 种几何公差的几何特征符号，如表 7-5 所示。

表 7-5 几何公差的几何特征符号

类型	几何特征	符号	有无基准	类型	几何特征	符号	有无基准
形状公差	直线度	⏤	无	位置公差	位置度	⊕	有或无
	平面度	▱	无		同心度（用于中心点）	◎	有
	圆度	○	无		同轴度（用于轴线）	◎	有
	圆柱度	⌭	无		对称度	═	有
	线轮廓度	⌒	无				
	面轮廓度	⌓	无				
方向公差	平行度	∥	有		线轮廓度	⌒	有
	垂直度	⊥	有		面轮廓度	⌓	有
	倾斜度	∠	有	跳动公差	圆跳动	↗	有
	线轮廓度	⌒	有		全跳动	⌰	有
	面轮廓度	⌓	有				

2. 几何公差代号与基准代号

几何公差代号一般由带箭头的指引线、公差框格、几何特征符号、公差值及基准代号字母（只有有基准的几何特征才有基准代号字母）等组成，如图7-28（a）所示；基准代号由正方形线框、字母和带黑三角的引线组成，如图7-28（b）所示，其中，h 表示字体高度。

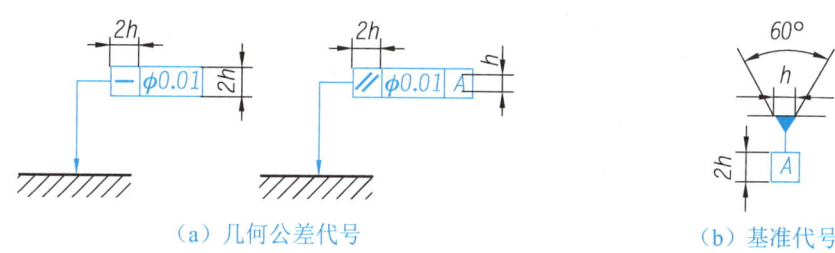

图 7-28　几何公差代号和基准代号

3. 几何公差的标注

标注几何公差时应注意以下几点。

（1）当被测要素或基准要素为轮廓线或轮廓表面时，带指引线的箭头和基准代号应置于被测要素的轮廓线或其延长线上，但必须与尺寸线明显错开，如图7-29（a）所示。

（2）当被测要素和基准要素为轴线、对称平面或中心点时，带指引线的箭头和基准代号应与被测要素的尺寸线对齐，如图7-29（b）所示。

（3）当几个不同的被测要素具有相同的公差项目和数值时，可从框格一端画出公共指引线，然后将带箭头的指引线分别指向被测要素，如图7-29（c）所示。

（4）当同一个被测要素具有不同的公差项目时，两个公差框格可上下并列，并共用一条带箭头的指引线，如图7-29（d）所示。

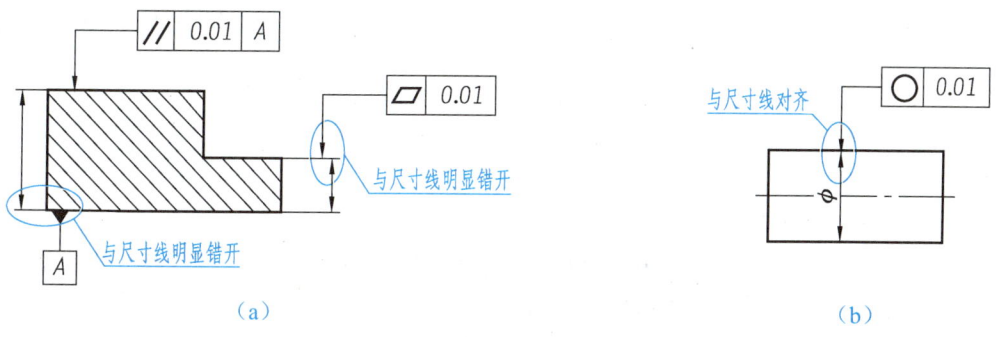

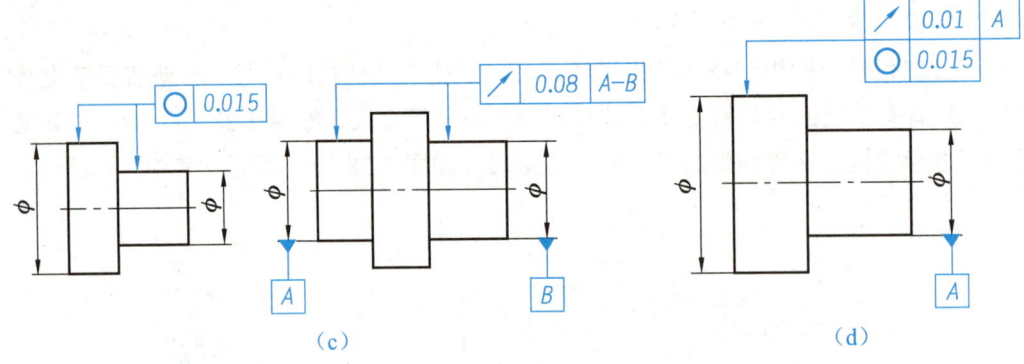

图 7-29 几何公差的标注示例

> **点拨**
>
> 被测要素：图样上给出的几何公差要求的要素，是检测的对象。
> 基准要素：图样上规定用来确定被测要素几何位置的要素。

【例 7-3】请写出如图 7-30 所示的各几何公差的含义。

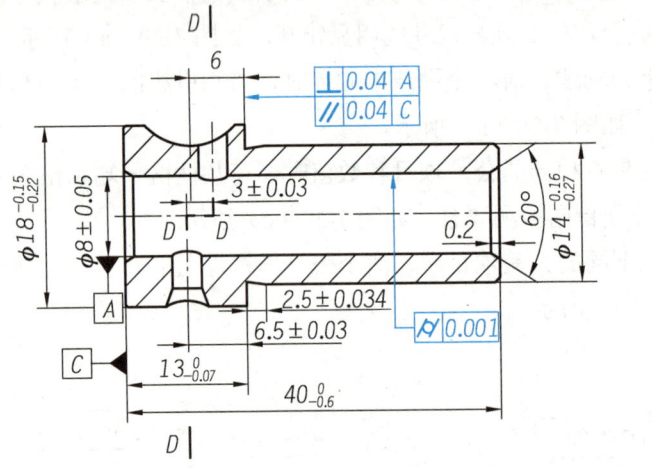 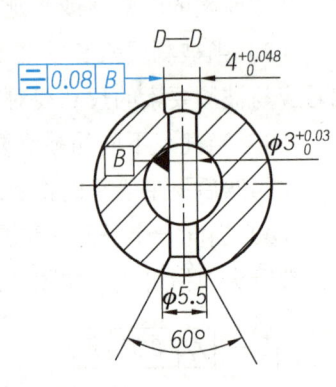

图 7-30 例 7-3 图

分析：各几何公差的含义如下。

(1) ⊥ 0.04 A：柱塞套 ϕ18 mm 的右端面对 ϕ8 mm 孔轴线的垂直度公差为 0.04 mm。

(2) ∥ 0.04 C：柱塞套 ϕ18 mm 的右端面对其左端面的平行度公差为 0.04 mm。

(3) ⌭ 0.001：柱塞套 ϕ8 mm 孔表面的圆柱度公差为 0.001 mm。

(4) ≡ 0.08 B：柱塞套 $4^{+0.048}_{0}$ mm 槽的对称平面对 $\phi3^{+0.03}_{0}$ mm 孔轴线的对称度公差为 0.08 mm。

7.5 零件图中常见的工艺结构

零件的结构形状主要取决于零件在机器或部件中的作用,但在设计零件或绘制零件图时,还需要考虑零件的制造工艺对零件结构的要求。常见的工艺结构有铸造工艺结构和机械加工工艺结构两类。

7.5.1 铸造工艺结构

铸造是指将熔融的液态金属或合金浇入砂型型腔中,待其冷却凝固后获得的具有一定形状和性能的铸造零件的方法。铸造工艺结构包括铸件壁厚、起模斜度和铸造圆角等。

1. 铸件壁厚

铸件壁厚应尽量均匀或逐渐过渡,否则,极易形成缩孔或在壁厚突变处产生裂纹,如图 7-31 所示。

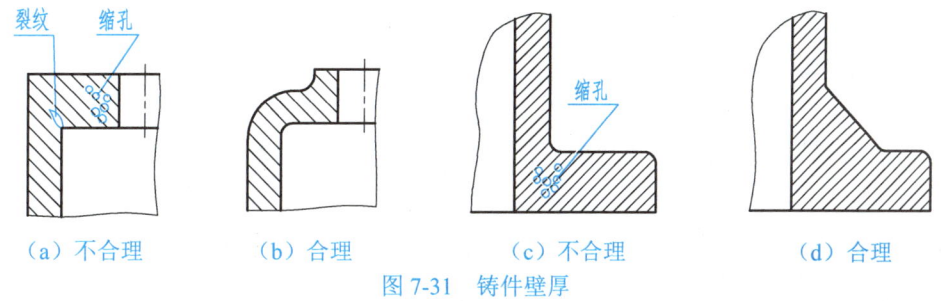

图 7-31 铸件壁厚

2. 起模斜度

起模斜度是指在制作砂型时,为了能够顺利将模样从砂型中取出,在铸件的内外壁上沿着起模方向做出的斜度,如图 7-32 所示。起模斜度一般为 1:20,也可根据铸件的材料在 3°~6°之间选择。零件图上通常不画出起模斜度,也不标注,如果需要,可在技术要求中说明。

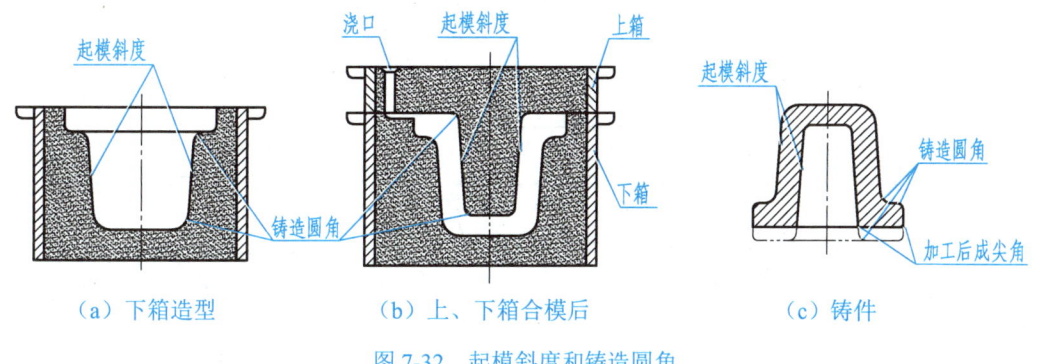

图 7-32 起模斜度和铸造圆角

3. 铸造圆角

为了避免铸件冷却收缩时尖角处产生裂纹和防止砂型在尖角处脱落，铸件各表面相交处应做成圆角，这种圆角称为铸造圆角，如图 7-32 所示。

若铸件的某端面处不需要圆角，可对该铸件进行机械加工，即将毛坯上的圆角切削掉，此时转角处呈尖角或加工出倒角，如图 7-32（c）所示。零件图中，铸造圆角一般应画出并标注圆角半径，但当圆角半径相同（或多数相同）时，也可在技术要求中对圆角尺寸进行统一说明。铸造圆角半径一般取 3～5 mm，或取壁厚的 0.2～0.4 倍，也可从有关手册中查得。

> **点　拨**
>
> 铸造圆角的存在会使铸件的表面交线变得不够明显，然而图样中若不画出这些线，零件的结构就表达不清楚。因此，图样中仍要画出理论交线，但两端不与轮廓线接触，这种交线称为过渡线，过渡线用细实线绘制。

7.5.2　机械加工工艺结构

常见的机械加工工艺结构有倒角和倒圆、退刀槽和砂轮越程槽、凸台和凹坑、钻孔结构等。

1. 倒角和倒圆

零件经机械加工后，为了便于对中装配和避免尖角、毛刺等，一般都在孔或轴的端部加工出倒角。45°倒角用代号"C"表示，"C"后面的数字表示倒角的轴向长度，如图 7-33（a）所示；非 45°的倒角则需要注出角度，如图 7-33（b）所示。

为了避免因应力集中而产生裂纹，在阶梯轴或阶梯孔的转角处，一般要倒圆，如图 7-33（c）所示。倒角和倒圆尺寸可在相应的国家标准中查出。当倒角和倒圆尺寸较小时，在图样中可不画出，但必须注明尺寸或在技术要求中加以说明。

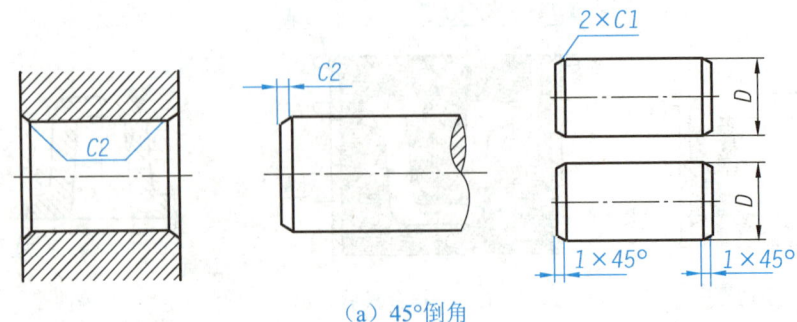

（a）45°倒角

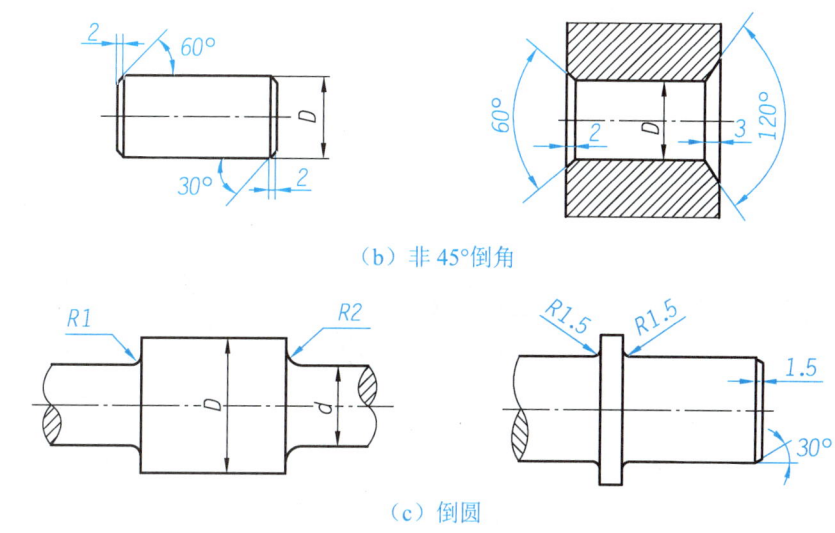

（b）非45°倒角

（c）倒圆

图 7-33 倒角和倒圆

2. 退刀槽和砂轮越程槽

切削时（主要是车削和磨削），为了便于退出刀具或砂轮，常在待加工表面的轴肩处预先车出退刀槽和砂轮越程槽。这样既能保证加工表面满足工艺要求，又便于零件在装配时相互靠紧。常见退刀槽和砂轮越程槽的简化画法及尺寸标注如图 7-34 所示。

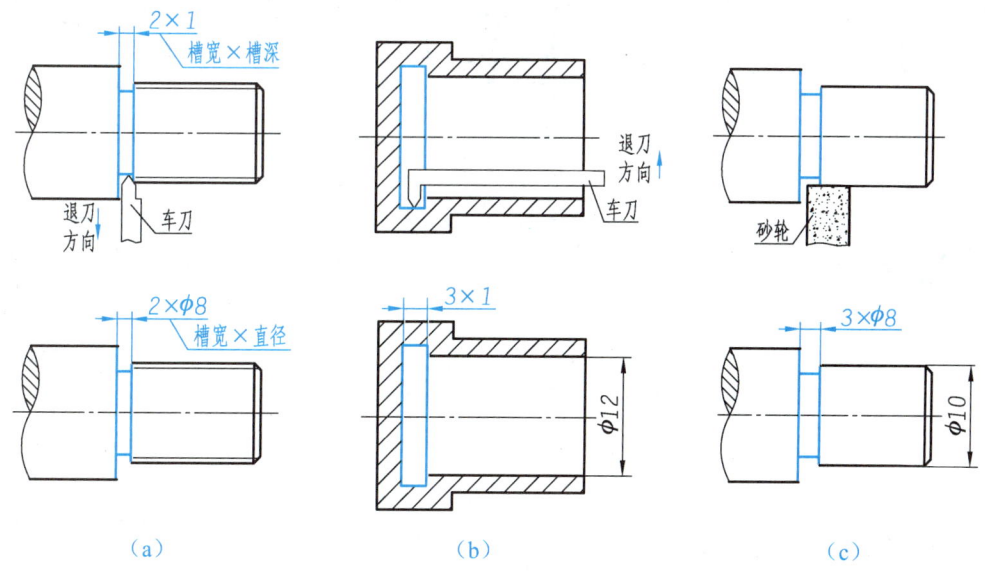

图 7-34 常见退刀槽和砂轮越程槽的简化画法及尺寸标注

3. 凸台和凹坑

为了确保零件表面接触良好并减少加工面积，通常在零件的接触部位加工出凸台和凹坑，或铸出凹槽，其常见的形式如图 7-35 所示。

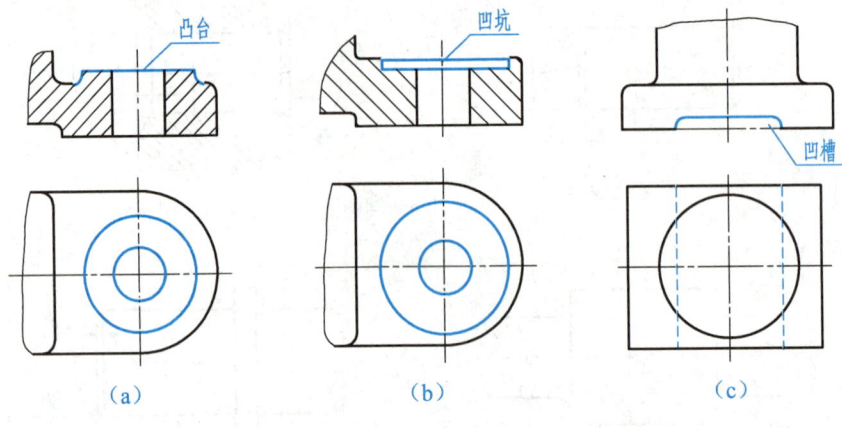

图 7-35　凸台和凹坑

4. 钻孔结构

当钻孔处的表面是斜面或曲面时，应预先设置与钻孔方向垂直的平面凸台和凹坑，并且设置的位置应避免钻头单边受力产生偏斜或折断，如图 7-36 所示。

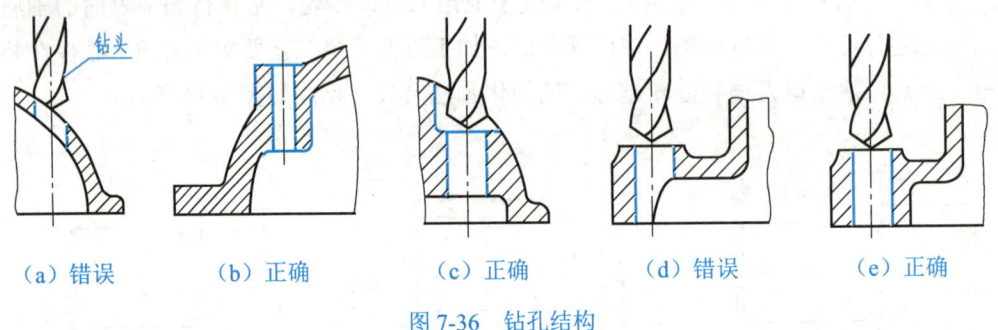

图 7-36　钻孔结构

7.6 零件图的识读与绘制

7.6.1 识读零件图

在机器或部件的设计、制造和维修中，经常需要识读零件图，以根据零件图想象出零件的结构形状，了解零件的尺寸和技术要求等内容。识读零件图的基本步骤如下。

1. 读标题栏

通过读标题栏，可以了解零件的名称、图号、材料、数量、绘图比例等。根据零件的名称可以从功能、作用等方面想象出零件的大致结构形状，根据零件的材料可以判断出零件的主要加工方法和工艺结构，根据零件的绘图比例可以大致判断出零件的实际大小。

2. 分析视图

分析视图时，应先判断视图的种类和数量，以及各视图之间的配置关系，再围绕主视图来分析各视图的表示方法和表达的重点内容等。对于向视图、局部视图、斜视图、局部放大图等，应明确其表达的具体部分和位置；对于剖视图、断面图，则应明确具体的剖切方法、剖切位置及所要表达的内容等。

3. 分析形体并想象结构形状

首先应从主视图入手，把零件划分成若干个基本部分；然后综合运用形体分析法和线面分析法并结合其他视图，想象零件各组成部分的结构形状，以及各组成部分之间的相对位置；最后将各组成部分综合起来想象零件的结构形状。

4. 分析尺寸

分析尺寸时，应先结合零件综合分析各视图，找出零件长度、宽度、高度三个方向上的主要尺寸基准；再从主要尺寸基准出发，根据尺寸的标注形式了解零件的定形尺寸、定位尺寸和总体尺寸，明确各尺寸的作用。

5. 分析技术要求

根据零件图上所标注的表面结构、极限与配合、几何公差等技术要求，明确零件的主要加工表面及重要尺寸，以及对加工、检验等方面的要求。

6. 归纳总结

归纳总结上述对零件的结构形状、尺寸和技术要求等分析的结果，可以全面地掌握零件的整体情况和要求，达到读懂零件图的目的。在此基础上，还可以更深入地分析零件的结构设计、表示方法、绘制方法等，以便发现其中存在的问题并进行进一步优化。

点拨

根据在机械设备中作用的不同，零件可大体分为轴套类、轮盘类、叉架类和箱体类4类，且同类零件的结构和工艺特点、视图表示方法及尺寸标注特点等都基本相同，如表7-6所示。了解这些有利于识读与绘制各类零件的零件图。

表7-6 各类零件的结构和工艺特点、视图表示方法及尺寸标注特点

零件类型	结构和工艺特点	视图表示方法	尺寸标注特点
轴套类	主要由共轴的回转体构成；零件上常有中心孔、螺纹、键槽、销孔、倒角、倒圆、退刀槽等 机械加工以车、磨为主	主视图常按其主要加工位置（轴线水平）放置 基本视图往往只需要一个，其局部结构常用剖视图、局部剖视图和局部放大图等方式表示	回转轴既是其径向的设计基准，也是车、磨时的工艺基准。轴向除有设计基准外，还有工艺基准 有些局部结构如中心孔、键槽、退刀槽等的尺寸已标准化
轮盘类	与轴套类零件相似，但轮盘类零件的轴向长度较短，且常有较大的、与其他零件相接合的端面，四周有安装孔，此外还常有轮辐、肋等结构 毛坯多为铸、锻件，加工以车削为主	与轴套类零件相似，主视图按其加工位置（轴线水平）放置，一般需要两个基本视图，且常采用单一剖、阶梯剖、旋转剖，对于零件上的一些细小结构，可采用局部剖视图、断面图和局部放大图等来表示	轴向尺寸常以相邻零件的接触面为基准，径向尺寸以轴线为设计基准和工艺基准 标注尺寸时要考虑铸造工艺及各种加工的基本要求
叉架类	常有内腔、轴孔和大的基准平面，内、外结构形状随其作用和其相邻零件而定 毛坯多为铸、锻件，加工位置多变	主视图常按其工作位置放置，基本视图常需要两个以上，并广泛采用各种视图和剖视图，表示方法灵活	常选零件的底面、接合面、端面、对称平面和主要孔的轴线为基准 标注尺寸时要考虑铸造工艺及各种加工的基本要求
箱体类	结构和形状不规则，有时弯曲，有时倾斜；常有肋、各种孔、凸台等结构 毛坯多为铸、锻件，加工位置多变	主视图常遵循形体特征原则，基本视图一般需要两个以上，并常采用斜视图、局部剖视图、局部视图和断面图等表示方法	常以主要孔的中心线、主要工作面、端面和对称平面作尺寸基准 对弯曲、倾斜等不规则结构，要根据设计要求结合尺寸分析标注尺寸；尺寸标注时应考虑铸造工艺及各种加工的基本要求

7.6.2 绘制零件图

绘制零件图的情形大致有两种，一种是设计机器时，先画出装配图，然后从装配图上拆画零件图；另一种是按照现有零件或轴测图，画出对应的零件图。无论哪种情形，绘制零件图的步骤大致相似。

如图 7-37 所示为球阀立体图和分解图，下面以绘制球阀中阀盖的零件图为例，来讲解绘制零件图的具体步骤。

图 7-37 动画

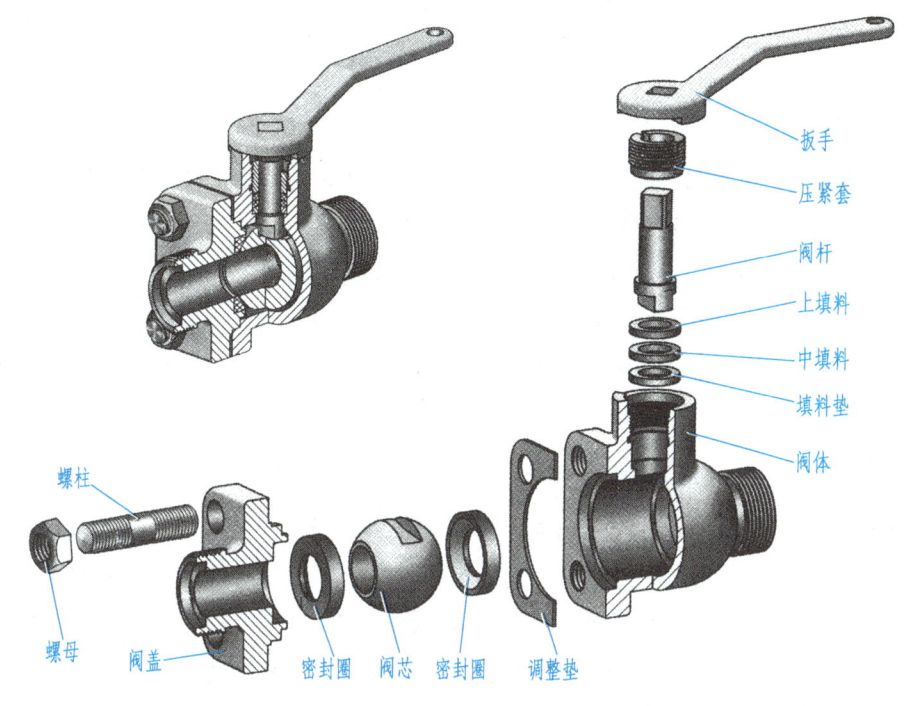

图 7-37　球阀立体图和分解图

1. 结构分析

球阀是管路系统中的一个开关，是通过旋转扳手带动阀杆和阀芯来控制启闭的一种装置。球阀中，阀杆和阀芯被包容在阀体内，阀盖通过 4 个螺柱与阀体连接，由此可清楚了解球阀中主要零件的功能及零件间的装配关系。

如图 7-38 所示为阀盖立体图，该阀盖的主要结构是方形法兰盘，一侧有外管螺纹，另一侧有凸缘，四周有 4 个均匀分布的通孔，中间的通孔与阀芯的通孔对应，以形成流体通道。

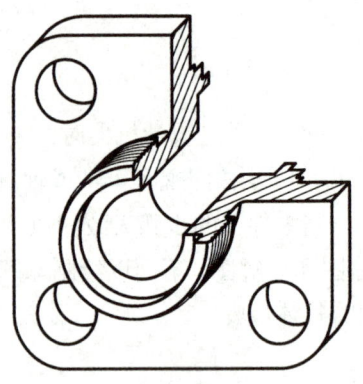

图 7-38 阀盖立体图

2. 确定表示方法

通过上述分析可以确定零件的名称、所属类型及其在机器中的位置和作用等，然后应结合其结构形状，确定合理的表示方法，如主视图的投射方向、视图数量等。

由图 7-38 所示的阀盖立体图可知，可用主视图和左视图来表达该阀盖。其中，主视图是采用旋转剖得到的全剖视图，主要用来反映阀盖各部分的相对位置、内部阶梯孔及方形法兰盘上孔的内形；左视图为基本视图，主要用来反映方形法兰盘及其上 4 个通孔的分布情况。

3. 选择图幅并确定比例

先测量零件长、宽、高方向上的最大尺寸，然后选择图幅并确定绘图比例。绘图时，应尽量选择 1∶1 的绘图比例。此外，选择图幅时，要考虑到零件图上需要安排的视图数量，还要留出标注尺寸、技术要求，以及标题栏的空间。

图 7-38 中，阀盖长度方向上的最大尺寸为 48 mm，宽度和高度方向上的最大尺寸为 75 mm，留出标注尺寸所需要的空间后，可选择 A4 图纸，绘图比例为 1∶1。

4. 绘制底稿

先画出图框线、标题栏及各视图的作图基准线，如图 7-39（a）所示，然后由已确定的表示方法画出各视图。画各视图时，应先画零件的主要轮廓线，再画次要轮廓线及细节部分，如图 7-39（b）所示；最后检查图形，加深图线并画出剖面线，如图 7-39（c）所示。

5. 标注尺寸

按照零件在装配图中的相对位置，选择尺寸基准，然后从各基准出发标注尺寸。如图 7-38 所示阀盖零件的主体部分是回转体，所以将轴孔的轴线作为径向主要基准；阀盖的右端面与阀体配合，因此应将右侧凸缘端面作为轴向主要基准，由此标注尺寸 $4^{+0.18}_{\ 0}$、$44^{\ 0}_{-0.39}$、$5^{+0.18}_{\ 0}$ 和 6 等。阀盖的其他尺寸标注如图 7-39（d）所示。

项目 7 识读与绘制零件图

6. 标注技术要求

阀盖是铸铁铸件，需要进行时效处理，以消除内应力。此外，应对视图中未标注的小圆角作出要求，还应对重要配合面或功能孔等提出表面结构要求，具体如图 7-39（d）所示。

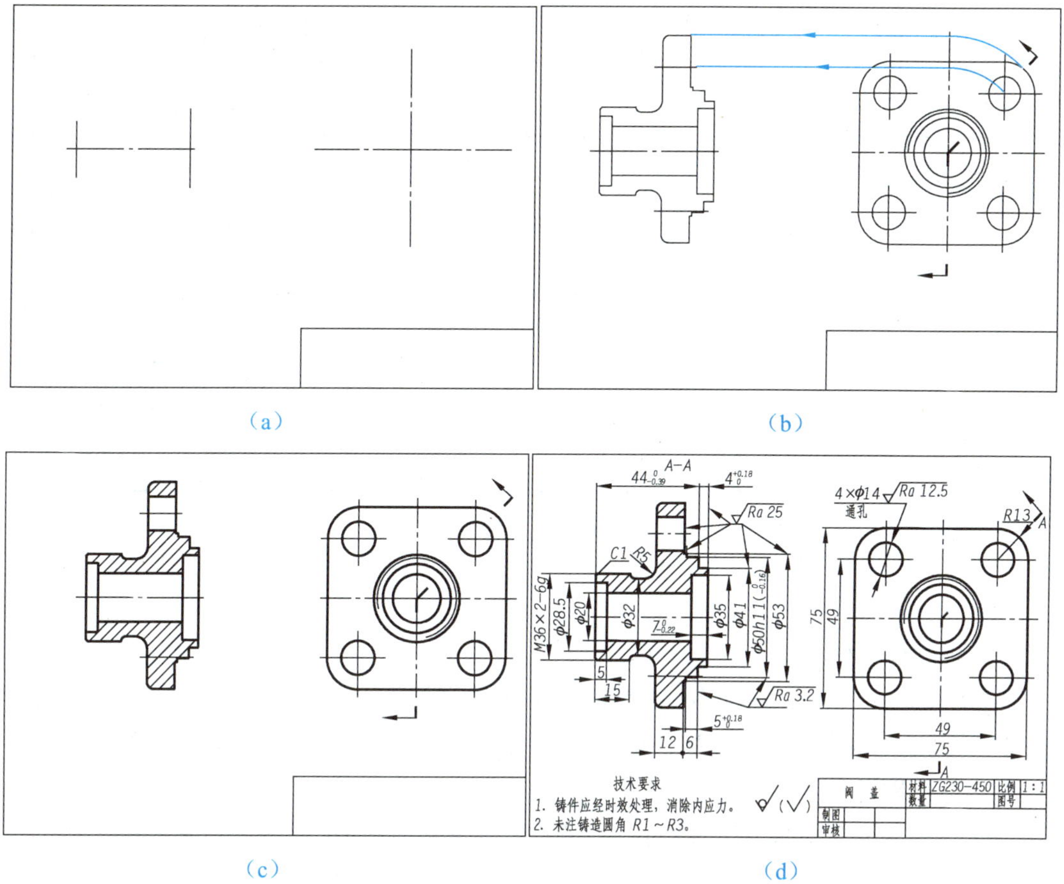

图 7-39 绘制阀盖零件图

项目实施 识读轴套类零件的零件图

1. 实例介绍

常见的轴套类零件有各种轴、套筒等，主要起传递运动、转矩和弯矩的作用。如图 7-40 所示为主动齿轮轴零件图，请根据所学知识，识读该零件图。

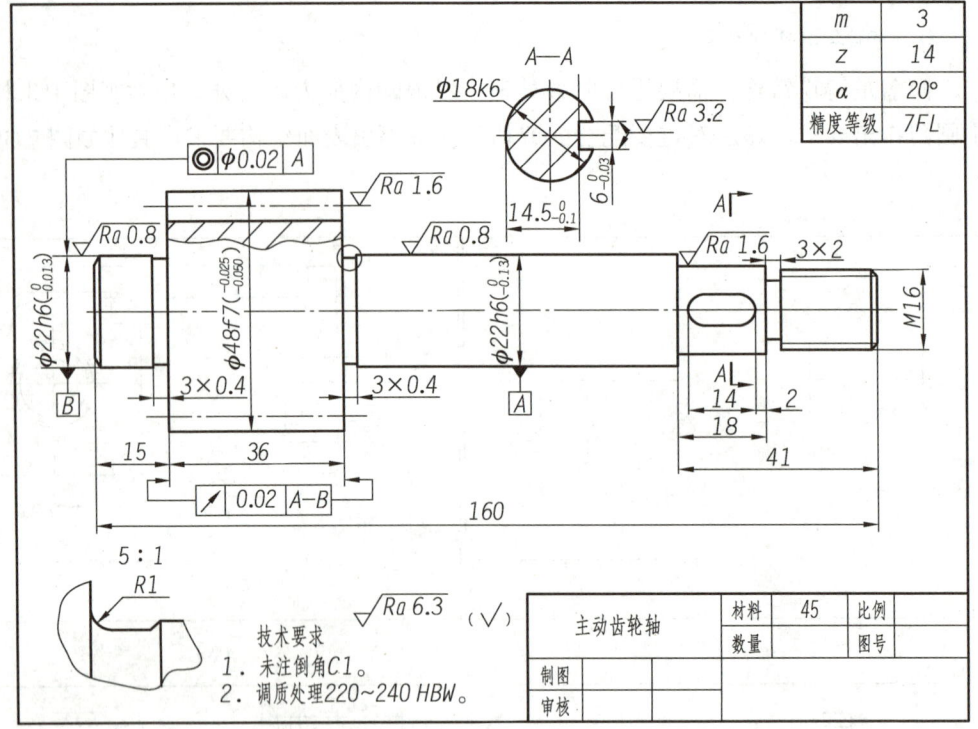

图 7-40 主动齿轮轴零件图

2．实施步骤

（1）读标题栏。

该零件的名称为主动齿轮轴，材料为 45 钢，齿轮的模数 $m=3$，齿数 $z=14$，压力角 $\alpha=20°$，精度等级为 7FL。该主动齿轮轴需要进行调质处理和其他必要的机械加工。

（2）分析视图。

① 该主动齿轮轴的零件图采用了主视图，并结合断面图、局部放大图详细表达了其结构形状。

② 为了便于加工与识读，主视图将轴线水平放置，主视图的投射方向与主动齿轮轴的主要加工位置一致，重点表达了外圆表面各段的形状及相对位置，同时也表达了该主动齿轮轴上的齿轮、砂轮越程槽、键槽、退刀槽、螺纹等各种局部结构的形状及轴向位置。此外，主视图还采用局部剖视图表达了主动齿轮轴的结构形状。

③ A—A 为移出断面图，表达了主动齿轮轴上键槽的形状，在主视图上可找到 A—A 的剖切位置。

④ 采用局部放大图表达了砂轮越程槽的形状，放大比例为 5∶1。

（3）分析形体并想象结构形状。

从主动齿轮轴的主视图入手，可先将其划分成齿轮、轴、螺纹、键槽等组成部分；然后综合运用形体分析法和线面分析法并结合其他视图，想象主动齿轮轴各组成部分的结构形状，以及各组成部分之间的相对位置；最后将各部分综合起来，想象出该主动齿轮轴的结构形状，如图 7-41 所示。

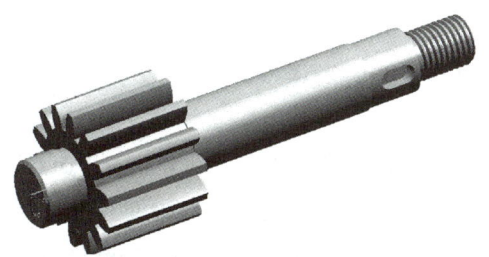

图 7-41　主动齿轮轴的结构形状

（4）分析尺寸。

先找出该主动齿轮轴的尺寸基准，再从尺寸基准出发，找出该主动齿轮轴的定形尺寸、定位尺寸和总体尺寸，并明确各尺寸的作用。

如图 7-40 所示，该主动齿轮轴的径向尺寸基准为其轴线，轴向尺寸基准为其两个端面。定形尺寸为该主动齿轮轴各段回转体的直径及长度，如 $\phi22$、$\phi48$、$\phi18$、M16、36、18 等；定位尺寸为其端面和定位轴肩与轴端面之间的距离，如 15、41 等；总体尺寸为其长度 160。

（5）分析技术要求。

① 配合表面标出了公差，$\phi22h6(_{-0.013}^{0})$ 表示该主动齿轮轴公称直径为 22 mm，上极限偏差 $es = 0$ mm，下极限偏差 $ei = -0.013$ mm。

② 加工表面标注了 4 种表面粗糙度，分别是 $Ra = 0.8$ μm、$Ra = 1.6$ μm、$Ra = 3.2$ μm、$Ra = 6.3$ μm。

③ 重要的直线、平面标注了几何公差，如 ◎ $\phi0.02$ A 、 ∕ 0.02 A-B 。

④ 调质处理后，齿轮轴的硬度应达到 220～240 HBW；未注倒角为 C1。

（6）归纳总结。

通过上述分析，可以全面、深入地了解主动齿轮轴的形状、尺寸及其在机器中的作用，从而可以对该主动齿轮轴的结构设计、表示方法、绘制方法等提出合理化建议。

举一反三

对于轮盘类零件、叉架类零件和箱体类零件，可参照轴套类零件进行识读。

识读轮盘类零件的零件图

识读叉架类零件的零件图

识读箱体类零件的零件图

机械制图

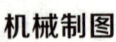 匠心筑梦

王建平投身轴承行业，几十年来一直扎根一线。他曾获全国五一劳动奖章，被评为浙江省劳动模范、浙江工匠、浙江杰出工匠、浙江省科学技术奖、浙江省十佳"能工巧匠"等。

几十年前，王建平还是普通的技术工。初到企业，面对复杂的机械，他感到茫然，王建平说，自己没啥优点，就是有股劲。他虚心向老师傅学习，在老师傅的悉心教导和带领下，他很快就熟练掌握了相关设备的使用和维修方法，并且还能把设备结构、工作原理、零部件功能等学懂吃透。

"我就是喜欢捣鼓这些机器，别人可能觉得设备改造又危险又枯燥，整天要和油、水、电打交道，但我却觉得特别有干劲。"王建平说，提高设备的生产效率，让一线操作更加便利，能给他带来极大的满足感。

在负责维修时，王建平总是最仔细的一个。拆零件时，他会把每个拆下来的小零件认准方向并做好相应的记号，然后仔细放在盒子里。维修过程中，如果发现一个零件的方向位置不对，他会不厌其烦地重新装配，直至严丝合缝。极度注重细节，不断追求完美和极致。这是王建平一直践行的"工匠精神"。

成功的道路并非坦途，王建平勤业敬业、钻研进取，走出了一条平凡而坚定的匠心之路。

（资料来源：周丽丽，《王建平：轴承设备"多面手"》，台州日报，2024年5月2日）

项目评价

指导教师根据学生的实际学习情况进行评价，学生配合指导教师共同完成如表 7-7 所示的学习成果评价表。

表 7-7 学习成果评价表

班级			学号		
姓名			指导教师		
项目名称		识读与绘制零件图			
日期					
评价项目	评价内容		评价方式	满分/分	评分/分
知识（40%）	了解零件图的作用和内容		理论测试	5	
	熟悉零件图的视图选择原则			5	
	掌握表面粗糙度、极限与配合、几何公差等的标注方法			10	
	了解零件常见的工艺结构及其标注形式			10	
	掌握绘制零件图的方法及步骤			10	
技能（40%）	能够正确对零件图进行尺寸标注		实践检验	10	
	能够正确绘制中等复杂程度零件的零件图			15	
	能够正确识读零件图			15	
素养（20%）	积极参加教学活动，遵守课堂纪律		综合评价	5	
	主动学习，团结协作			5	
	认真负责，按时完成课堂任务			5	
	守正创新，知行合一			5	
合计				100	
自我评价					
指导教师评价					

项目 8

识读装配图

项目导读

任何复杂的机器或部件都是由一些零部件按照一定装配要求装配而成的，表示机器或部件中零件的相对位置、连接方式及装配关系的图样称为装配图。装配图是机器或部件装配、调试、检验、安装及维修时不可缺少的重要资料。本项目基于装配图的作用和内容，着重介绍装配图的表示方法、尺寸标注和技术要求，以及一些常见的装配工艺结构的表示方法，培养学生识读装配图和由装配图拆画零件图的能力。

项目目标

知识目标

- 了解装配图的作用与内容。
- 掌握装配图的表示方法。
- 掌握装配图的尺寸标注和技术要求。
- 熟悉装配图的零部件序号和明细栏。
- 了解常见装配工艺结构的表示方法。
- 掌握识读装配图和由装配图拆画零件图的方法与步骤。

技能目标

- 能够正确识读简单的装配图。
- 能够由装配图正确拆画零件图。

素质目标

- 培养空间想象能力和思维能力。
- 培养脚踏实地、科学严谨的作风。

班级_____ 姓名_____ 学号_____

项目工单 识读滑动轴承的装配图

【项目描述】

精准、全面地识读装配图是机械工程人员必须具备的一项重要技能。如图8-1所示为滑动轴承的装配图，请根据本项目内容，分析并识读该装配图。

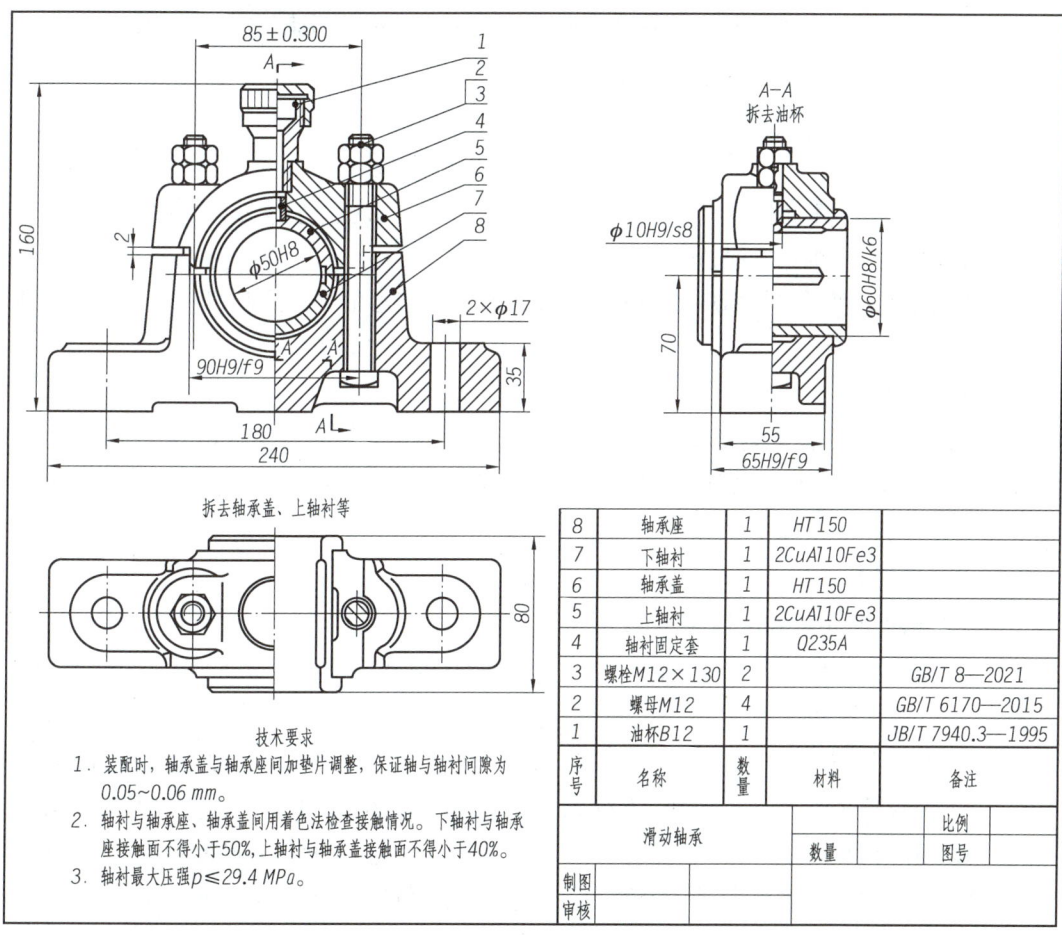

图8-1 滑动轴承的装配图

【寻找队友】

学生以3~5人为一组，各小组选出组长，组长组织组员分工合作，共同学习。

【获取信息】

在识读装配图之前，需要了解装配图的有关知识，掌握装配图的识读方法。请各小组组长组织组员查阅并学习相关资料，回答下列问题。

引导问题1：一张完整的装配图应该包括_____、_____、技术要求、_____、标题栏和明细栏等内容。

229

班级_____   姓名_____   学号_____

引导问题 2：装配图中若干个相同的零部件，可仅详细地画出_____，其他用_____表示出其所在位置即可。

引导问题 3：对于标准件、实心件等，若剖切面通过其_____或基本轴线，则这些零件均按_____绘制；若需要表示零件上的孔、槽等细节结构时，可用_____表示。

引导问题 4：在装配图中，对于_____的薄片零件、_____的细丝弹簧或_____的结构，若按其实际尺寸绘制，则难以明确表示其结构，此时允许采用_____。

引导问题 5：_____是指相同公称尺寸的孔与轴配合时的尺寸要求，_____是指在装配时零部件需要保证的距离尺寸和间隙尺寸。

引导问题 6：装配图中零部件的序号，应按_____或_____方向顺次排列整齐。

引导问题 7：明细栏一般按_____的顺序填写。

引导问题 8：在螺纹紧固件连接中，与螺纹紧固件接触的平面应制成_____或_____。

【制订方案】

各小组通过学习识读装配图的方法，进行工作规划，并针对工作规划展开讨论，制订实施方案。指导教师对各小组的实施方案进行指导和评价。各小组根据指导教师的评价对实施方案进行调整，确定最终实施方案。

【学以致用】

各小组根据图 8-1 完成下列填空。

（1）该滑动轴承共有_____种、_____个零部件，其中标准件及常用件共有 3 种，分别为_____、_____、_____。

（2）螺栓 3 为_____螺栓，其螺纹规格为_____，公称长度为_____mm。

（3）主视图是_____视图，左视图是剖切面通过滑动轴承_____的半剖视图。

（4）滑动轴承的总长度为_____mm，总宽度为_____mm，总高度为_____mm。

（5）上轴衬、下轴衬的尺寸公差为_____；上轴衬、下轴衬与轴承盖、轴承座的配合尺寸为_____，它属于_____配合。

（6）滑动轴承底面的安装尺寸为_____mm，孔尺寸为_____mm。轴承盖上两螺栓的中心距为_____mm，它属于_____尺寸。

（7）装配时，轴承盖与轴承座间应加垫片调整，以保证轴与轴衬间隙为_____mm。

8.1 装配图的作用与内容

研发新机器时，设计部门应先绘制出产品的总装配图或各组成部分的部件装配图，然后根据装配图拆画零件图；制造部门应根据零件图制造零件，并根据装配图将零件装配成部件或机器。

由此可见，在生产过程中，装配图是进行装配、调试、检验的依据，也是表达设计思想、制订装配工艺和进行技术交流的重要文件。

一张完整的装配图应该包括一组图形、必要的尺寸、技术要求、零部件序号、标题栏和明细栏等内容，如图 8-2 所示。

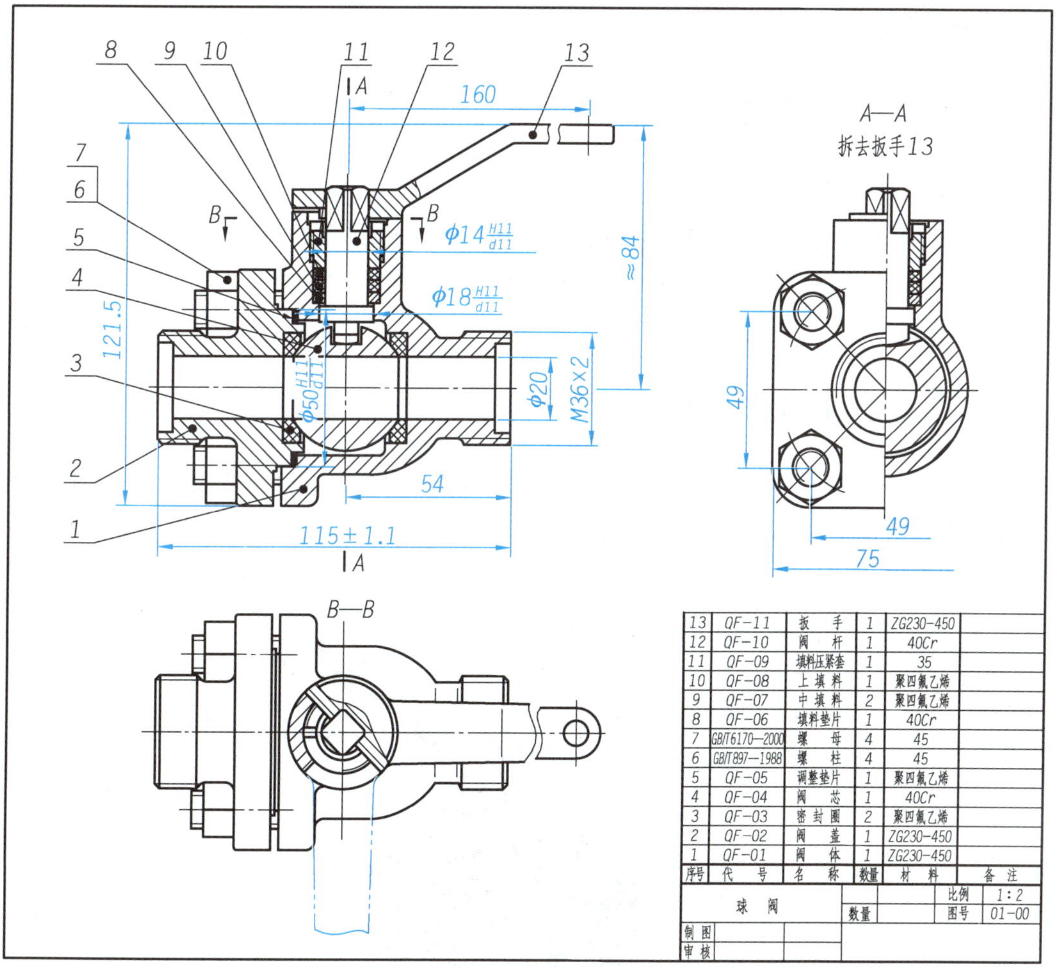

13	QF-11	扳　手	1	ZG230-450	
12	QF-10	阀　杆	1	40Cr	
11	QF-09	填料压紧套	1	35	
10	QF-08	上填料	1	聚四氟乙烯	
9	QF-07	中填料	2	聚四氟乙烯	
8	QF-06	填料垫片	1	40Cr	
7	GB/T6170—2000	螺　母	4	45	
6	GB/T897—1988	螺　柱	4	45	
5	QF-05	调整垫片	1	聚四氟乙烯	
4	QF-04	阀　芯	1	40Cr	
3	QF-03	密封圈	2	聚四氟乙烯	
2	QF-02	阀　盖	1	ZG230-450	
1	QF-01	阀　体	1	ZG230-450	
序号	代　号	名　称	数量	材　料	备　注

球　阀			比例	1:2
	数量		图号	01-00
制　图				
审　核				

图 8-2　球阀装配图

（1）一组图形。装配图通过一组图形用适当的表示方法清楚地表示装配体的工作原理，主要零部件的结构形状，零部件之间的装配关系、连接方式、传动情况等。如图 8-2

所示，球阀装配图中采用了全剖的主视图、半剖的左视图和局部剖的俯视图。

（2）必要的尺寸。在装配图中，尺寸主要表示零部件之间的装配关系，因此装配图中一般只注出装配体的规格（性能）尺寸、装配尺寸、安装尺寸、外形尺寸以及其他重要尺寸。

（3）技术要求。在装配图中，技术要求用于表示机器或部件在装配、调试、检验等方面必须满足的技术条件，一般配置在明细栏周围的空白处，或用规定的标记、代号在图形的相应位置注出，如图 8-2 中装配尺寸 $\phi 14H11/d11$、$\phi 18H11/d11$、$\phi 50H11/d11$ 及 115 ± 1.1 等。

（4）零部件序号、标题栏和明细栏。装配图中所有不同的零部件都必须编号，标题栏中应填写装配体的名称、图号、比例等，并由相关责任人签名；明细栏中应填写组成装配体的所有零部件的序号、代号、名称、数量、材料等。

8.2 装配图的表示方法

零件图的各种表示方法在表示机器或部件的装配图时完全适用，只是装配图和零件图的侧重点不同。装配图要求正确、清楚地表示装配体的结构形状、装配关系、工作原理、连接方式，但并不要求把每个零部件的结构形状完整地表示出来。为此，国家标准对装配图的视图选择和画法进行了相关规定。

8.2.1 装配图的视图选择

装配图同零件图一样，主视图是整组视图的核心，主要表示组成装配体各零部件间的装配关系。下面以如图 8-2 所示的球阀装配图和如图 8-3 所示的球阀立体图为例，介绍装配图的视图选择。

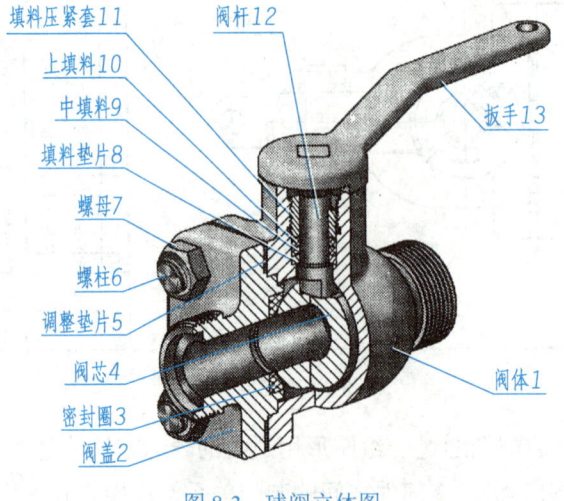

图 8-3 球阀立体图

项目 8　识读装配图

1. 主视图的选择

如图 8-3 所示，为了清楚表示各零件之间的装配关系和工作原理，需要用通过阀盖 2 和阀体 1 的中心轴线，且与正立投影面平行的平面将球阀剖开，然后结合球阀在实际应用中的安装位置及工作状态，得出主视图的表示方法。

如图 8-2 所示，球阀装配图采用全剖的主视图，清楚地表示了主要零件之间的装配关系和工作原理，即阀体 1 与阀盖 2 用螺柱 6 和螺母 7 连接，并用调整垫片 5 调节阀芯 4 与密封圈 3 之间的松紧；阀杆 12 下端与阀芯 4 连接，上端与扳手 13 连接；阀体 1 与阀杆 12 之间依次安装有填料垫片 8、中填料 9、上填料 10 和填料压紧套 11。于是可知球阀的工作原理：通过转动扳手 13 控制阀芯 4 的转向，从而打开或关闭阀门。

　点　拨

> 由于组成装配体的零件往往都集中在一起，通过视图不可能将其内部结构形状及装配关系全部表示清楚。因此，装配图一般都采用剖视图或局部剖视图作为主要表示方法。

2. 其他视图的选择

其他视图是对主视图上没有表示清楚而又必须表示的零部件结构形状、装配关系等的补充表示。如图 8-2 所示，球阀装配图采用半剖的左视图和局部剖的俯视图。其中，左视图是对阀盖 2 的形状，阀杆 12、填料垫片 8、中填料 9、上填料 10 和填料压紧套 11 的安装情况的补充表示；俯视图是对除扳手 13 以外的其他主要零件的结构形状和安装位置的补充表示；局部剖视图是对阀杆 12 的截面形状和方位的补充表示。

8.2.2　装配图的规定画法

1. 零件间接触面、配合面的画法

凡是相接触、相配合的两表面，无论其间隙多大，都必须画成一条线；凡非接触、非配合的两表面，无论其间隙多小，都必须画成两条线，如图 8-4 所示。

2. 剖面线的画法

装配图中，相邻两零件剖面线的倾斜方向应相反，或方向相同而间隔不同；同一零件剖面线的倾斜方向和间隔应相同。此外，断面厚度在 2 mm 以下的剖面区域，允许以涂黑的方式来代替剖面线，如图 8-4 所示。

3. 标准件、实心件的画法

装配图中，对于标准件、实心件等，若剖切面通过其对称平面或基本轴线，则这些零件均按不剖绘制，如图 8-4 所示的螺钉、轴、螺母、键和垫片等；若需要表示零件上的孔、

233

槽等细节结构时，可用局部剖视图表示。

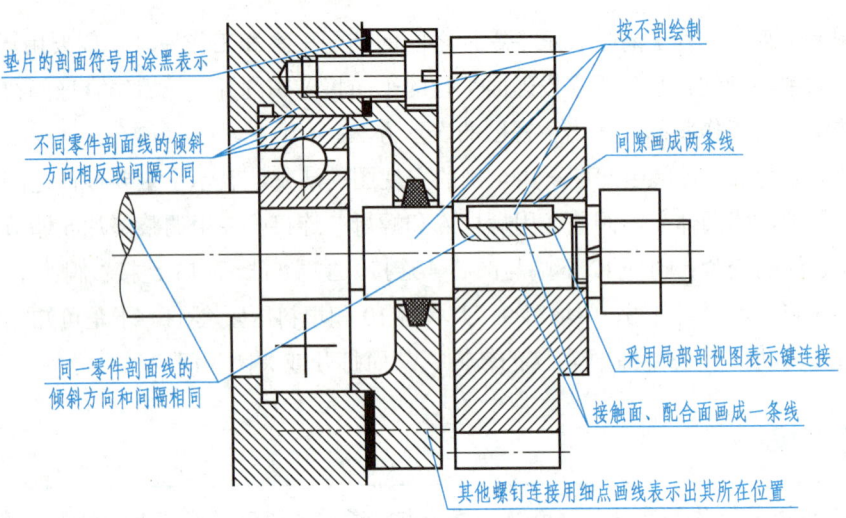

图 8-4　装配图的规定画法示例

8.2.3　装配图的特殊画法

装配图的特殊画法具体如下。

（1）在装配图中，当某些零部件的结构形状、位置和装配关系已经表示清楚，或当某些零部件遮住了其后需要表示的零部件时，可将这类零件拆卸不画，但需要在拆卸后的视图上方注明"拆去××"字样，如图 8-2 中的左视图。

（2）装配图可沿零部件的接合面进行剖切。此时，零部件的接合面上不用画出剖面线，但若有零部件被剖切到，则应画出其被剖切部分的剖面线。

（3）在装配图中，对于厚度较小的薄片零件、直径较小的细丝弹簧或间隙较小的结构，若按其实际尺寸绘制，则难以明确表示其结构，此时允许采用夸大画法，而不必按照实际比例绘制，如图 8-4 中的垫片。

（4）装配图中若干个相同的零部件，可仅详细地画出一个，其他用细点画线表示出其所在位置即可，如图 8-4 中的螺钉连接。

（5）在装配图中，零部件的倒角、倒圆、凹坑、凸台、退刀槽、沟槽、滚花、刻线及其他细节可省略不画。

（6）为了表示传动关系及各轴的装配关系，可假想用剖切面按传动顺序将传动机构沿各轴的轴线剖开，然后将其展开、摊平后画在同一个平面上（平行于某一投影面）。

（7）在装配图中可以单独画出某个零件的视图，但必须在所画视图的上方标注该零件的视图名称，同时应在相应视图附近用箭头标明投射方向，并标注同样的字母。

8.3 装配图的尺寸标注和技术要求

由于装配图的用途与零件图的用途不同，因此，装配图中的尺寸标注和技术要求也与零件图有所不同。

8.3.1 装配图的尺寸标注

装配图中的尺寸主要用于表示零部件的装配关系，因此装配图中不需要标注零件的全部尺寸，而只需要标注一些必要的尺寸，如规格（性能）尺寸、装配尺寸、安装尺寸、外形尺寸、其他重要尺寸等。

1. 规格（性能）尺寸

规格（性能）尺寸是指用于表示机器或部件规格（性能）的尺寸，是了解、设计和选用该机器或部件的依据。如图 8-2 所示，阀体的通径 $\phi20$ 即为规格（性能）尺寸。

2. 装配尺寸

装配尺寸是指用于表示机器中各零部件装配关系的尺寸，主要分为配合尺寸和相对位置尺寸。

➢ 配合尺寸：相同公称尺寸的孔与轴配合时的尺寸要求。如图 8-2 所示，配合代号 $\phi50H11/d11$ 表示阀盖和阀体的配合尺寸。

➢ 相对位置尺寸：在装配时零部件需要保证的距离尺寸和间隙尺寸。如图 8-2 所示，尺寸 115 ± 1.1 即为相对位置尺寸。

3. 安装尺寸

安装尺寸是指将机器或部件安装在地基或其他机器及部件上时所需要的尺寸。如图 8-2 所示，尺寸 ≈ 84、54、$M36\times 2$ 等都是安装尺寸。

4. 外形尺寸

外形尺寸是指表示机器或部件外形轮廓大小的尺寸，包括总长、总宽和总高尺寸，它为机器或部件在包装、运输和安装过程中所占空间的大小提供了参考数据。如图 8-2 所示，球阀的总长 115 ± 1.1、总宽 75 和总高 121.5 等均为外形尺寸。

5. 其他重要尺寸

其他重要尺寸是指在设计机器或部件时，经过计算或根据某种需要确定的、但又不属于前 4 类尺寸的一些重要尺寸，如运动件的极限尺寸、主要零件的重要尺寸等。

> **注 意**
>
> 标注装配体的尺寸时，需要根据装配体的结构形状、装配关系等情况进行标注，并不是所有装配体都必须具备上述5类尺寸。

8.3.2 装配图的技术要求

拟订装配图的技术要求时，一般应从以下几方面考虑。

- ➢ **装配要求**：在装配机器或部件的过程中应注意的事项和装配后应达到的技术要求，如需要保证的装配精度、装配间隙和润滑要求等。
- ➢ **检验要求**：对装配后的机器或部件在基本性能的检验与调试、操作技术指标等方面提出的要求。
- ➢ **使用要求**：对机器或部件在维护、保养及使用时的注意事项等方面提出的要求。

> **点 拨**
>
> 　　上述各项技术要求不是每张装配图中都必须全部注写，应根据具体情况而定。装配图中的技术要求通常注写在明细栏的上方或图样下方的空白处，也可另编技术要求文件并将其列为机械图样的附件。

> **笔 记**
>
> _____
> _____
> _____

8.4 装配图的零部件序号和明细栏

为了便于识读，装配图中应对所有零部件进行编号。同时，在标题栏上方的明细栏中需要逐个列出图中所有零部件的序号及其对应的名称、材料、数量等。

8.4.1 零部件序号的编排与标注

1. 零部件序号的编排

装配图中的所有零部件均应编号。同一张装配图中相同的零部件可共用一个序号，且一般只标注一次;同一零部件若在装配图中多次出现,必要时可用同一个序号在各处重复标注。

2. 零部件序号的标注

装配图中零部件序号的标注由指引线、小圆点(或箭头)及序号数字组成,如图8-5所示。装配图中零部件序号的标注方法如下。

(1)一般在被编号零部件的可见轮廓线内画一小圆点,然后用直线画出指引线,并在指引线的端部画一水平线或圆圈,在水平线上方或圆圈内注写零部件序号,指引线、水平线和圆圈均为细实线,如图8-5所示。同一张装配图中零部件序号的标注样式应一致。

(2)当在所指零部件的可见轮廓线内不方便画小圆点时,例如,要标注的部分是很薄的零件或涂黑的剖面时,可用箭头代替小圆点指向该部分的可见轮廓线,如图8-6所示零件4的标注。

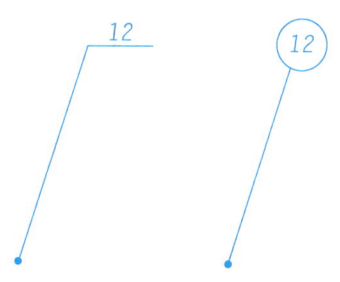

图8-5 零部件序号的标注样式

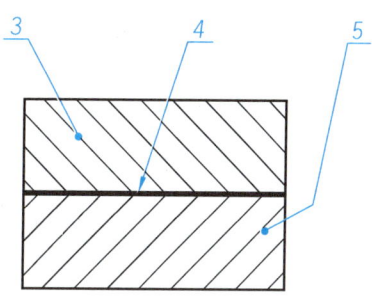

图8-6 零部件序号的标注方法

(3)装配图中的指引线不能相交;当其通过剖面区域时,指引线不应与剖面线平行;指引线可以画成折线,但只可折一次,如图8-6所示零件5的标注。

(4)对于一组紧固件或装配关系清楚的零件组,可使用公共指引线标注,如图8-7所示。

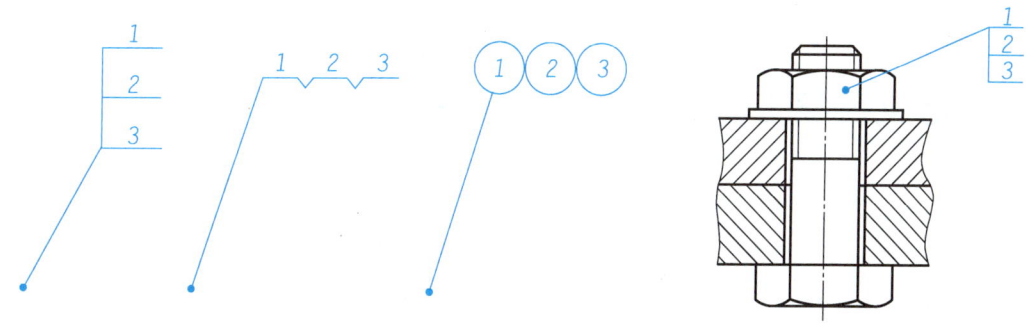

图8-7 公共指引线的画法

(5)装配图中零部件的序号,应按顺时针或逆时针方向顺次排列整齐。当在整个装配图上无法连续排列时,应尽量在每个水平或竖直方向上顺次排列整齐。

8.4.2 明细栏的配置与填写

根据国家标准 GB/T 10609.2—2009《技术制图 明细栏》的规定，明细栏是装配图中全部零件的详细目录，配置在标题栏的上方，如图 8-8 所示。

明细栏一般按由下向上的顺序填写，其格数按需要而定。在绘制明细栏时，如果标题栏上方的位置不够，可将明细栏紧靠在标题栏的左边并按由下而上的顺序延续。

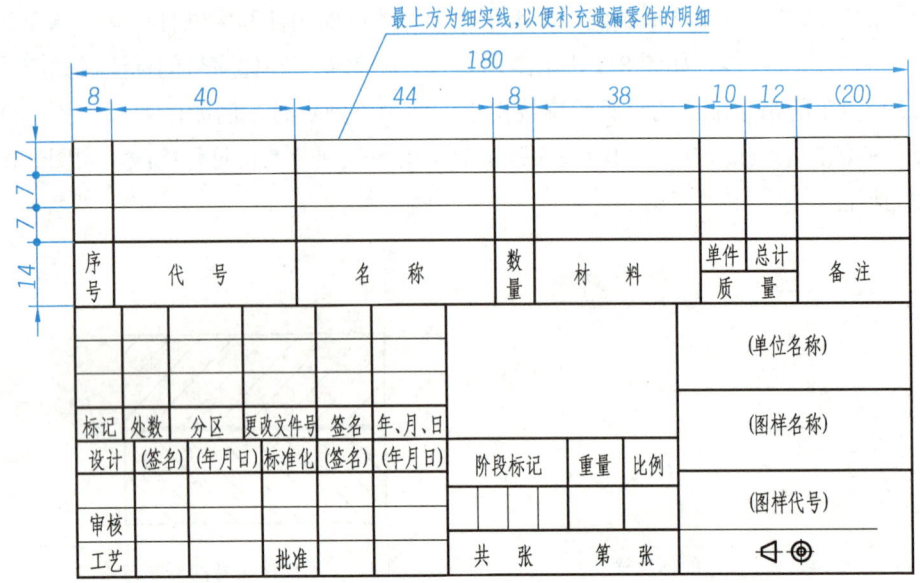

图 8-8 明细栏

> **注意**
>
> 明细栏和标题栏的分界线及内部竖线、明细栏表头的线均为粗实线，其余横线均为细实线。

8.5 常见装配工艺结构的表示方法

装配工艺结构的合理性将直接影响机器或部件的工作性能，以及检修时拆装的便捷程度。下面主要介绍装配图中常见装配工艺结构的表示方法。

8.5.1 接触面与配合面

（1）当两个零件接触时，同一方向上应只有一对接触面或配合面，这样既能保证两个零件在装配时接触良好，又能降低加工难度，如图 8-9 所示。

项目 8　识读装配图

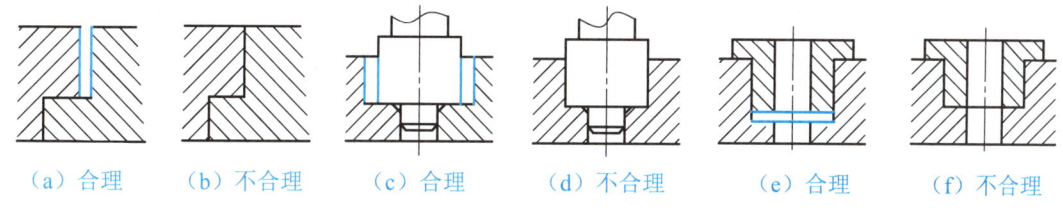

（a）合理　　（b）不合理　　（c）合理　　（d）不合理　　（e）合理　　（f）不合理

图 8-9　接触面的表示方法示例

（2）为了保证孔端面和轴肩端面配合良好，应在孔边处加工出倒角，或在轴肩处加工出退刀槽，如图 8-10 所示。

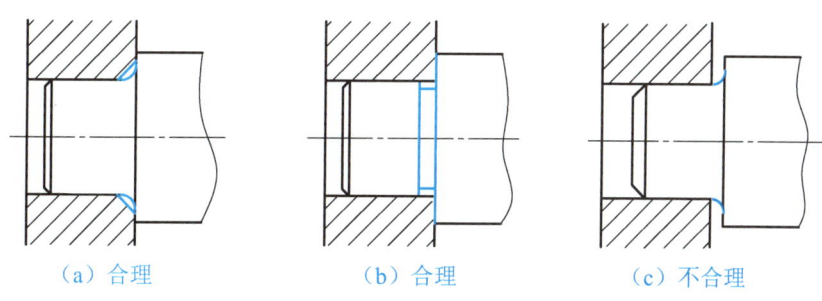

（a）合理　　　　　　（b）合理　　　　　　（c）不合理

图 8-10　配合面的表示方法示例

8.5.2　螺纹紧固件连接结构

（1）在螺纹紧固件连接中，与螺纹紧固件接触的平面应制成沉孔或凸台，这样既能减少加工面积，又能保证零件之间接触良好，如图 8-11 所示。

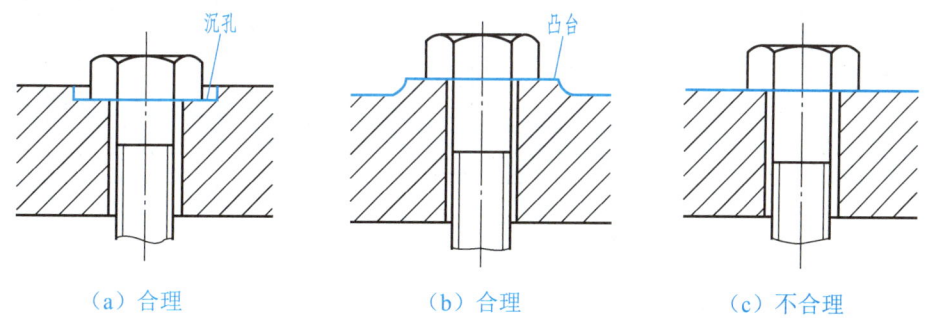

（a）合理　　　　　　（b）合理　　　　　　（c）不合理

图 8-11　螺纹紧固件连接接触面的表示方法示例

（2）为了防止螺纹紧固件因振动而松动、脱落，螺纹紧固件中常采用双螺母、弹簧垫圈、止动垫圈和开口销等防松装置，如图 8-12 所示。

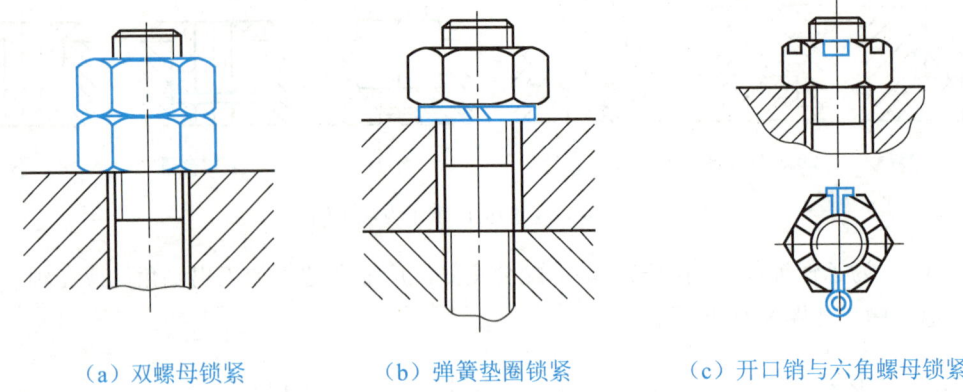

(a)双螺母锁紧　　　　(b)弹簧垫圈锁紧　　　　(c)开口销与六角螺母锁紧

图 8-12　螺纹紧固件防松装置的表示方法示例

8.5.3　密封结构

在机器或部件中，为了防止内部液体或气体外漏，同时防止外部灰尘和杂质侵入，常在零件的接触面之间采用密封结构。常见的密封结构有垫片密封、毡圈密封、橡胶圈密封、填料密封等，如图 8-13 所示。其中，填料密封主要由填料、填料压盖、压盖螺母等组成。

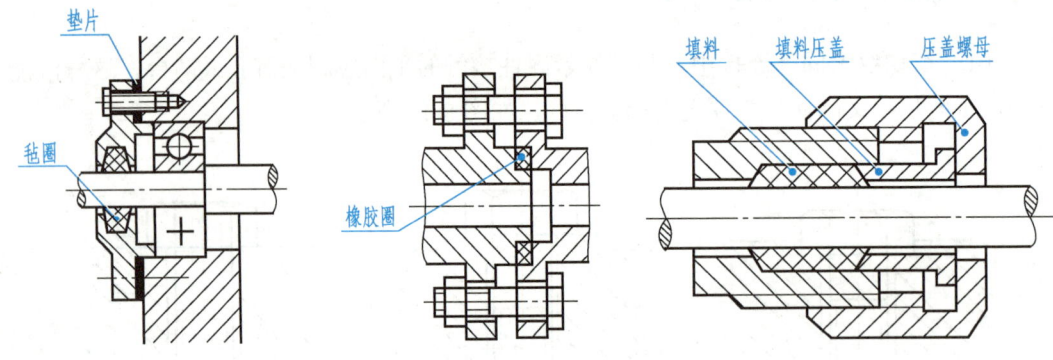

图 8-13　常见密封结构的表示方法示例

8.5.4　方便装拆结构

（1）用螺纹紧固件连接零部件时，应留出足够将螺纹紧固件顺利放入螺纹孔中和使用扳手拧紧该螺纹紧固件的空间，否则零部件将无法装配，如图 8-14 所示。

（2）为了加工销孔和拆卸销方便，在允许的条件下，销孔应加工成通孔，并尽量不要加工成盲孔，如图 8-15 所示。

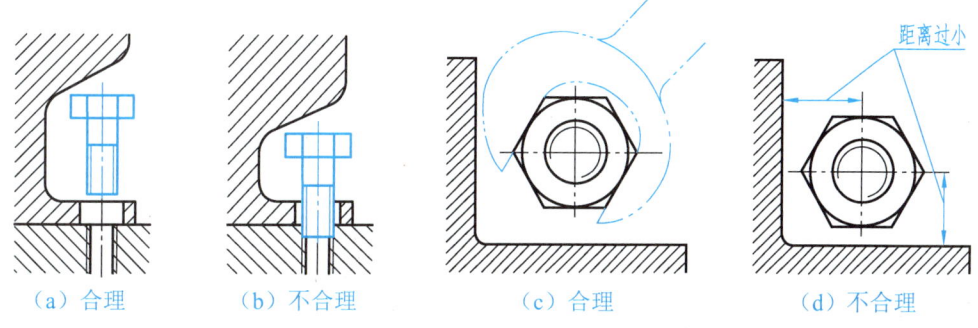

图 8-14　螺纹紧固件方便装拆结构的表示方法示例

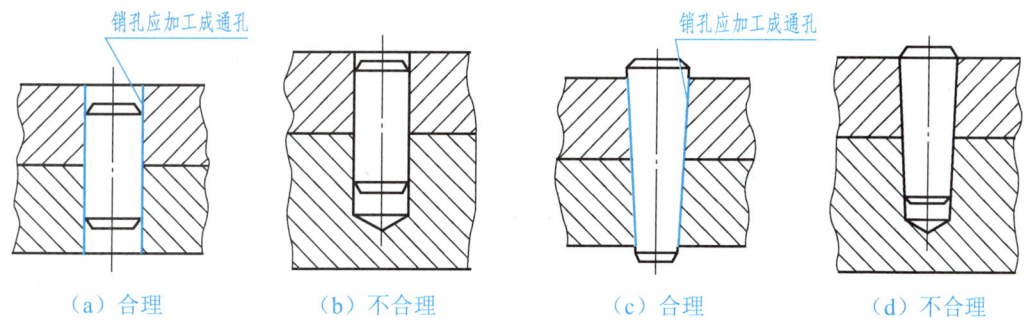

图 8-15　销孔方便装拆结构的表示方法示例

8.6　识读装配图和由装配图拆画零件图

8.6.1　识读装配图的方法与步骤

识读装配图时，一般可按照"概括了解→分析视图→分析装配关系和工作原理→分析主要零件的结构形状→综合想象装配体的结构形状→分析尺寸和技术要求"的步骤进行，并应达到以下基本要求。

（1）了解装配体的名称、用途、性能、结构及工作原理。

（2）明确各零部件之间的装配关系、连接方式、相对位置及装拆顺序。

（3）清楚各组成零部件的主要结构形状，以及这些零部件在装配图中的作用。

识读装配图的具体步骤如下。

1. 概括了解

首先读标题栏，由装配体的名称可大致了解其用途，然后对照明细栏中零部件的序号，在装配图上找到各零部件的大致位置，以了解装配体上零部件的名称、数量、材料和规格等，初步判断装配体的复杂程度。

2. 分析视图

了解各视图的类型，明确各视图之间的投影关系及各视图所要表示的主要内容。对于剖视图和断面图，应找出剖切位置和投射方向。

3. 分析装配关系和工作原理

分析装配关系时，应先通过零部件的序号、剖面线的方向和间隔，以及装配图的规定画法和特殊画法等来区分装配图上的不同零部件；再从最能反映出各零部件装配关系和连接方式的视图入手，分析装配基件与各零部件之间的配合要求、定位方式和连接方式等。通过想象各零部件在工作时的运动情况，分析装配体的工作原理。

点　拨

> 装配基件是指在装配过程中用于确定其他零部件位置的特殊零部件（或装配单元）。它通常具有较大的体积和质量，以及较多的承载面和接合面，如机床的床身、发动机的气缸体、减速器的壳体等。

4. 分析主要零件的结构形状

分析零件的结构形状时，应先分析主视图中的主要零件，然后分析其他主要零件。当所分析的零件在装配图中表示不完整时，可结合该零件的零件图来识读，从而确定其结构形状。对于标准件，如螺栓、螺钉、滚动轴承等，可查阅有关国家标准。

由于同一零件的剖面线在各视图上的方向和间隔均相同，因此在分析零件的结构形状时，应利用剖面线的这一特点，依次找出同一零件的所有视图，然后综合分析其结构形状。

5. 综合想象装配体的结构形状

分析出主要零件的结构形状后，应结合装配体的结构形状、装配关系、工作原理、连接方式等，综合想象整个装配体的结构形状。

6. 分析尺寸和技术要求

装配图中通常标注了规格（性能）尺寸、装配尺寸、安装尺寸、外形尺寸和其他重要尺寸，以及在装配、调试、检验等方面对装配体提出的技术要求等，对这些进行分析可进一步了解装配体的设计意图和装配工艺。

8.6.2　由装配图拆画零件图的方法与步骤

由装配图拆画零件图是机械设计过程中的一项重要工作，它需要在读懂装配图的基础上按零件图的要求画出。

1. 分离零件并想象结构形状

要拆画某一个零件的零件图,应在读懂装配图后,先将零件从装配图中分离出来并想象其结构形状。

2. 确定视图的表示方法

装配图中视图的选择是从整体考虑的,往往无法满足每一个零件的表示需要。因此,拆画零件图时,视图应根据零件自身的结构形状重新选择,不能照搬装配图的视图方案。

3. 补画零件次要结构和工艺结构

装配图主要表示各零部件之间的装配关系,对零件的细节或工艺结构并不一定能够详细地表示出来。因此,拆画零件图时,对装配图中省略的工艺结构,如倒角、退刀槽等,应在零件图中进行补画。

4. 标注尺寸

由于装配图中一般只标注规格(性能)尺寸、装配尺寸、安装尺寸、外形尺寸及其他重要尺寸,因此在拆画零件图时需要补全零件的其他尺寸。

> **注 意**
>
> 标注拆画的零件图时,应注意以下事项。
> (1)装配图上已标注的尺寸及公差带代号(或极限偏差值),在零件图上可以直接标注。
> (2)对于通过计算得到的尺寸(如齿轮的中心距),以及通过查阅国家标准而确定的尺寸(如键槽的尺寸),应按计算或查得的数据直接标注,不得进行修约。
> (3)零件上的一般结构尺寸可按比例从装配图中量取,并进行适当修约。

5. 注写技术要求

根据零件各表面的作用及其与其他零件的关系,参考同类产品的机械图样和相关资料来注写技术要求,如表面粗糙度、公差等。

项目实施 识读阀的装配图并由装配图拆画零件图

1. 实例介绍

如图 8-16 所示为阀的装配图。请根据所学知识,识读阀的装配图,并由阀的装配图拆画阀体 3 的零件图。

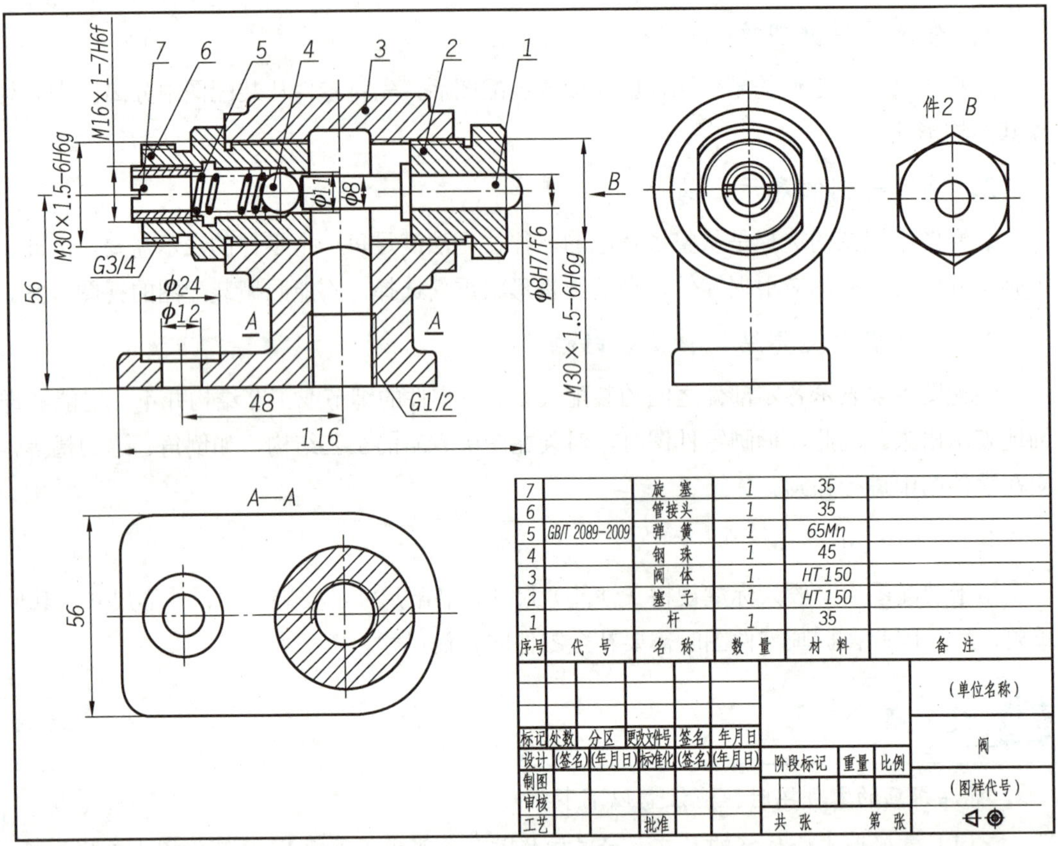

图 8-16 阀的装配图

2. 实施步骤

1) 识读阀的装配图

（1）概括了解。

该装配体为阀，从明细栏可知，该装配体主要由 7 种零件组成，分别为杆（1 个）、塞子（1 个）、阀体（1 个）、钢珠（1 个）、弹簧（1 个）、管接头（1 个）、旋塞（1 个），结构比较简单。其中，除弹簧可根据其参数直接购买外，其余零件均需要绘制零件图。

（2）分析视图。

如图 8-16 所示，该装配图用主视图、俯视图、左视图和 B 向局部视图来表示。其中，主视图和俯视图采用全剖视图。由主视图可知，该装配体的装配基件为阀体 3。装配体通过阀体 3 上的 G1/2 螺纹孔、φ12 螺栓孔和管接头 6 上的 G3/4 螺纹孔装入机器中。

（3）分析装配关系和工作原理。

如图 8-16 所示，主视图清楚地表示了各零件的装配关系，其工作原理为旋转塞子 2 向右移动，将杆 1 从管接头 6 的孔中退出，此时管路的通与不通由从阀体 3 下端孔中流入液体的压力决定。当作用在钢珠 4 右端的压力大于弹簧压力时，弹簧 5 被压缩，管路接通；当作用在钢珠 4 右端的压力小于弹簧压力时，钢珠 4 堵住管路，管路闭合。当依靠管路右端液体的压力不能将管路接通时，可以手动将塞子 2 和杆 1 向左移动，从而将管路接通。

（4）分析主要零件的结构形状。

通过认识装配图中各零件的装配过程，分析主要零件的结构形状。如图 8-16 所示，装配阀时，可先将钢珠 4 和弹簧 5 装入管接头 6 中，然后旋入旋塞 7，通过旋塞 7 调整弹簧压力。调整好弹簧压力后，再将管接头 6 旋入阀体 3 左侧 M30×1.5 的螺纹孔中，右侧将杆 1 装入塞子 2 中，再将塞子 2 旋入阀体 3 右侧 M30×1.5 的螺纹孔中。

（5）综合想象装配体的结构形状。

结合上述分析，在全面认识杆、塞子、阀体、钢珠、弹簧、管接头和旋塞等 7 个主要零件的结构形状、装配关系及连接方式的基础上，综合想象阀的结构形状。

（6）分析尺寸和技术要求。

如图 8-16 所示，除俯视图中阀体 3 的宽度尺寸 56 外，其余尺寸均分布在主视图中。为了保证阀的工作性能，杆 1 和塞子 2 之间注有装配尺寸 ϕ8H7/f6。该装配体中各零件在横向上主要靠螺纹连接，因此标注螺纹尺寸 M30×1.5-6H/6g、M16×1-7H/6f 等。

2）由阀的装配图拆画阀体 3 的零件图

（1）分离零件并想象结构形状。

拆画阀装配图中的阀体 3 时，首先将阀体从装配图中分离出来，然后想象其结构形状。对于阀体 3 的内腔结构形状，虽然左视图和俯视图上没有表示，但可以通过主视图中 G1/2 螺纹孔上方的相贯线形状得知阀体 3 的内腔为圆柱，且轴线竖直放置，圆柱的直径等于 G1/2 螺纹孔的直径，如图 8-17（a）所示。

（2）确定视图的表示方法。

阀体 3 主视图的投射方向与装配图相同，主视图和俯视图采用全剖视图，左视图采用半剖视图，如图 8-17（b）所示。

（3）补画零件次要结构和工艺结构。

阀体 3 上的倒角在装配图中已详细画出，故无需补画。

（4）标注尺寸。

对由装配图拆画的阀体 3 零件图进行尺寸标注时，需要补全零件的定形尺寸和定位尺寸，如 ϕ46、ϕ56、R28、68、10、67 等，标注结果如图 8-18 所示。

（5）注写技术要求。

根据阀体表面的作用及其与其他零件的关系，标注表面粗糙度，如 Ra 12.5、Ra 6.3 等，同时补充说明未注技术要求，如未注铸造圆角为 R2～R3 等。

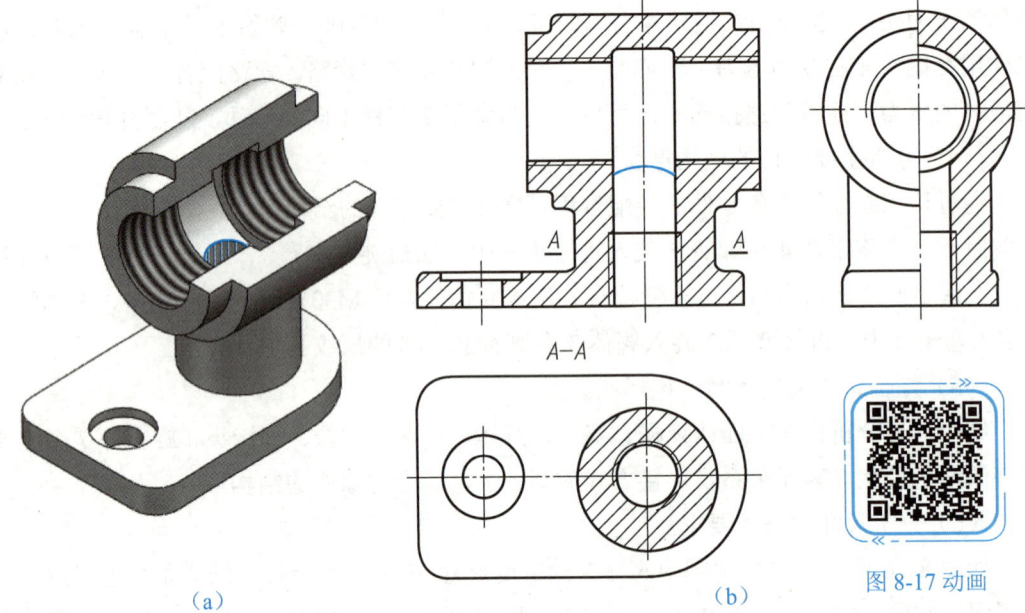

(a)   (b)   图 8-17 动画

图 8-17 阀体 3 的立体图与视图

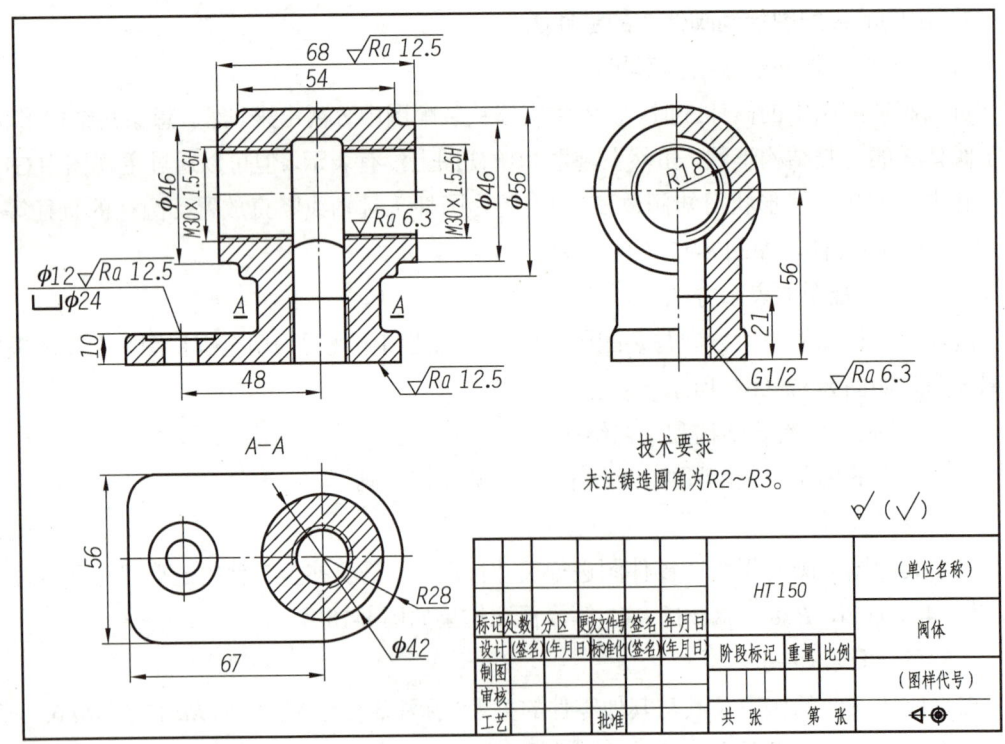

图 8-18 阀体零件图

项目 8　识读装配图

🔧 匠心筑梦

　　崔兴国带领团队将水轮机装配的质量控制落实到各个环节，他开创的"卡普兰式转轮装配操作法"等多种工艺，广泛应用到多个水电站水轮机装配中，为水电制造的技术创新和质量提升做出贡献。

　　水轮机组主要由转轮、球状阀门、导水机构等部件构成，转轮装配是水轮机组装配的重要一环。"转轮装配一般需要半个月左右，包括转轮与主轴组装和转轮静平衡"。指着眼前数米高的重器，崔兴国说，"要保证水轮机组转轮平稳运行，实现转轮静平衡'零残余'目标必不可少。"在每一次装配过程中，崔兴国始终密切关注每个细节。

　　"只有通过技能水平的提高，制造出更高质量的产品，才能为社会创造价值。"在崔兴国看来，从事制造业就意味着要不断提升技能水平，追求更高的标准。

　　（资料来源：张文、王永战，《精密装配 转轮平衡》，人民日报，2022 年 6 月 15 日）

项目评价

指导教师根据学生的实际学习情况进行评价,学生配合指导教师共同完成如表 8-1 所示的学习成果评价表。

表 8-1 学习成果评价表

班级			学号	
姓名			指导教师	
项目名称		识读装配图		
日期				
评价项目	评价内容	评价方式	满分/分	评分/分
知识 （40%）	了解装配图的作用与内容	理论测试	5	
	掌握装配图的表示方法		8	
	掌握装配图的尺寸标注和技术要求		8	
	熟悉装配图的零部件序号和明细栏		5	
	了解常见装配工艺结构的表示方法		5	
	掌握识读装配图和由装配图拆画零件图的方法与步骤		9	
技能 （40%）	正确识读简单的装配图	实践检验	20	
	由装配图正确拆画零件图		20	
素养 （20%）	积极参加教学活动，遵守课堂纪律	综合评价	5	
	主动学习，团结协作		5	
	认真负责，按时完成课堂任务		5	
	守正创新，知行合一		5	
合计			100	
自我评价				
指导教师评价				

附 表

扫码查看

参考文献

[1] 焦永和,张彤,张昊. 机械制图手册[M]. 6版. 北京:机械工业出版社,2022.

[2] 胡建生. 机械制图:多学时[M]. 4版. 北京:机械工业出版社,2020.

[3] 邱龙辉,叶琳. 画法几何与机械制图[M]. 3版. 西安:西安电子科技大学出版社,2019.

[4] 何铭新,钱可强,徐祖茂. 机械制图[M]. 7版. 北京:高等教育出版社,2015.